KB151109

식물의 일생

SCIENCE IS BEAUTIFUL

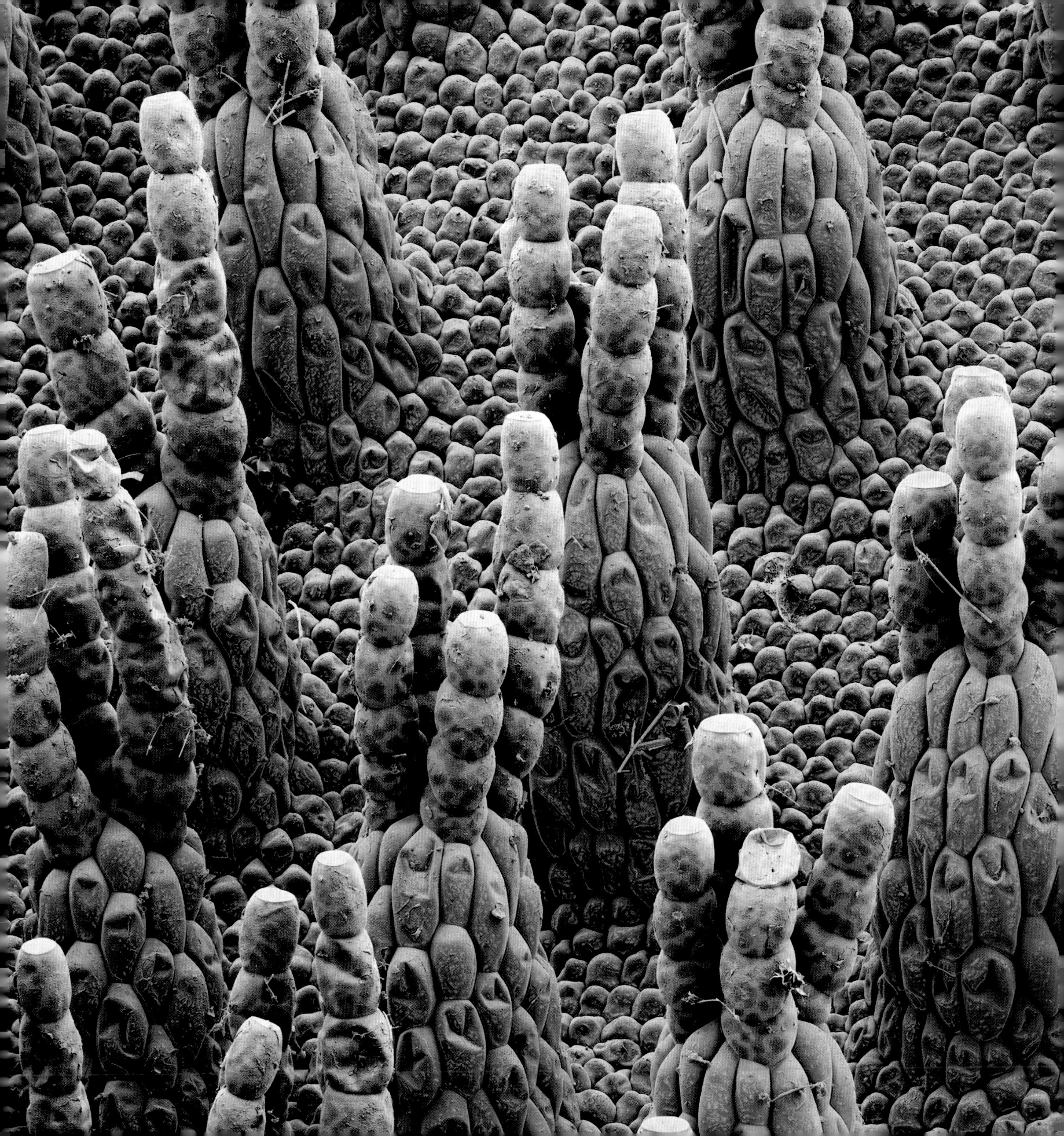

SCIENCE IS BEAUTIFUL

식물의 일생

현미경으로 들여다본 식물의 과학적이며 예술적인 삶

과학은 아름답다 3
식물의 일생

초판 1쇄 인쇄 2018년 11월 12일
초판 1쇄 발행 2018년 11월 20일

지은이 콜린 살터
옮긴이 정희경

펴낸이 김영철
펴낸곳 국민출판사
등록 제6-0515호
주소 서울시 마포구 동교로 12길 41-13 (서교동)
전화 02)322-2434 (대표)
팩스 02)322-2083
블로그 blog.naver.com/kmpub6845
이메일 kukminpub@hanmail.net

편집 고은정, 최주영, 박주신
디자인 블루
경영지원 한정숙
종이 신승 지류 유통 | 인쇄 예림 | 코팅 수도 라미네이팅 | 제본 은정 제책사

ISBN 978-89-8165-614-0 (04400)
978-89-8165-611-9 (세트)

다양한 것의 기능에 관심이 많은 역사와 과학 분야의 작가이다.
그는 다수의 과학 참고 도서들을 집필하였으며, 《누구나 알아야 할 모든 것 : 발명품Everything You Need to Know About Inventions》 (지브레인, 2014)의 공동 저자이기도 하다.

옮긴이 **정희경**

10여 년간 출판사에서 일하며 다양한 책을 만들었다.
현재는 첫 장을 넘길 때의 설렘과 마지막 책장을 덮을 때 뿌듯함을 선물할 수 있는 책을 만들고자 노력하고 있다.
저서로는 《교과서에 나오는 동물 60》, 《교과서에 나오는 식물 60》 등이 있으며 역서로는 INFOGRAPHICS – 《동물》, 《인체》, 《우주》, 《4차 산업혁명》, 《Mind Melt 익스트림 아트 미로찾기》 등이 있다.

표지 사진 : 꽃가루 알갱이 © Science Photo Library

이전 쪽: 물고사리water fern의 표면 (주사전자현미경 사진)
아졸라 물고사리Azolla water fern는 땅에 뿌리를 내리지 않고 물에 떠 있다. 그래서 사진에서 볼 수 있듯이 원추형 세포cone-like cell에서 모든 방향으로 뿌리가 자라고, 뿌리는 물에서 영양분을 흡수한다. 물고사리는 씨를 이용하는 것이 아니라 자라면서 더 작은 조각으로 분열하는 방식으로 번식한다. 물고사리는 대기 중의 질소를 몸 안에 가둬두기 때문에 인도에서는 물고사리를 작물의 비료로 사용한다.
(배율: 10cm 너비에서 70배)

오른쪽: 치커리Chicory 꽃가루 알갱이pollen grain (주사전자현미경 사진)
식물의 꽃가루는 각각 특징이 있다. 그래서 식물학자들은 식물을 분류하거나 식별할 때 현미경을 이용한 꽃가루 검사에 의존한다. 이러한 식별 방법은 과학수사관, 고고학자, 고생물학자들이 사용한다. 꽃가루는 씨를 생성하는 식물 종의 수술에서 생성되고, 꽃가루가 적절한 씨방ovary을 만나면 정자 세포sperm cells를 생성한다. 꽃가루가 자신의 씨방에 들어가는 일부 식물들은 자가수분self-pollination을 할 수 있다.
(배율: 10cm 너비에서 1,500배)

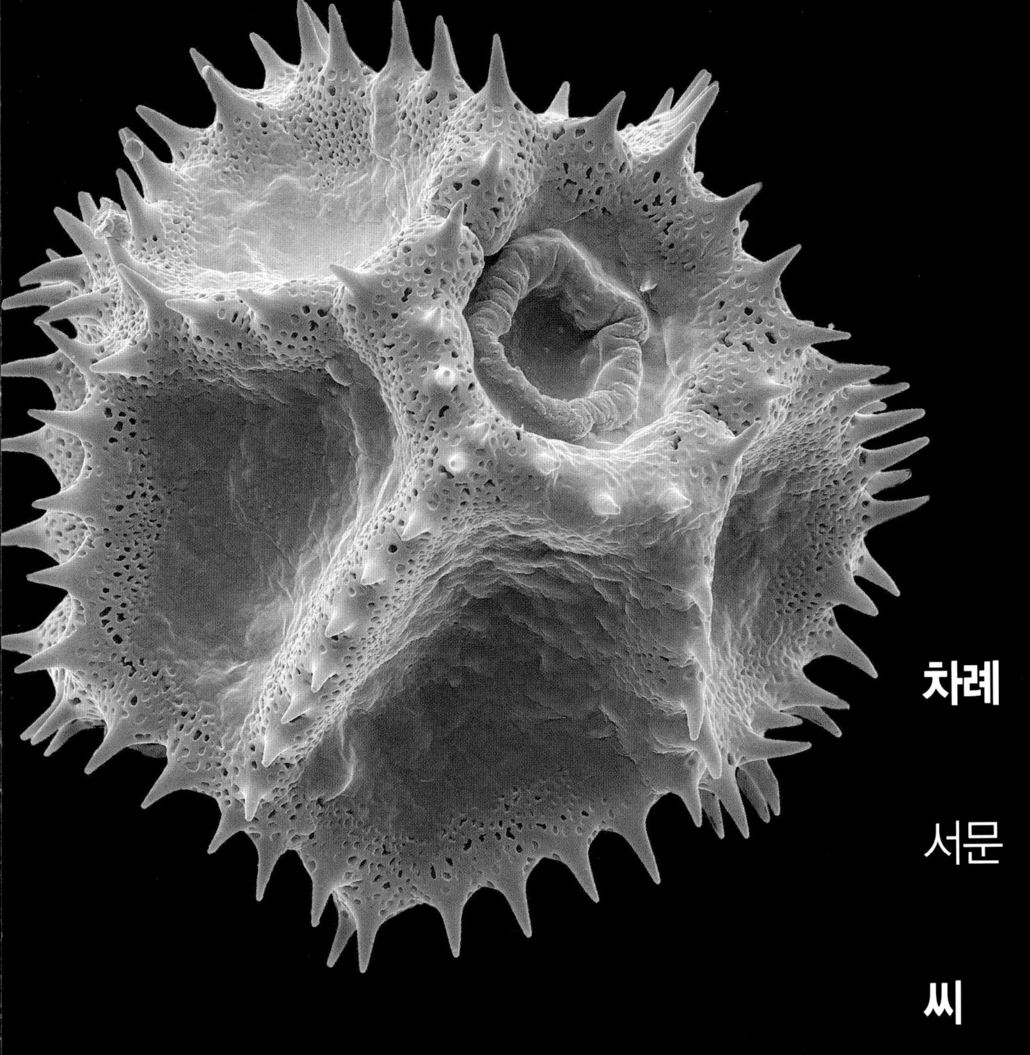

차례

서문

≪과학은 아름답다≫ 시리즈 첫 두 권에서 우리는 우리의 인체가 어떻게 작동하는지, 무엇으로 잘못될 수 있는지, 그리고 어떻게 하면 바로 잡을 수 있는지에 대해 매우 상세하게 살펴보았다. 우리는 경이로울 정도로 복잡한 기계 안에서 살아가고 있다. 신체가 스스로의 상태를 유지하고 치유하는 능력은 놀랍다. 그리고 우리의 몸이 더는 할 수 있는 것이 없을 때 우리를 돌보는 의료 전문가들의 기술도 마찬가지로 놀랍다.

이번 책에서는 식물의 세계를 집중적으로 살펴보고자 한다. 식물은 인간이나 동물과는 매우 다르지만 복잡한 유기체라는 점은 같다. 우리는 단일 종이던 호모 사피엔스로부터 25만 년 이상의 시간을 지나 지금 이와 같은 모습이 되었다. 그러나 식물들은 우리보다 훨씬 이전에 바로 이곳에 존재해 왔다. 선사시대에 펼쳐진 숲은 대기 중에서 탄소를 흡수하고 산소를 공급해 인간과 다른 종들이 호흡할 수 있게 해 주었기에 지금의 모습이 될 수 있었다. 식물들은 우리와 그들 자신의 환경을 조절한다. 이 때문에 지구는 인근 지역의 습지대나 멀리 떨어진 열대우림을 유지할 수 있는 균형을 이루고 있다. 그러나 인간들은 어떠한 위험이 닥쳐올지 모른 채 자연의 서식지를 파괴하고 있다.

우리는 숨 쉴 때 필요한 공기 외에도 식물에 많은 빚을 지고 있다. 우리 조상들은 오랜 시간 동안 시행착오를 거치면서, 그리고 어쩌면 본능적으로 먹기에 좋거나 약효가 있거나 의복, 주거 등에 이용할 수 있는 식물들을 발견해 왔다. 예를 들면, 길고 넓은 잎을 가진 캐비지야자cabbage palm는 지붕을 만드는 데 훌륭한 재료로 사용할 수 있고, 이 잎을 꿰매서 의식을 거행할 때 입는 예복으로 사용하는 문화권도 있다. 또한, 파인애플의 뾰족뾰족한 잎은 종이를 만드는 데 사용하고, 말레이반도에서 서식하며 등나무ratan로도 알려진 창포 덩굴Calamus vines의 줄기는 체벌용 도구에서부터 가구에 이르기까지 모든 분야에 사용되었다.

의약품으로써의 식물

식물이 의약품으로 사용되었다는 내용은 ≪과학은 아름답다: 질병과 의약품≫에서 다룬 바 있다. 많은 동물은 그들이 아플 때 어떤 식물을 먹어야 하는지 본능적으로 알고 있고, 인간 역시 이 같은 무의식적 지식을 갖도록 진화해 왔음은 의심의 여지가 없다. 식물은 최초의 약품으로 사용되었다. 선사시대부터 19세기까지 치료에 주요한 접근법이었던 약초 치료herbal therapy는 최초의 의학이었다.

현대의 제약산업은 약초를 보관하는 수준을 훨씬 뛰어넘는 의약품을 개발하고 있는데, 대부분은 합성된 제품이다. 전통의료에서 사용했던 식물들은 이미 특정한 질병을 치료하는 데 효과가 있다고 밝혀졌으며, 이들은 현재 화학 분석을 통해 그 성분이 밝혀졌다. 유명한 항염증제인 아스피린aspirin은 버드나무willow tree의 잎과 껍데기에서 얻어낸 것이다. 민들레dandelion는 혈압을 낮춰 주고 염증을 가라앉히며 이뇨 작용을 한다. 그리고 민들레가 암세포의 성장과 알츠하이머의 진행을 늦춰 준다는 효능을 증명하는 연구가 진행 중이다.

현재 식물 의학은 전통적인 의학 연구 분야에서 비주류 계열에 속한다. 수억 달러 규모의 제약 회사는 싼 가격에 자유롭게 이용할 수 있는 약초 치료의 활용에 별 관심이 없다. 이러한 추세에 따라 과학 혁명 시대에 식물을 기반으로 한 치료는 우리 사회에서 점차 사라지고 있다. 예를 들어, 기분 전환을 위한 대마cannabis의 사용을 처벌 대상으로만 보는 태도가 대마의 장점을 이용하는 의학적 연구마저 지연시키고 있다. 대마가 고통을 줄여 주고, 구토nausea와 다발성 경화증multiple sclerosis과 같은 신경학적 질환을 완화해 주는 데 효과가 있다는 것은 이미 밝혀진 사실이다.

먹고 마실 수 있는 식물

오늘날 우리가 먹는 과일, 채소, 곡물은 수천 년 동안 길러 온 작물이다. 이는 야생에서 자란 식물에서 모은 것이 아니라 농부들이 씨를 뿌려 얻어 낸 것이다. 즉, 더 많은 생산량을 확보하기 위해 더 크고 맛이 좋은 품종과 다른 종을 교배해 생산한 것이다.

그리고 오늘날에는 더 많은 수확을 얻기 위해 식물의 유전자를 조작하기도 하는데, 이에 대한 논쟁은 계속 커지고 있다. 인간이 '신을 우롱'하듯 자연 선택에 따라 수천 년에 걸쳐 서서히 변화되어 나타나는 새로운 종을 빠르게 만들어내는 데 문제가 있다는 것이다. 비록 우리는 자연환경 속에 조작된 창조물들을 만들어 낸 결과가 어떻게 될지 완벽히 알 수는 없지만, 이러한 논쟁에 대한 답은 반드시 필요하다. 세계 인구가 계속 증가함에 따라 주거를 위한 공간은 끊임없이 늘어나고 있고, 농사를 위한 땅은 계속해서 줄어들고 있다. 점점 더 많은 음식이 필요하지만, 경작지는 계속 적어지고 있다. 따라서 밭, 과수원, 온실은 더욱 생산량을 높여야만 한다. 그리고 유전자 변형 작물의 도입에 대한 반작용으로, 자기 부엌 창틀에 허브를 심는 방식으로든, 도시의 버려진 땅에 게릴라 가드닝을 하는 방식으로든, '텃밭 가꾸기 운동grow your own'이 되살아나고 있다. 자신의 텃밭을 가꾸기 어려운 사람들에게는 수렵이 점차 인기 있는 대안이 되고 있다. 만약 식용이 가능한 야생종을 구분할 수 있다면, 그들도 법적으로 자유로운 지역에서 먹거리를 얻을 수 있을 것이다. 물론, 맛있는 당근Daucus carota과 치명적인 독이 있지만 유사한 외형을 지닌 독당근Conium maculatum을 확실히 구별할 수 있다면 말이다.

식물의 시선

식물이 음식물이나 의약품, 또는 실생활에 필요한 재료로 사용되는 것과 상관없이 식물은 우리에게 너무나 고마운 존재이다. 우리는 이러한 응용 분야와 상관없이 순수한 아름다움을 위해서 정원에서 식물을 키우는 법을 배워 왔다. 하지만 이러한 활동은 식물의 입장에서는 어떨까? 식물이 가진 유용성과 아름다움은 우리의 유익을 위해서 존재하는 것이 아니다. 살아 있는 식물은 오직 두 가지 입장에서 진화를 이루어 왔을 뿐이다. 그것은 생존과 종의 지속에 관한 것이다. 본 책은 이 두 가지 문제를 해결해 나가는지에 대해 알려 줄 것이다.

대부분의 식물들은 뿌리와 잎 덕분에 살아 있다. 뿌리는 물을 흡수하고, 토양으로부터 영양분을 흡수하며 자란다. 한편, 물고사리와 같이 물에 떠 있는 식물들은 물에서 영양분을 얻는다. 세포 내 관들의 특별한 체계를 통해 뿌리에서부터 필요한 곳으로 물을 전달한다. 이는 민들레처럼 키가 작은 식물 입장에서는 그다지 대단한 것은 아니지만, 116미터 높이까지 물을 끌어 올려 가지에 물을 전달하는 세쿼이아 나무Californian redwood를 생각해 보면 대단한 일이다. 잎은 영양분을 공급하며 식물의 건강과 성장에 큰 역할을 한다. 잎은 광합성photosynthesis을 수행하는 특별한 기관인 엽록체chloroplast를 포함하고 있다. 광합성은 빛을 이용해서 대기 중으로부터 탄소를 얻고, 이를 유용한 탄수화물로 전환하여 더 많은 경로를 통해 식물 전체가 성장할 수 있도록 돕는다.

잎과 뿌리는 식물의 건강과 성장 유지를 담당하며, 종을 이어나가는 역할을 하는 것은 꽃이다. 꽃은 식물의 번·생식기관으로 암, 수, 양성이 있다. 자연에는 씨의 수정과 발생을 위한 여러 가지 특별한 기능이 있다. 꽃은 정자를 생성하는 꽃가루와 난자를 생성하는 씨방을 확실히 만나게 해줄 임무가 있다. 이 둘은 곤충의 도움으로 만나기도 하고, 인간의 눈에는 보이지 않는 특별한 표식을 이용해서 모양, 색깔, 향, 꿀, 그리고 꽃가루 매개자를 꽃으로 불러들이기도 한다.

씨 뿌리기

수정이 이루어지면 씨가 탄생하는데, 그 이후 꽃의 임무는 씨를 가능한 한 멀리 그리고 넓게 퍼뜨리는 것이다. 꽃은 뿌리를 내리고 있어서 움직일 수 없으니 바람, 동물, 물 등의 도움을 받아 자손을 퍼뜨린다. 씨가 퍼져야 할 곳에 이들을 정착시키기 위해서 식물은 낙하산, 갈고리, 투석기와 같은 모양의 기관들을 사용하기도 하고, 단순히 중력만을 이용하기도 한다. 그리고 열매를 맺어 동물들에게 먹음직스럽게 보이게 해 동물이 섭식하게 만든 후, 소화되지 않은 씨의 형태로 배설물 속에 남아 퍼지기도 한다.

컵 모양의 새둥지버섯cup-shaped bird's nest mushroom은 씨를 퍼뜨릴 때 우연과도 같은 매우 독창적인 방법을 사용한다. 이 버섯의 둥지에는 작은 동전처럼 생긴 포자 캡슐이 있는데, 버섯은 이를 퍼뜨리기 위해 무거운 빗방울이 정확한 각도로 컵에 떨어지는 희박한 가능성에 운을 맡긴다. 빗방울이 충분한 힘으로 떨어지면, 포자 캡슐은 양옆으로 밀려 공기 중으로 튕겨 나가 1미터 정도 떨어진 곳에 안착하게 된다.

이것은 과연 진화의 무작위 추첨에 따라 지능적으로 설계된 것일까, 아니면 터무니없는 도박일까? 어느 쪽이든 간에 이 책에서는 식물들이 일상 속에서 직면한 문제들을 극복해 나가기 위해 고안한 독창적인 해결책 중 일부를 식물 표면 아래의 세계를 통해 보여 준다. 현미경으로 가까이 들여다보면, 그들의 독창성 속에서 경이로운 과학의 세계를 만날 수 있을 것이다. 과학은 꽃만큼이나 아름답다.

이 이미지들이 어떻게 완성된 것인지에 관한 짧은 설명은 사진을 이해하는 데 큰 도움이 될 것이다. 또한, 각각의 이미지는 어떠한 현미경으로 관찰한 것인지도 확인할 수 있을 것이다. 현미경 사진은 다양한 방법으로 생성되는 매우 세세한 그래픽 사진이며 이 책에 실린 사진은 두 가지 기술에 의해서 얻어진 것이다.

광학현미경 사진Light micrographs

광학현미경 사진은 광학현미경을 이용해 찍은 것이다. 16세기에 발명된 전통적인 현미경인 광학현미경은 자연광이나 인공광 아래 렌즈lens를 통해 표본specimen을 확대한다. 빛이 물체에 부딪치면 색상, 질감, 표면의 각도에 따라 그 빛은 반사된다. 이렇게 물체의 표면에 반사된 빛은 직접 또는 광학현미경의 렌즈를 통해서 눈eye에 도달한다. 빛은 안구eye ball 내부에 있는 민감한 세포cell에 모이고, 뇌는 이러한 세포들이 수집한 색상과 질감, 형태와 크기에 관한 정보를 시각적으로 처리한다. 광학현미경은 인간이 눈으로 사물을 보는 것처럼 표본을 확인할 수 있을 뿐 아니라 그것을 쉽게 확대할 수 있다.

형광fluorescent light은 보이지 않는 세부적인 부분을 보기 위해 사용된다. 생물학적 표본 안의 일부 구성요소를 형광물질로 염색하면 특정한 빛의 파장에서 볼 수 있기 때문이다. 그 결과로, 형광현미경 사진을 얻게 되는 것이다.

이와 같은 현미경은 17세기 후반에 과학적 연구를 돕는 도구로 자리 잡았고, 오늘날까지 간단한 기술과 저렴한 가격으로 작은 물체를 자세히 살펴보는 데 사용할 수 있는 기기로 남아있다. 동시에 빛 종류의 변화를 통해 표본을 관찰하는 데 커다란 혁신을 가져오기도 했다. 예를 들어, 편광된 빛을 표본에 비추면 편광 선글라스polarized sunglass와 같은 방식으로 특정한 패턴의 색상과 구조를 볼 수 있다. 여러분은 이 책에서 보여 주는 식물 사진에서 이러한 놀라운 효과를 확인할 수 있을 것이다.

전자현미경 사진Electron micrographs

20세기 초, 과학자들은 광학현미경을 대체할 만한 첨단기술을 개발하기 시작했다. 빛 대신에 전자총electron gun에서 발사된 전자의 흐름을 사용한 최초의 전자현미경은 1930년대에 개발되었다. 광학현미경에서 유리 렌즈가 빛을 굴절시키듯, 전자현미경에서는 렌즈lens 대신 전자석electromagnets을 이용해 전자빔을 구부린다. 전자빔이 충분히 밀도 있게 쏘아지면, 단순한 빛을 통해 사물을 자세히 보는 것 이상의 결과를 선사해 준다. 다시 말해서, 맨눈으로 볼 수 없는 것을 볼 수 있게 된다.

전자현미경은 두 가지 종류가 있다. 하나는 투과전자현미경(TEM: transmission electron microscope)이고, 다른 하나는 주사전자현미경(SEM: scanning electron microscope)이다. 투과전자현미경은 그 이름에서 알 수 있듯이, 전자가 연구대상인 표본을 바로 통과한다. 마치 스테인드글라스를 통과하는 빛이 스테인드글라스 창문의 영향을 받듯이, 이 과정에서 전자는 통과하는 표본의 영향을 받는다. 그리고 스테인드글라스 창문에서 빛이 통과될 때 형형색색의 작품이 드러나듯이, 투과전자현미경의 전자는 표본을 통과하면서 표본의 이미지를 만들어 낸다. 이 현미경에서는 사진판이나 형광 스크린을 통해 상이 맺히는 것을 관찰할 수 있다.

대조적으로 주사전자현미경의 전자는 표본을 통과하지 못한다. 주사전자현미경은 격자 패턴으로 표본을 스캔하는 전자를 발사한다. 전자는 표본에 있는 원자와 상호작용하며 이에 대응하는 다른 전자를 방출한다. 이러한 2차 전자는 모양과 구성요소에 따라 모든 방향으로 방출될 수 있다. 그 결과, 이 전자들은 검출되고, 2차 전자에게서 나온 정보와 본래의 전자 주사의 세부 사항들과 결합해 주사전자현미경 이미지가 완성되는 것이다.

한편, 투과전자현미경은 전자가 표본을 통과해야 하므로 매우 얇은 표본만 샘플로 사용할 수 있다. 반면, 주사전자현미경은 부피가 더 큰 표본들을 처리할 수 있으며, 결과 이미지는 피사계의 심도depth of field(*관찰 대상물의 확대 영상에서 초점이 맞는 깊이의 범위)를 전달할 수 있다. 한편, 투과전자현미경은 더 높은 해상도를 구현할 수 있고, 확대도 가능하다. 숫자만으로 가늠하기 어렵겠지만 투과전자현미경은 폭 50피코미터picametre(50조 분의 1미터) 미만의 미세한 부분까지 보여 줄 수 있고, 5천만 배 이상 확대할 수 있다. 그리고 주사전자현미경은 크기가 1나노미터nanometre(1,000피코미터)인 세세한 부분을 '볼' 수 있고 50만 배까지 확대할 수 있다. 이에 비해 일반적으로 사용되는 광학현미경은 약 200나노미터 정도의 아주 작은 부분을 보여 주고, 2,000배 정도의 배율을 제공한다.

이 책에서 보게 되는 대부분의 현미경 사진은 인공적으로 색을 덧입힌 것으로, 이것은 위색false color이라고도 한다. 이것은 사진이 어떠한지에 대해 더욱 확실하고 쉽게 알 수 있게 도와준다. 물론 식물들은 아름답지만, 식물 대부분이 이 책 속 사진처럼 다채로운 색깔을 가지고 있지 않으며 그 내부는 더욱 그렇지 않다. 하지만 식물들은 복잡한 체계를 지니고 있으며, 살아가고 번식하기 위해 놀라운 기술을 가지고 있다. 여기서는 과일, 꽃, 채소의 전혀 다른 모습을 보게 될 것이다.

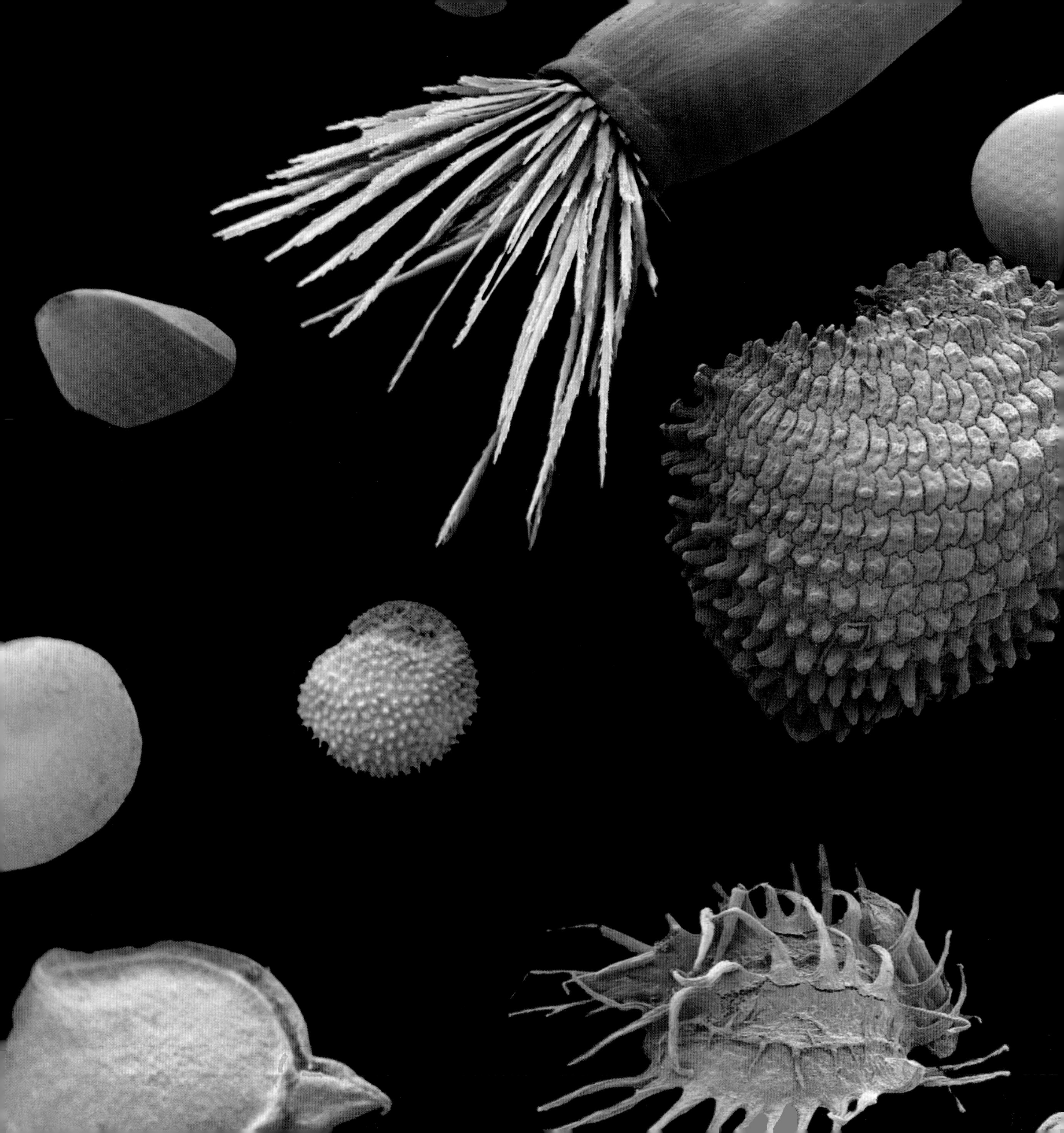

Seeds 씨

이전 쪽: 다양한 꽃flowers과 목초grass의 씨seed (주사전자현미경 사진)
씨의 크기와 형태는 다양하다. 하지만 모든 식물이 씨를 생성하는 것은 아니다. 씨에 따라 식물은 두 종류로 나뉜다. 하나는 속씨식물angiosperm인데 꽃과 열매가 딱딱한 겉껍질로 덮여 있는 식물이다. 다른 하나는 겉씨식물gymnosperm(그리스어로 '벌거벗은 씨'라는 말에서 유래)이며 씨가 껍질에 싸여 있지 않는 구과식물conifer이 여기에 속한다. 인공적으로 색깔을 입힌 사진은 꽃과 목초가 있는 야생 목초지에서 얻은 속씨식물의 다양한 모습이다.
(배율: 10cm 너비에서 200배)

위쪽: 겨자씨Mustard seeds (주사전자현미경 사진)
많은 사람들은 어린 시절 젖은 종이 위에 둔 겨자씨에 싹을 틔워 보며 식물학botany에 입문한다. 겨자씨는 차가운 날씨에도 쉽게 싹이 트고, 지구상 어느 지역에서든지 잘 자란다. 겨자는 세 종류가 있으며, 양배추cabbage, 브로콜리broccoli, 콜리플라워cauliflower와 함께 배추과 Brassica falmily에 속한다. 씨의 지름은 1미리미터로, 비타민과 미네랄이 풍부하며 물이나 식초와 섞어 향신료로 만들기 위해 가루로 만들기도 한다.
(배율: 10cm 너비에서 25배)

오른쪽: 버클로버Bur-clover의 버burr (주사전자현미경 사진)
식물은 바람이나 동물의 배설물을 이용하는 등 다양한 방법으로 씨를 퍼뜨린다. 버클로버의 씨는 식물의 잎을 먹는 동물의 털에 달라붙는 날카로운 갈고리hook 껍질인 버burr(길쭉하게 솟아 있는 가장자리)로 싸여 있다. 씨가 붙은 동물들은 멀리 이동하고 이후 버는 아무 데나 떨어져 나가기 때문에 클로버는 지리적으로 매우 폭넓게 위치한다. 벨크로테이프Velcro hook-and-loop fastener는 바로 버를 보고 착안하여 만든 것이다.
(배율: 10cm 너비에서 5배)

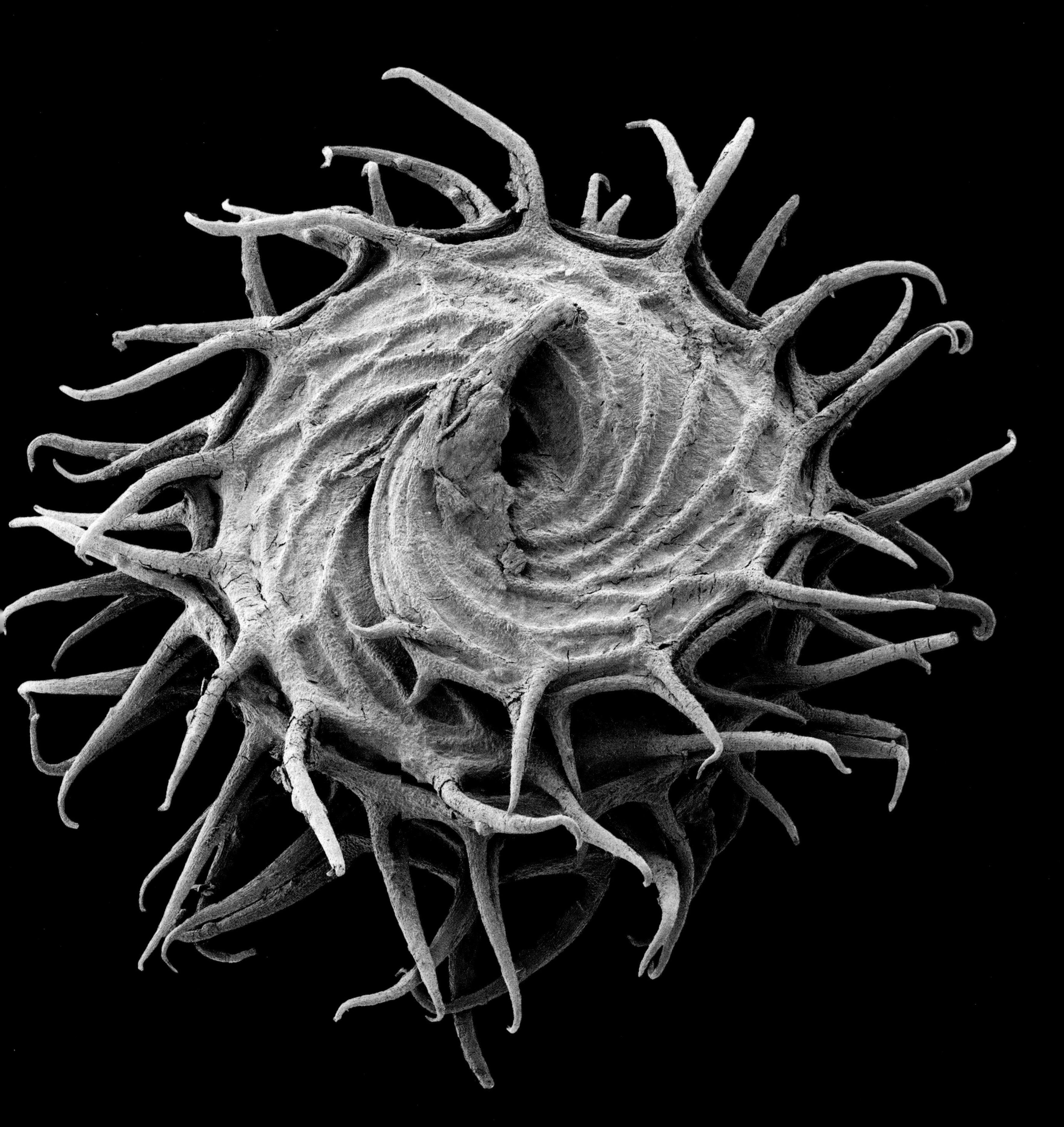

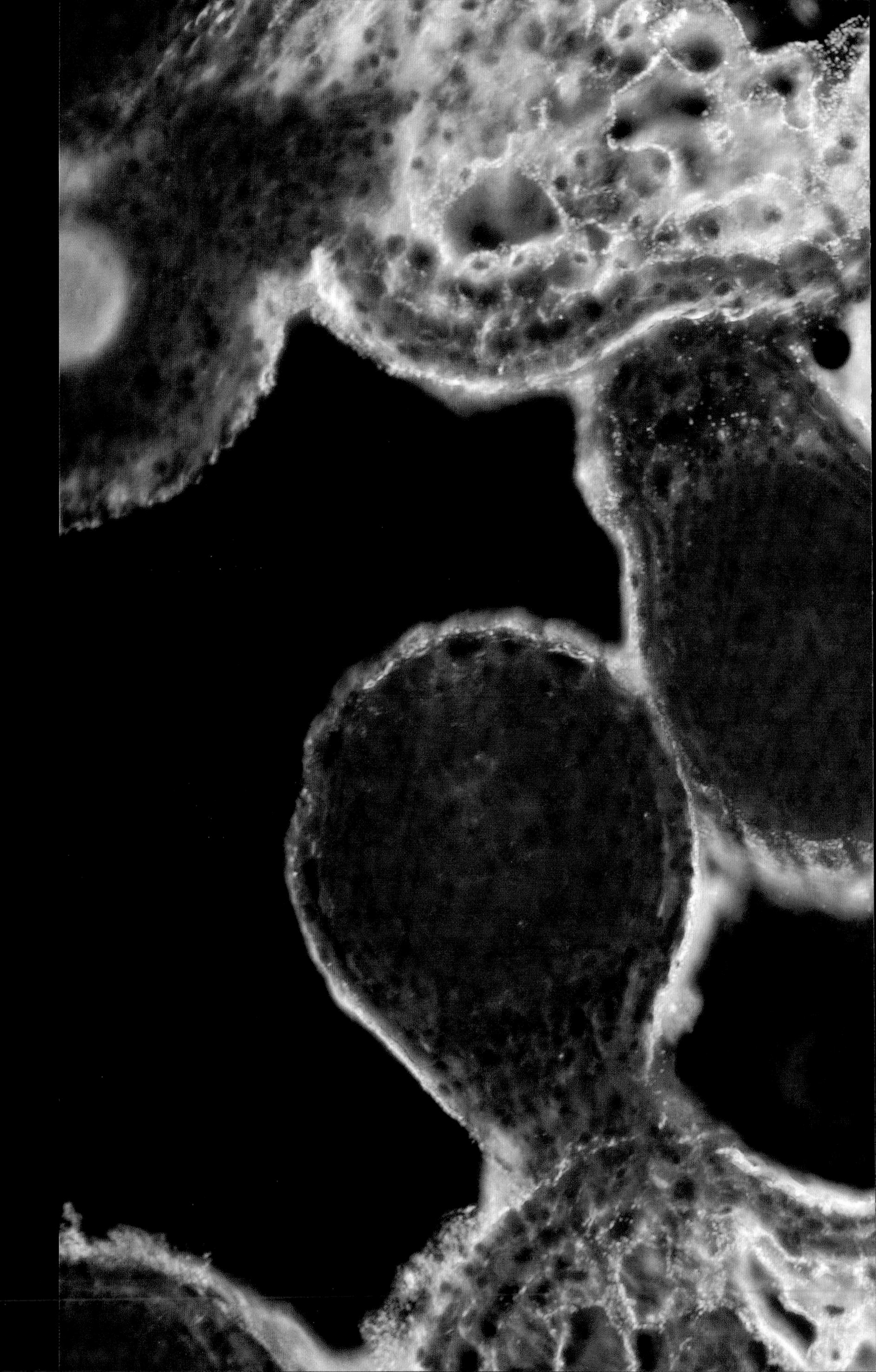

발아 중인 양귀비Poppy 씨방 ovary (광학현미경 사진)
색깔을 입힌 이미지에서 빨간색 점으로 이루어진 선은 양귀비 태반placentas의 내부 경계이다. 여기에 밑씨ovules가 있는데, 밑씨는 양귀비 꽃가루에 의해 수정된 것이다. 빨간색 풍선처럼 생긴 부분은 보호막으로 둘러싸인 양귀비의 배아embryonic poppies(연두색)로, 씨에서 생성되었다. 배아는 결국 태반 경계를 무너뜨리고, 부풀어 오른 씨앗머리가 터질 때까지 가득 찰 것이다.
(배율: 알 수 없음)

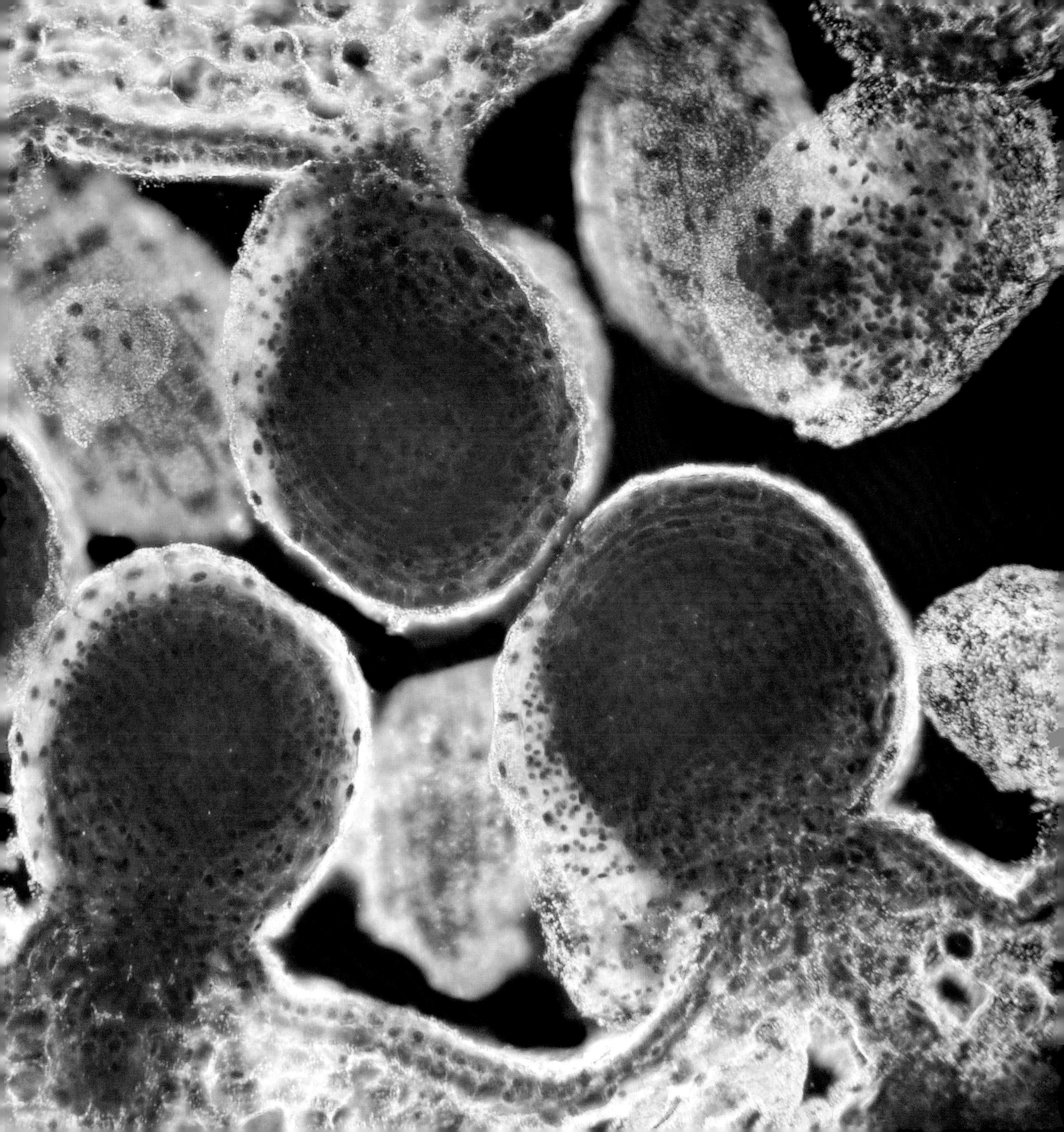

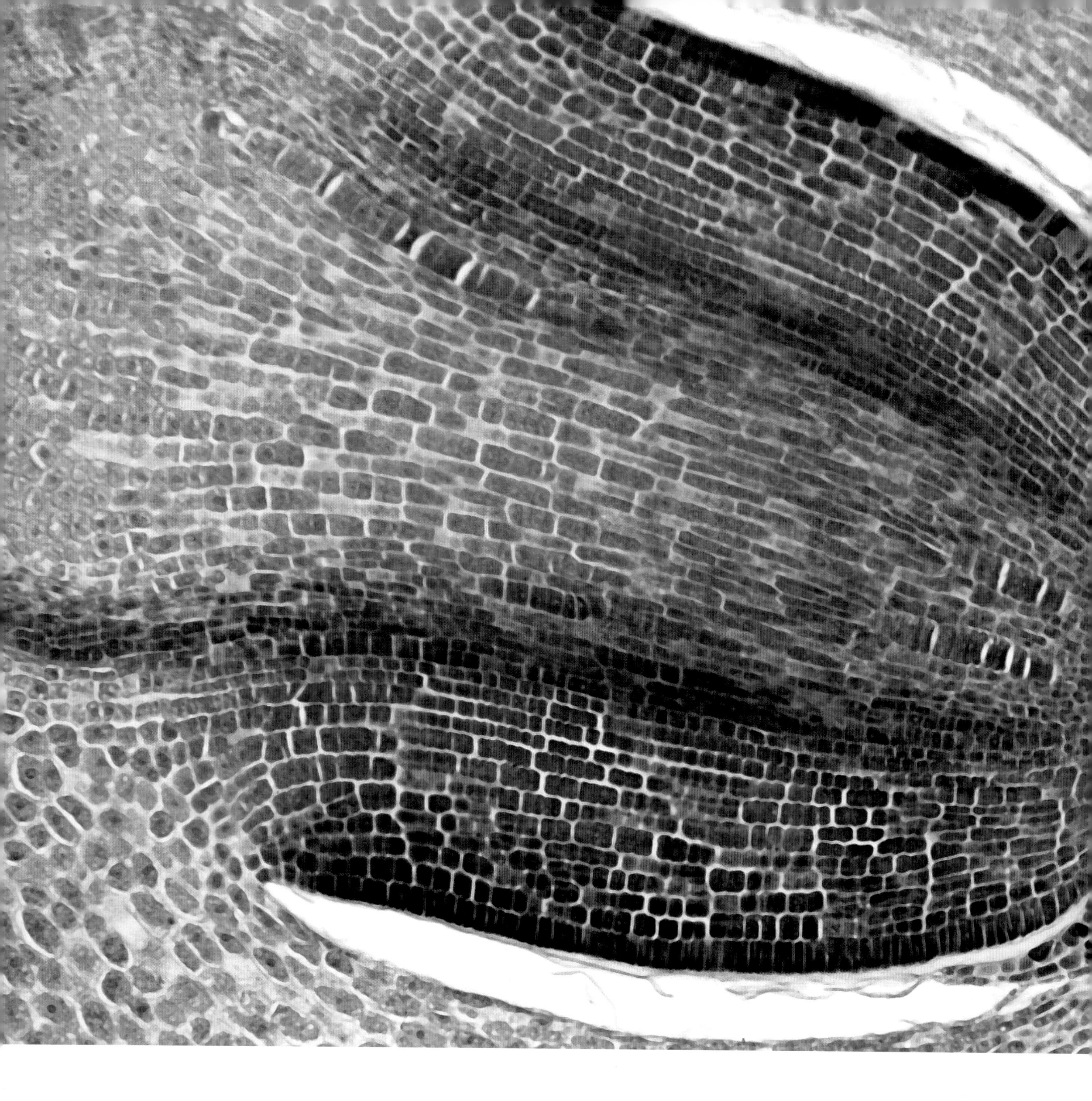

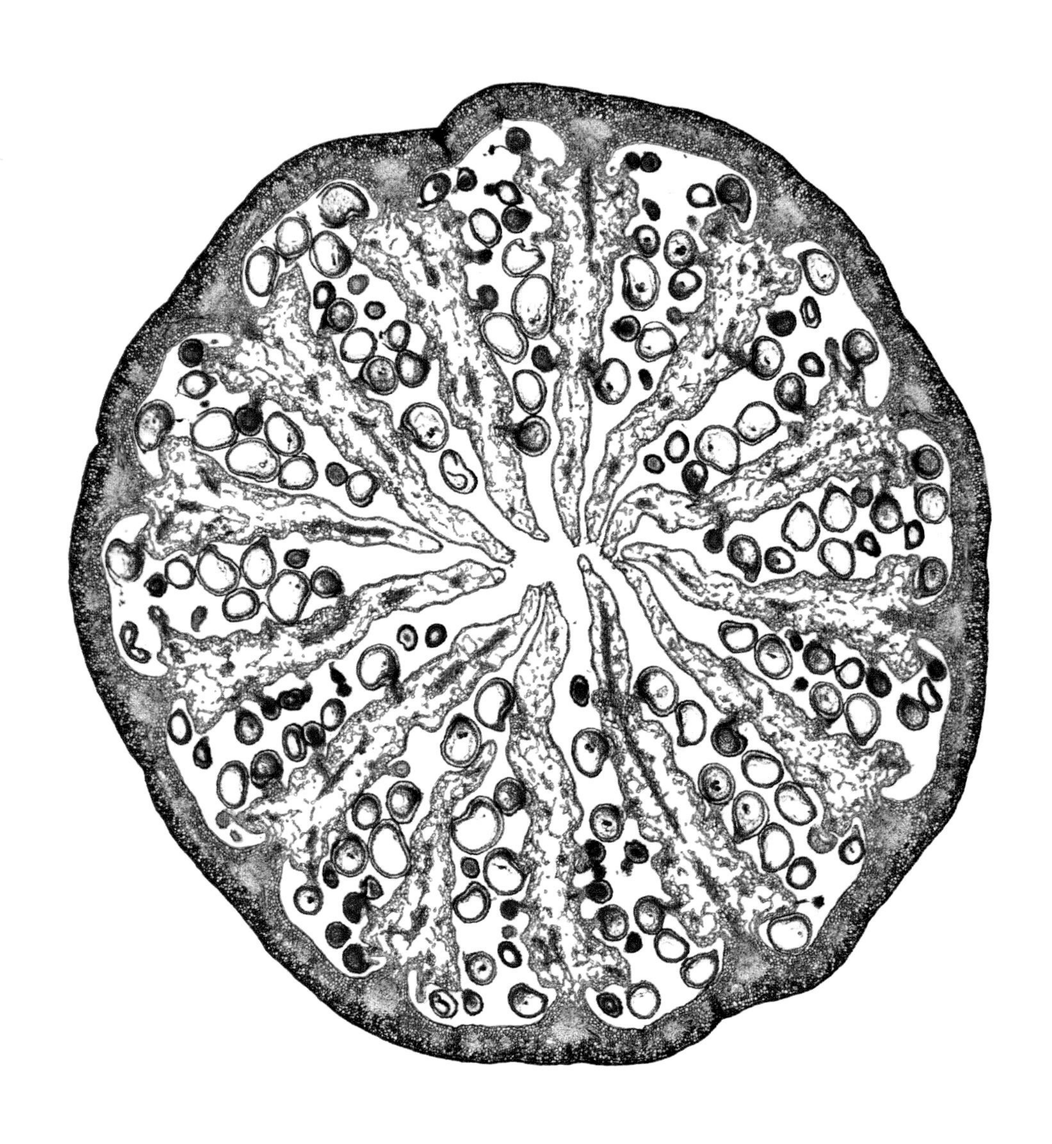

왼쪽: 옥수수Maize 씨 (광학현미경 사진)
옥수수 씨의 횡단면은 초기 발아 단계를 보여 준다. 오른쪽 바닥 부분에 어린뿌리radicle가 뻗어 있는데, 여기서부터 새로운 식물의 뿌리가 자라난다. 반대쪽의 배축hypocotyl은 뿌리가 자리를 잡으면 부풀어 오르고, 씨의 머리 부분을 땅 위로 들어 올린다. 거기서부터 줄기, 배에서 나오는 잎(떡잎cotyledon), 본잎이 자라기 시작한다.
(배율: 10cm 너비에서 50배)

위쪽: 양귀비Poppy 종자꼬투리seedhead (광학현미경 사진)
양귀비 종자꼬투리 속 울퉁불퉁한 외벽 안을 횡단면으로 자른 사진을 보면, 우리는 만나지는 않으나 중심을 향해 있는 13개의 혀처럼 생긴 벽인 격막septa을 확인할 수 있다. 태반 선과 같은 격벽에서 사진 속 작고 빨간 원 모양으로 보이는 양귀비 밑씨가 성장한다. 발아한 밑씨는 그 안에서 씨가 되고, 새로운 양귀비로 성장할 배embryo에 영양을 공급하는 내배유endosperm도 사진에서 확인할 수 있다.
(배율: 10cm 너비에서 5배)

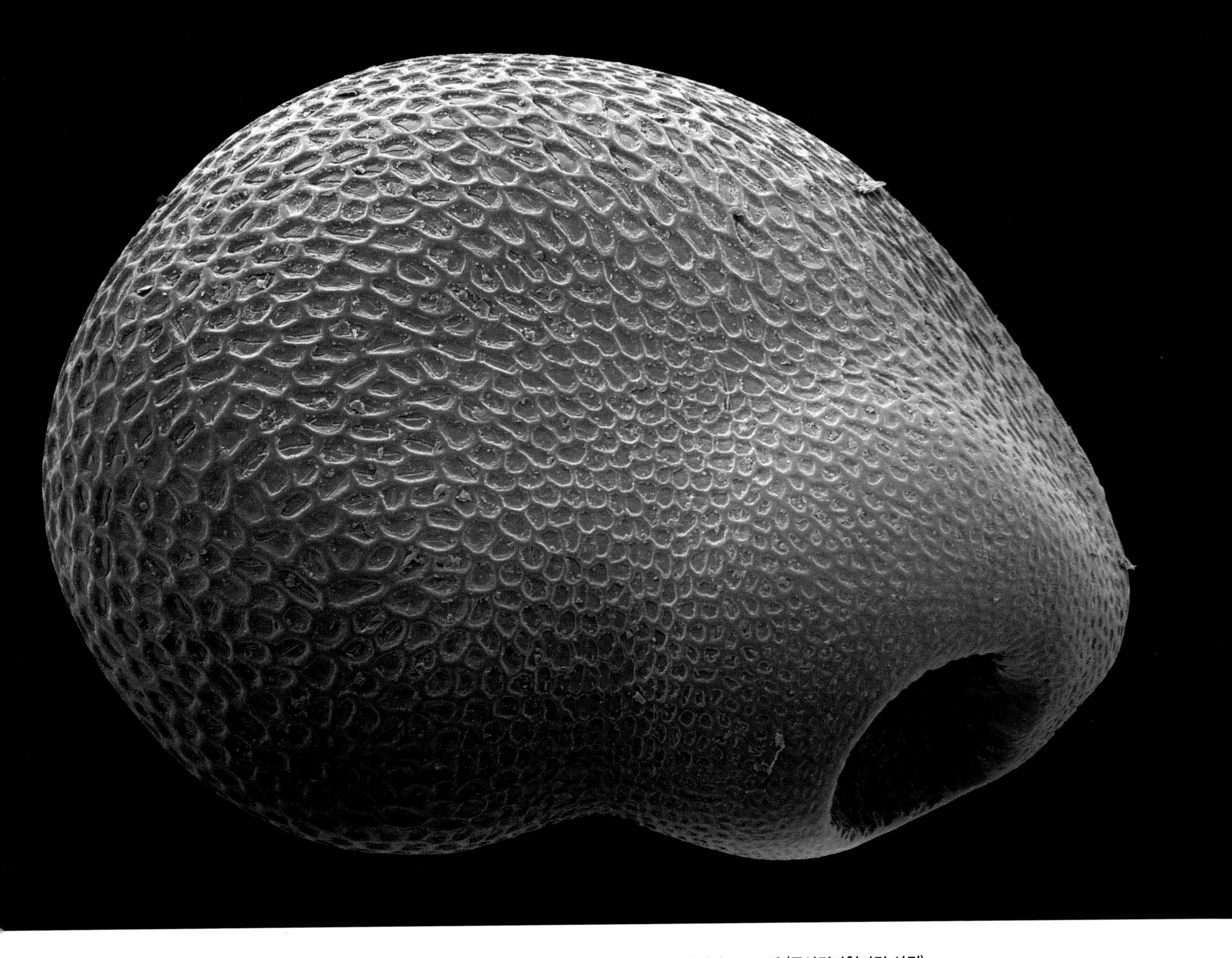

왼쪽: 보리지Borage 씨 (주사전자현미경 사진)
보리지의 씨는 편평한 것도 있고 둥근 것도 있는데, 이러한 모양들은 씨가 떨어질 때 땅에 박히기 위해 디자인된 것 같은 모양이다. 보리지 기름은 달맞이꽃evening primrose이나 블랙 커런트blackcurrant 기름처럼 감마리놀렌산gamma-linolenic acid과 지방산fatty acid을 다량 함유하고 있다. 약초상들은 보리지 기름이 심장병heart disease, 류머티즘성 관절염rheunatoid arthritis, 당뇨병diabete 등으로 인한 통증에 효과가 있다고 하지만, 과학적으로 효능을 검증할 근거는 거의 없다.
(배율: 10cm 너비에서 580배)

위쪽: 선인장Cactus 씨 (주사전자현미경 사진)
선인장류Cacti는 선인장과Cactaceae라고 부르는 식물의 과family에 속한다. 선인장은 혹독한 더위, 건조한 기후에 적응했으며, 잎은 소중한 습기가 증발하는 표면적을 줄이는 가시 모양으로 진화했다. 또한, 씨들은 꽃의 하부 줄기에 깊이 묻힌 씨방ovaries에서 자라기 때문에 보호받는다. 씨는 선인장을 먹은 동물의 배설물을 통해 널리 퍼진다.
(배율: 10cm 크기에서 830배)

뚜껑별꽃Pimpernel 씨방들seed capsule (광학현미경 사진)
보랏빛의 뚜껑별꽃은 날씨가 좋지 않으면 꽃잎을 닫기 때문에 '목동의 대기 계측기shepferd's weatherglass'라고 불리기도 한다. 씨가 익으면 씨방의 꼭대기가 열린 채로 뒤집혀 흙으로 뿌려진다. 뚜껑별꽃의 영문 이름은 '작은 후추little pepper'라는 뜻으로, 가축이나 사람이 이 꽃을 먹게 되면 매우 위독해질 수 있다. 왜냐하면 몇 가지 살충제 성분이 함유되어 있기 때문이다. 꽃의 독일 이름은 '가우치헤일Gauchheil'인데, 뜻은 '멍청이 치료제'이다. 문헌에 따르면 과거에는 이 꽃을 정신병을 치료하는 약초로 사용했기 때문에 붙여진 이름이라고 전해진다.
(배율: 10cm 너비에서 40배)

왼쪽: 애기괭이밥Wood sorrel 씨 (주사전자현미경 사진)

숲의 바닥에 카펫처럼 깔려 있는 애기괭이밥은 동명의 약초와 전혀 관계가 없지만 맛은 비슷하다. 꽃, 씨, 잎은 옥살산oxalic acid을 함유해 은은한 레몬 향이 나 식욕을 돋워 준다. 전 세계에는 800종 가량이 있고, 아메리카 원주민들은 오랫동안 이 식물을 약과 음식으로 사용해 왔다. 뉴질랜드 참마yam와 콜롬비아 안데스괭이밥oca과 함께 몇몇 애기괭이밥은 순무turnip처럼 덩이뿌리로 자란다.
(배율: 알 수 없음)

오른쪽: 별꽃chickweed 씨앗 (광학현미경 사진)

보통 별꽃은 농부와 정원사에게는 잡초이다. 예쁘고 하얀 별처럼 생긴 꽃이 핀 다음에 수많은 씨앗이 퍼지기 때문이다. 이를 제대로 살피지 않으면 점점 두꺼운 매트처럼 퍼져 풀이나 농작물을 눌러 버린다. 하지만 원래 별꽃은 철분이 많으며, 맛있는 샐러드의 재료가 되는 농작물이다. 그리고 일본에서 매년 1월 7일에 열리는 7가지 허브 페스티벌 '나나쿠사 노 세쿠Nanakusa No Sekku' 축제에서 먹는 쌀죽의 주요 원료이기도 하다.
(배율: 10cm 너비에서 40배)

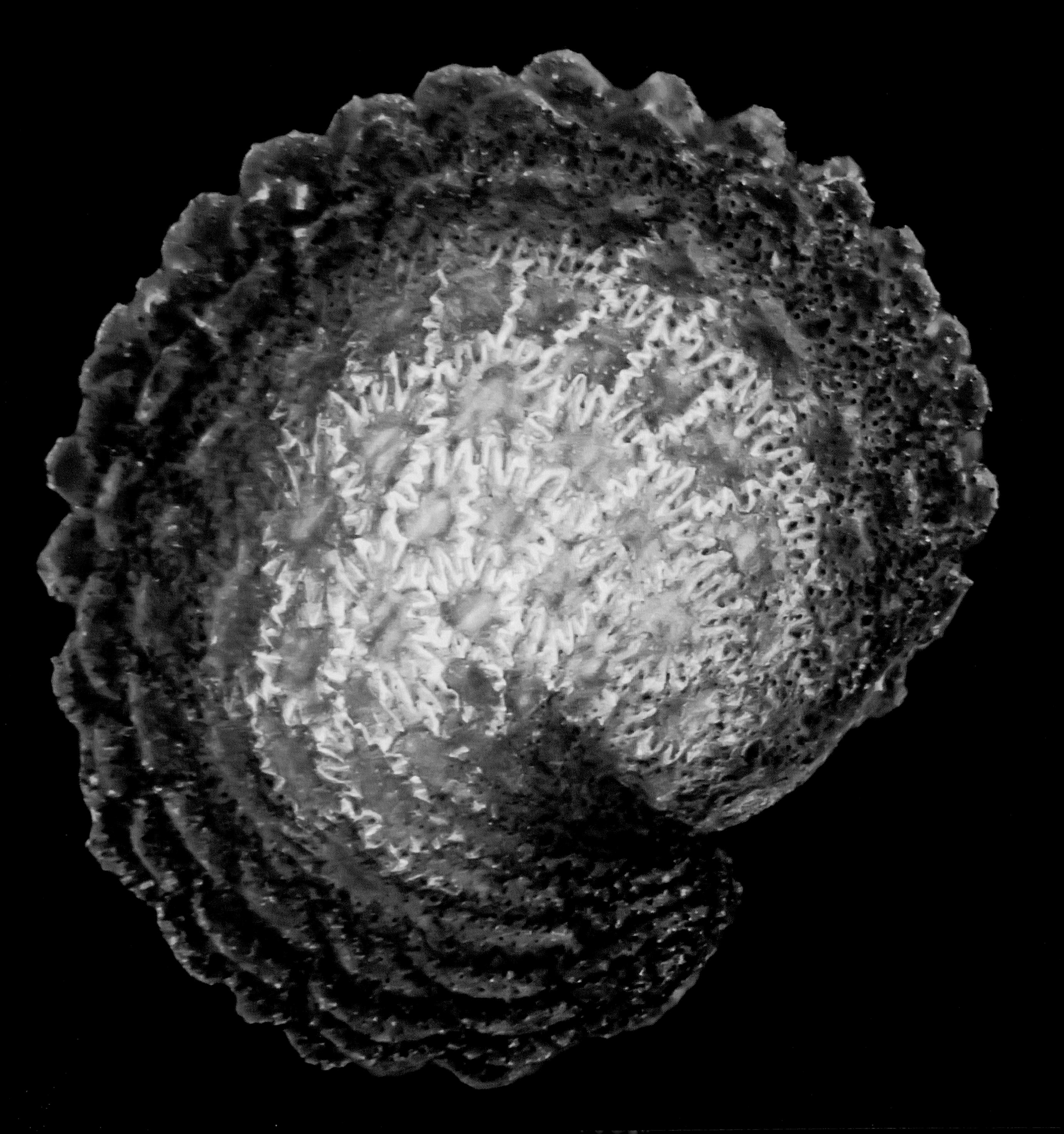

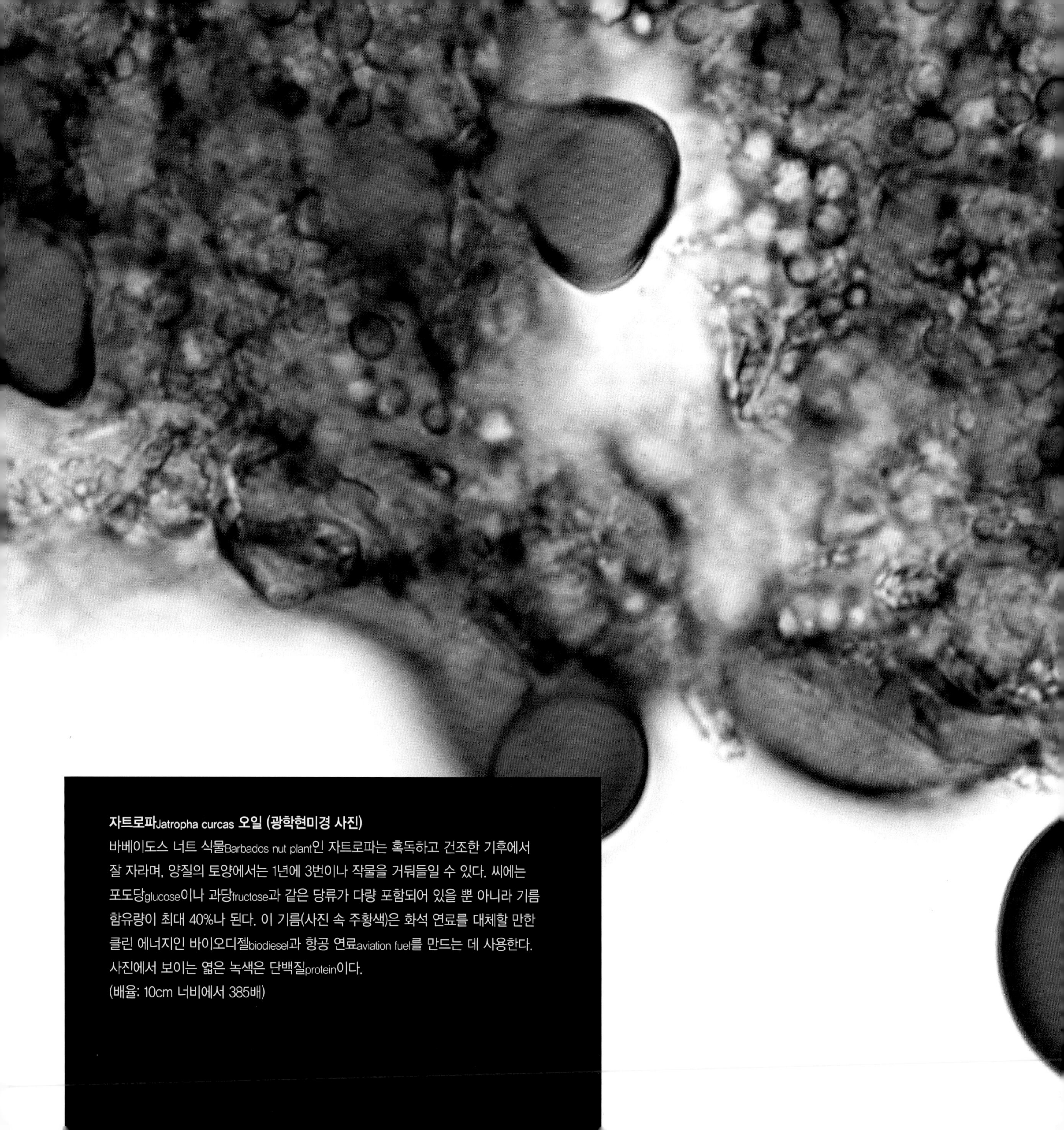

자트로파Jatropha curcas 오일 (광학현미경 사진)

바베이도스 너트 식물Barbados nut plant인 자트로파는 혹독하고 건조한 기후에서 잘 자라며, 양질의 토양에서는 1년에 3번이나 작물을 거둬들일 수 있다. 씨에는 포도당glucose이나 과당fructose과 같은 당류가 다량 포함되어 있을 뿐 아니라 기름 함유량이 최대 40%나 된다. 이 기름(사진 속 주황색)은 화석 연료를 대체할 만한 클린 에너지인 바이오디젤biodiesel과 항공 연료aviation fuel를 만드는 데 사용한다. 사진에서 보이는 옅은 녹색은 단백질protein이다.
(배율: 10cm 너비에서 385배)

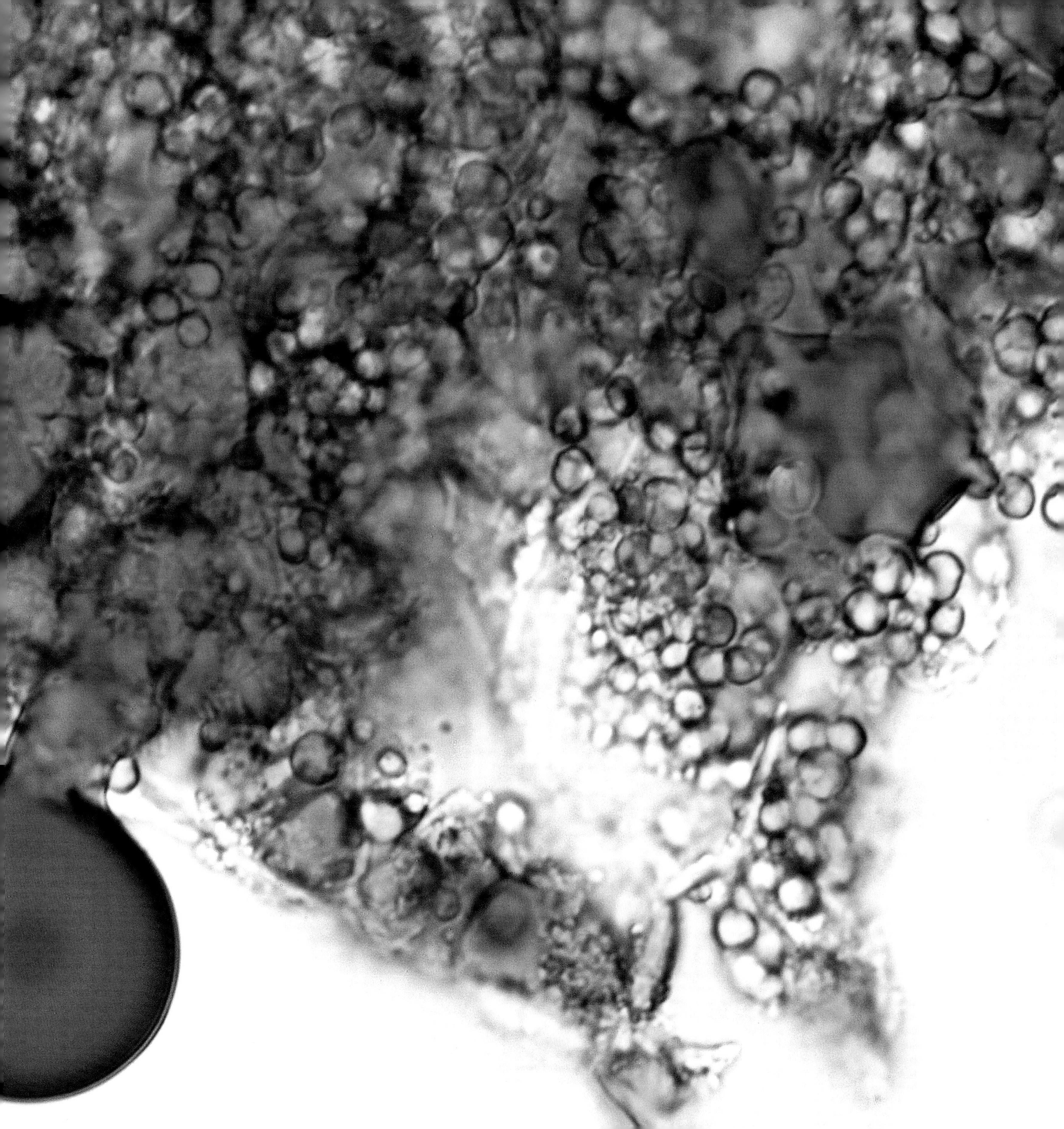

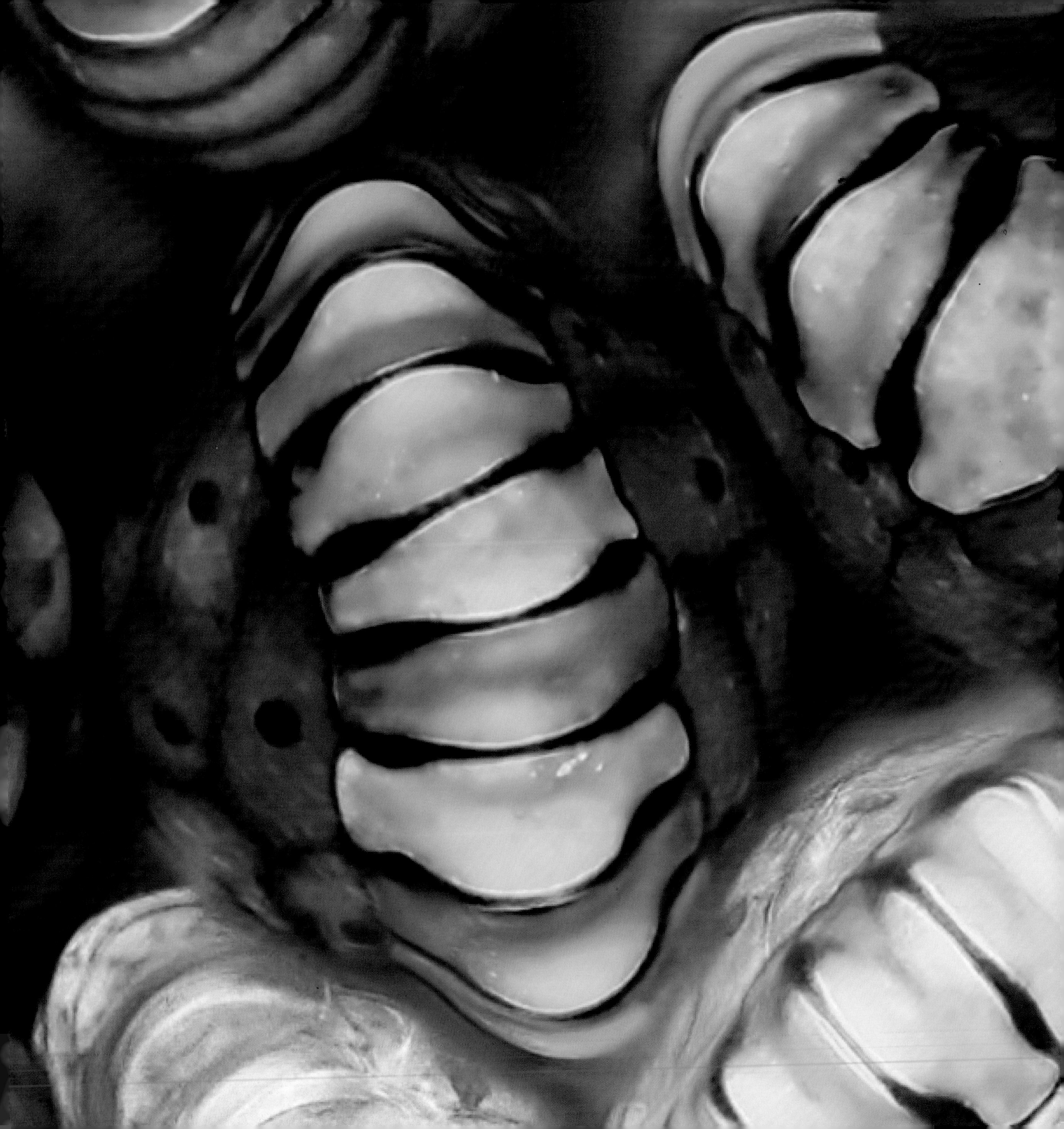

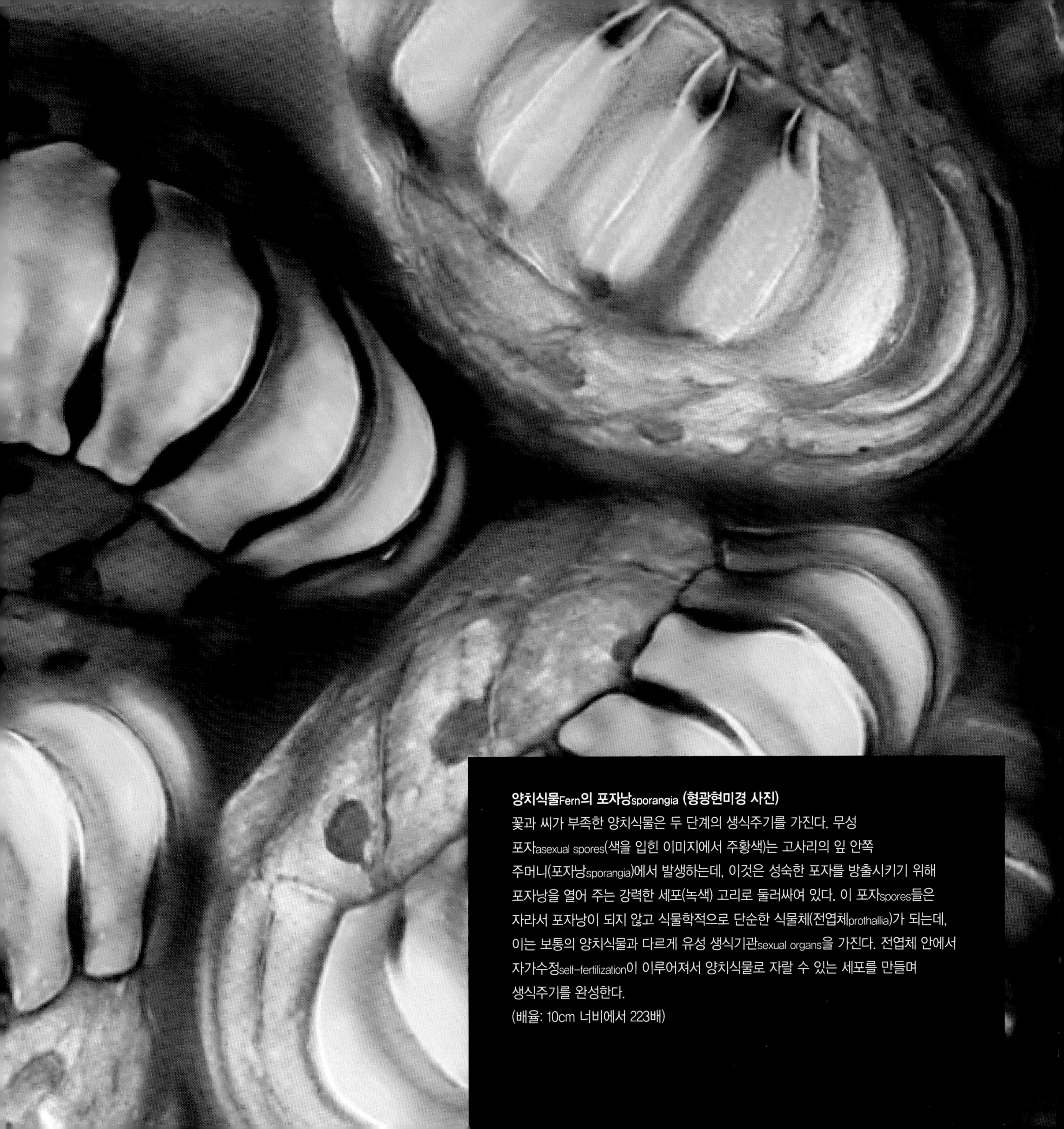

양치식물Fern의 포자낭sporangia (형광현미경 사진)
꽃과 씨가 부족한 양치식물은 두 단계의 생식주기를 가진다. 무성 포자asexual spores(색을 입힌 이미지에서 주황색)는 고사리의 잎 안쪽 주머니(포자낭sporangia)에서 발생하는데, 이것은 성숙한 포자를 방출시키기 위해 포자낭을 열어 주는 강력한 세포(녹색) 고리로 둘러싸여 있다. 이 포자spores들은 자라서 포자낭이 되지 않고 식물학적으로 단순한 식물체(전엽체prothallia)가 되는데, 이는 보통의 양치식물과 다르게 유성 생식기관sexual organs을 가진다. 전엽체 안에서 자가수정self-fertilization이 이루어져서 양치식물로 자랄 수 있는 세포를 만들며 생식주기를 완성한다.
(배율: 10cm 너비에서 223배)

위쪽: 캘리포니아 양귀비 씨California poppy seed (주사전자현미경 사진)
양귀비의 씨는 씨방 역할을 맡은 열매가 반으로 쪼개질 때 뿌려진다. 씨는 어미그루parent plant 주변에 흩어지는데, 이 때문에 양귀비가 들판과 길가에서 무리 지어 색을 뽐내며 자라나곤 하는 것이다. 캘리포니아 양귀비는 1903년에 주를 상징하는 꽃으로 채택되었으며, 로스엔젤레스 근처에 위치한 양귀비 보호구역은 매년 주황색으로 완전히 뒤덮인다. 이 꽃에서 추출한 물질은 가벼운 진정 효과가 있다.
(배율: 10cm 너비에서 18배)

오른쪽: 니젤라Nigella 씨 (주사전자현미경 사진)
니젤라는 라틴어로 '작고 검은'이라는 뜻이다. 이 이름은 작고 검은 눈물방울 모양의 씨(사진은 인공적으로 색을 입힌 것)에서 유래한 것이다. 니젤라의 씨는 부풀어 오른 꼬투리pod 속에서 자라고, 꼬투리가 마르면 떨어진다. 그래서 이 식물은 한해살이임에도 불구하고 매년 같은 자리에서 자라난다. 씨는 요리에 쓰이고, 톡 쏘는 향 때문에 같은 특성을 가진 블랙커민black cumin과 페넬(회향)fennel 꽃과 함께 다양하고 흔한 이름으로 불린다.
(배율: 10cm 너비에서 1,000배)

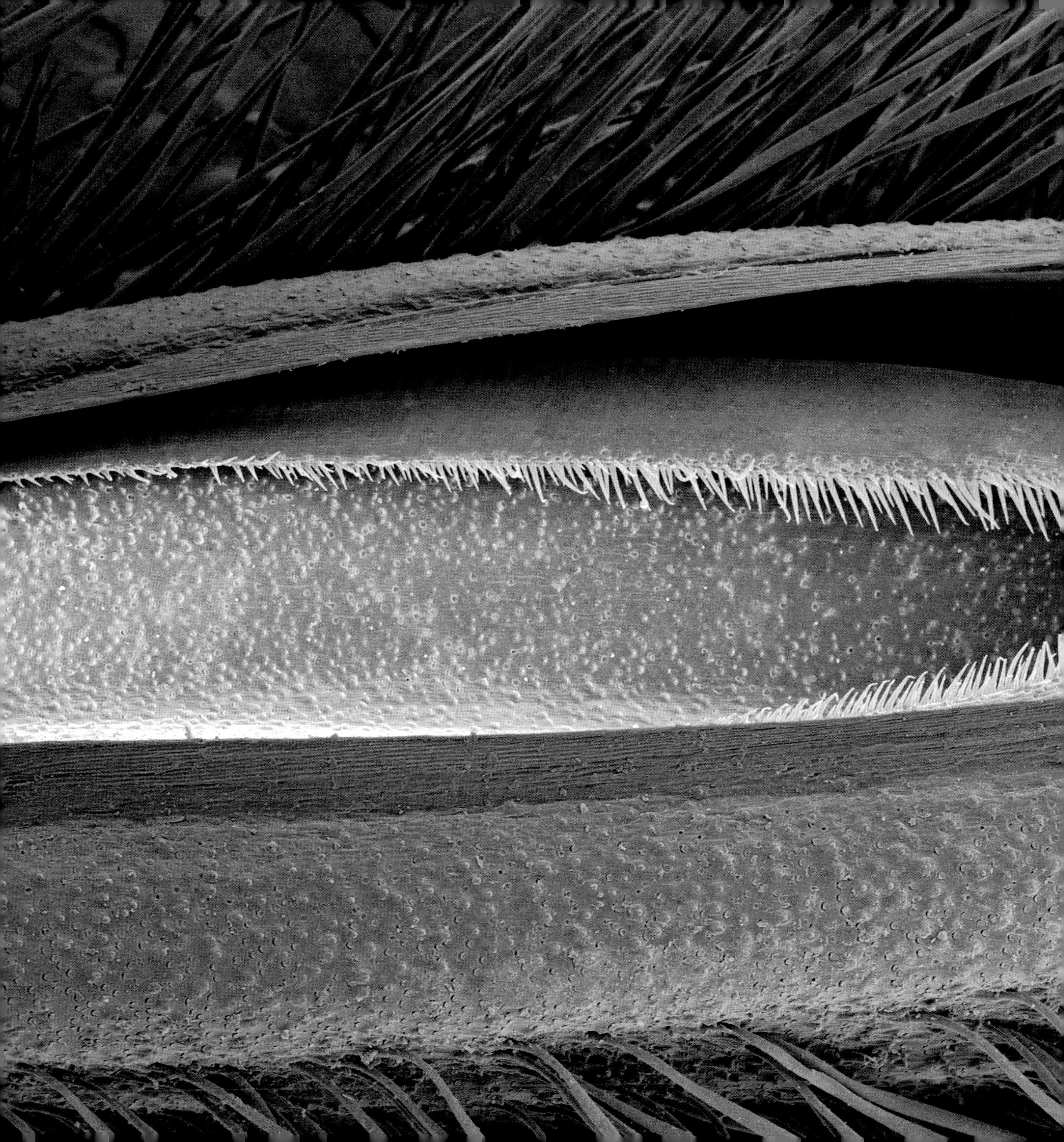

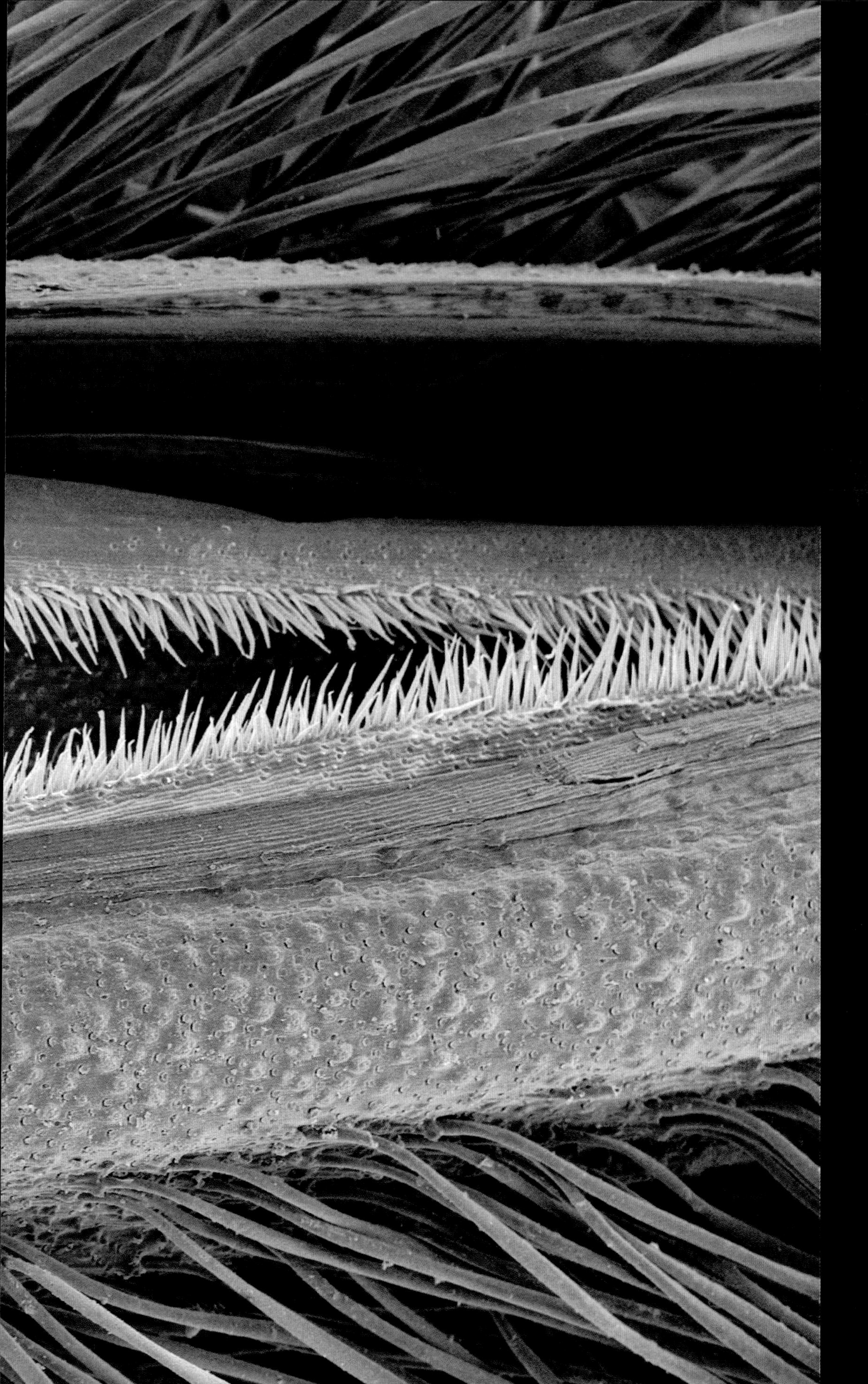

느릅나무Elm의 씨 (주사전자현미경 사진)
사진은 작은 씨를 담는 가느다란 초록색 원반 모양을 만들기 위해 수정된 느릅나무 씨방을 펼치고 있는 모습이다. 가을바람이 나무를 흔들면 원반 모양의 다발은 점차 갈색으로 변한다. 비교적 넓은 표면적은, 심장에 있는 작은 씨를 바람이 데려갈 수 있는 가장 먼곳까진 운반하는 돛으로 쓰인다. 이렇게 바람을 통해 씨를 퍼트리고자 하는 돛이 달린 씨는 시과samaras라고 한다. 플라타너스sycamore의 씨가 여기에 속한다.
(배율: 10cm 너비에서 12.5배)

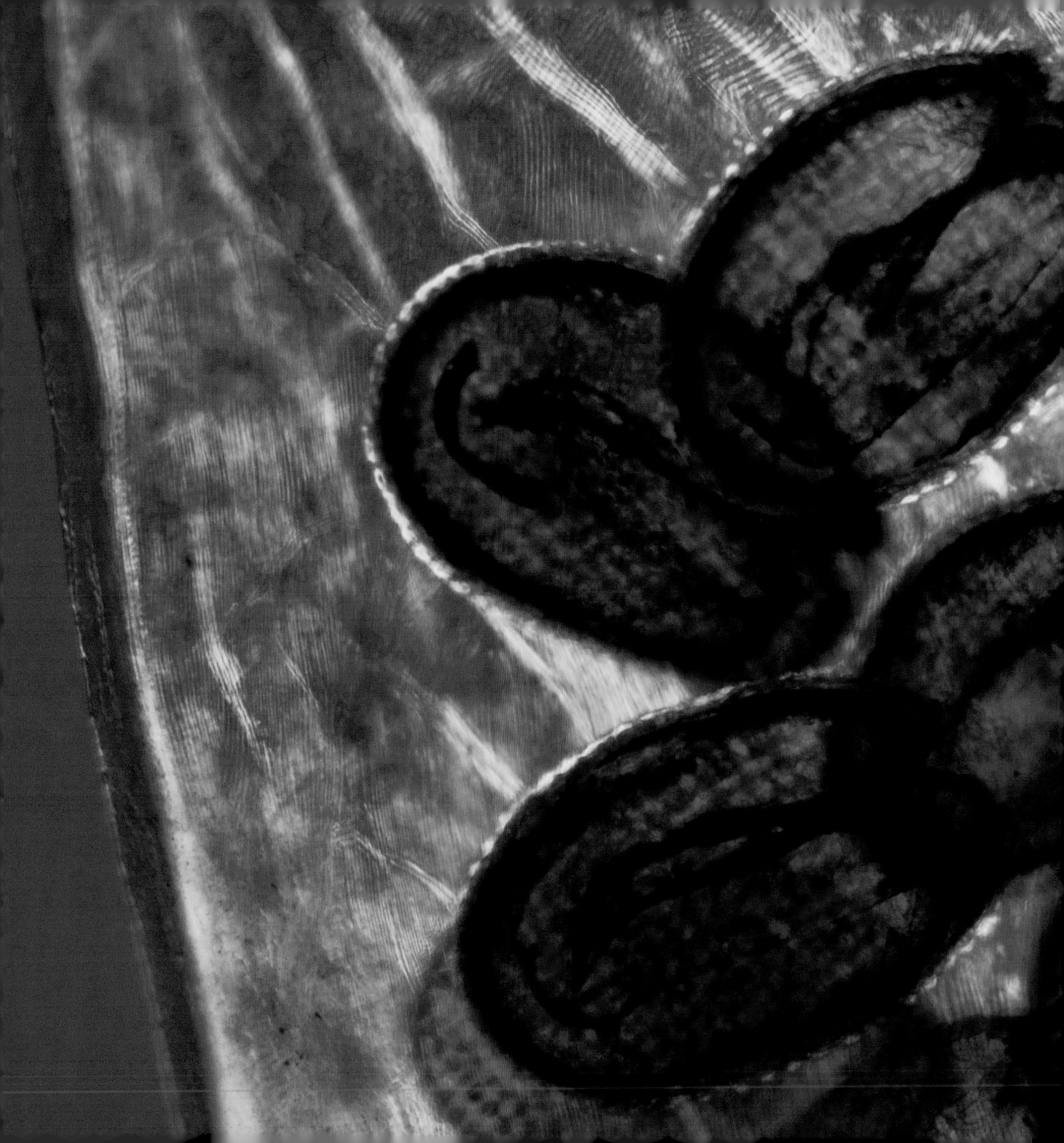

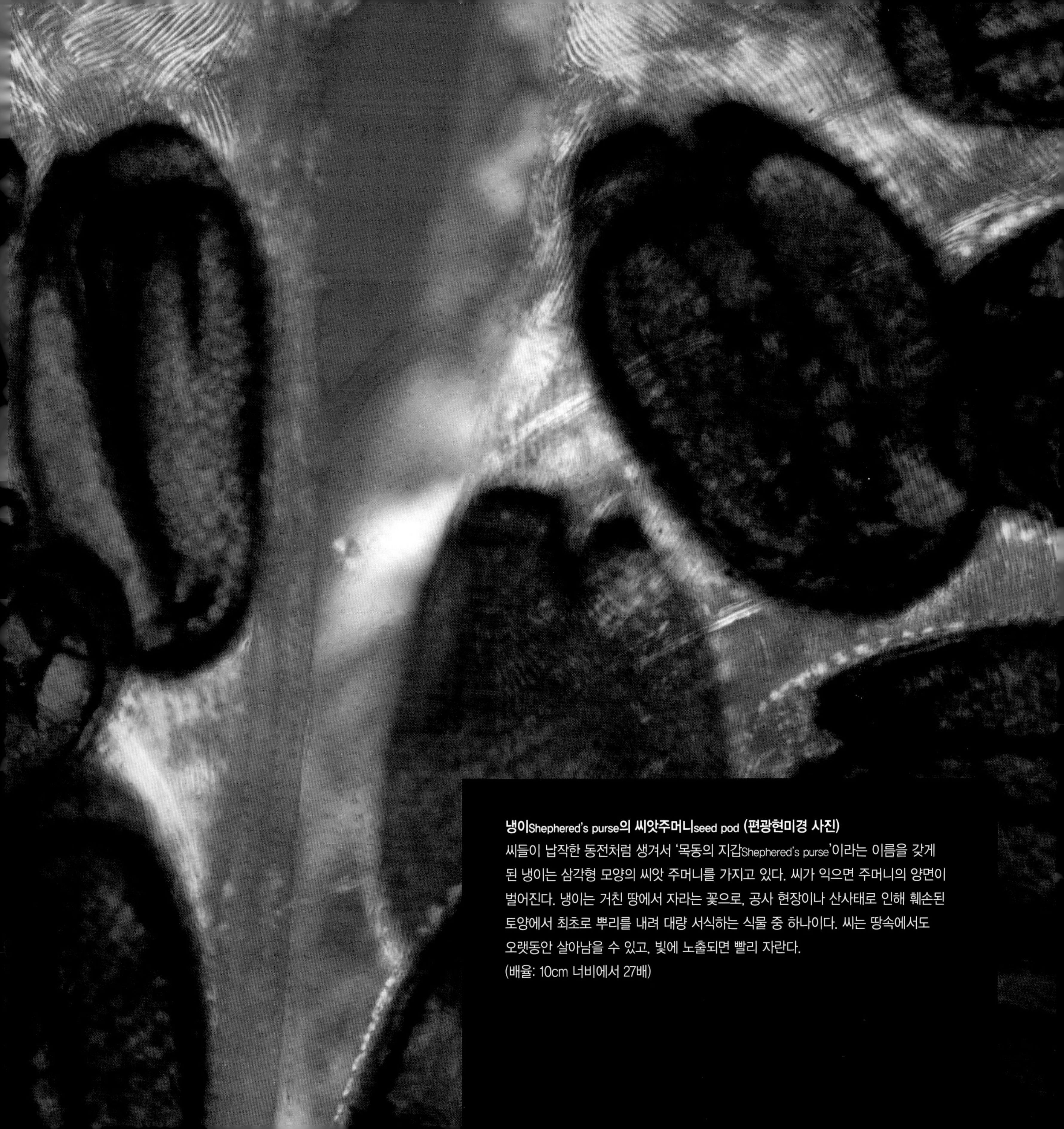

냉이Shephered's purse의 씨앗주머니seed pod (편광현미경 사진)
씨들이 납작한 동전처럼 생겨서 '목동의 지갑Shephered's purse'이라는 이름을 갖게 된 냉이는 삼각형 모양의 씨앗 주머니를 가지고 있다. 씨가 익으면 주머니의 양면이 벌어진다. 냉이는 거친 땅에서 자라는 꽃으로, 공사 현장이나 산사태로 인해 훼손된 토양에서 최초로 뿌리를 내려 대량 서식하는 식물 중 하나이다. 씨는 땅속에서도 오랫동안 살아남을 수 있고, 빛에 노출되면 빨리 자란다.
(배율: 10cm 너비에서 27배)

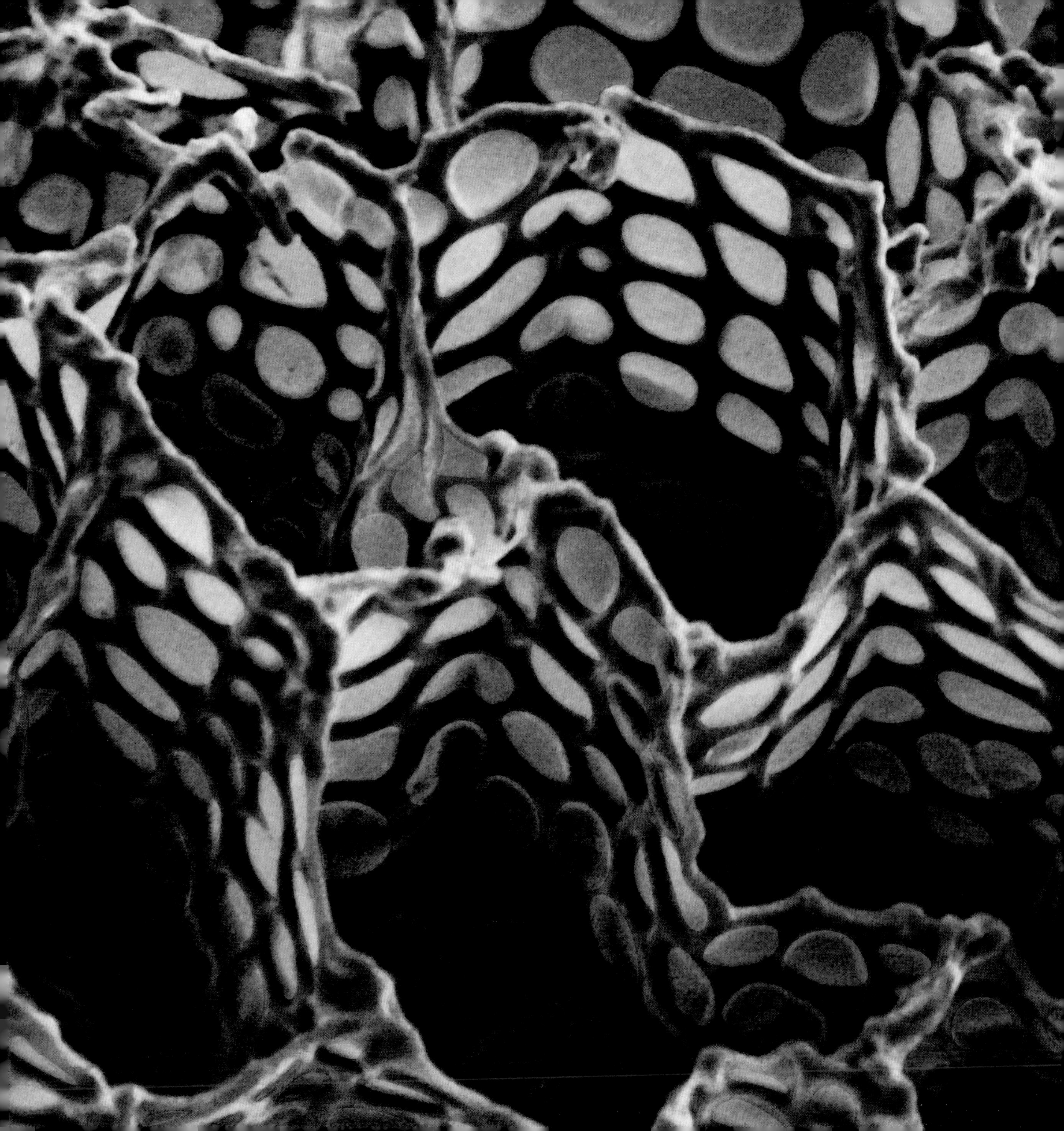

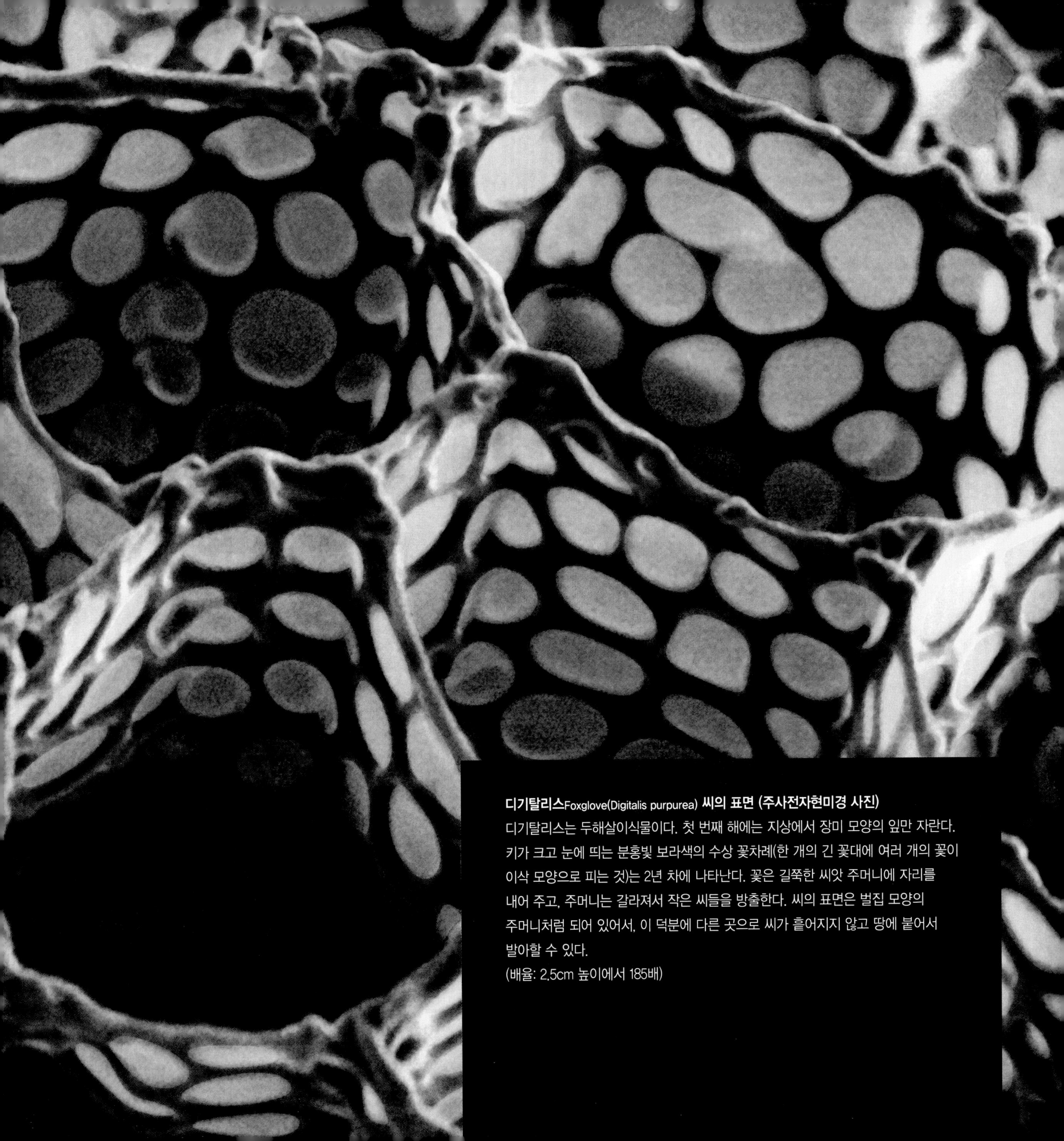

디기탈리스Foxglove(Digitalis purpurea) **씨의 표면 (주사전자현미경 사진)**
디기탈리스는 두해살이식물이다. 첫 번째 해에는 지상에서 장미 모양의 잎만 자란다. 키가 크고 눈에 띄는 분홍빛 보라색의 수상 꽃차례(한 개의 긴 꽃대에 여러 개의 꽃이 이삭 모양으로 피는 것)는 2년 차에 나타난다. 꽃은 길쭉한 씨앗 주머니에 자리를 내어 주고, 주머니는 갈라져서 작은 씨들을 방출한다. 씨의 표면은 벌집 모양의 주머니처럼 되어 있어서, 이 덕분에 다른 곳으로 씨가 흩어지지 않고 땅에 붙어서 발아할 수 있다.
(배율: 2.5cm 높이에서 185배)

당근carrot 씨앗 (광학현미경 사진)
야생 당근은 종종 '퀸 앤스 레이스Queen Ann's lace(앤 여왕의 레이스)'라고 불린다. 당근의 하얀 꽃이 60센티미터 줄기 위에서 무리를 지어 자라 마치 레이스로 만든 원처럼 보이기 때문이다. 꽃가루를 날라 주는 곤충을 유인하기 위해 한가운데에 있는 빨간색 단일화는 바늘에 찔린 앤 여왕의 손가락에 난 피를 연상시킨다. 꽃의 머리는 씨가 익어 감에 따라 동그랗게 말린다. 머리가 떨어지면서 바람과 중력의 도움을 받아 씨가 퍼져 나가 흩어지는데, 씨는 토양에서 5년 동안 생존할 수 있다.
(배율: 10cm 너비에서 40배)

오른쪽: 세쿼이아Redwood 씨(주사전자현미경 사진)
두 종류의 캘리포니아 세쿼이아 종은 너비 9미터에 높이 100미터로 세계에서 가장 크다고 알려져 있다. 그런데 나무의 키에 비해 솔방울cone은 2.5센티미터 길이 정도로 작다. 솔방울의 비늘 하나에는 약 5개의 씨가 있으며, 성숙한 솔방울이 열리면 떨어진다. 묘목seedlings이 생존할 확률은 매우 낮지만 2천 년이 넘게 산 나무들은 기후 변화와 자연재해를 놀라울 정도로 잘 이겨 낸다.
(배율: 10cm 너비에서 55배)

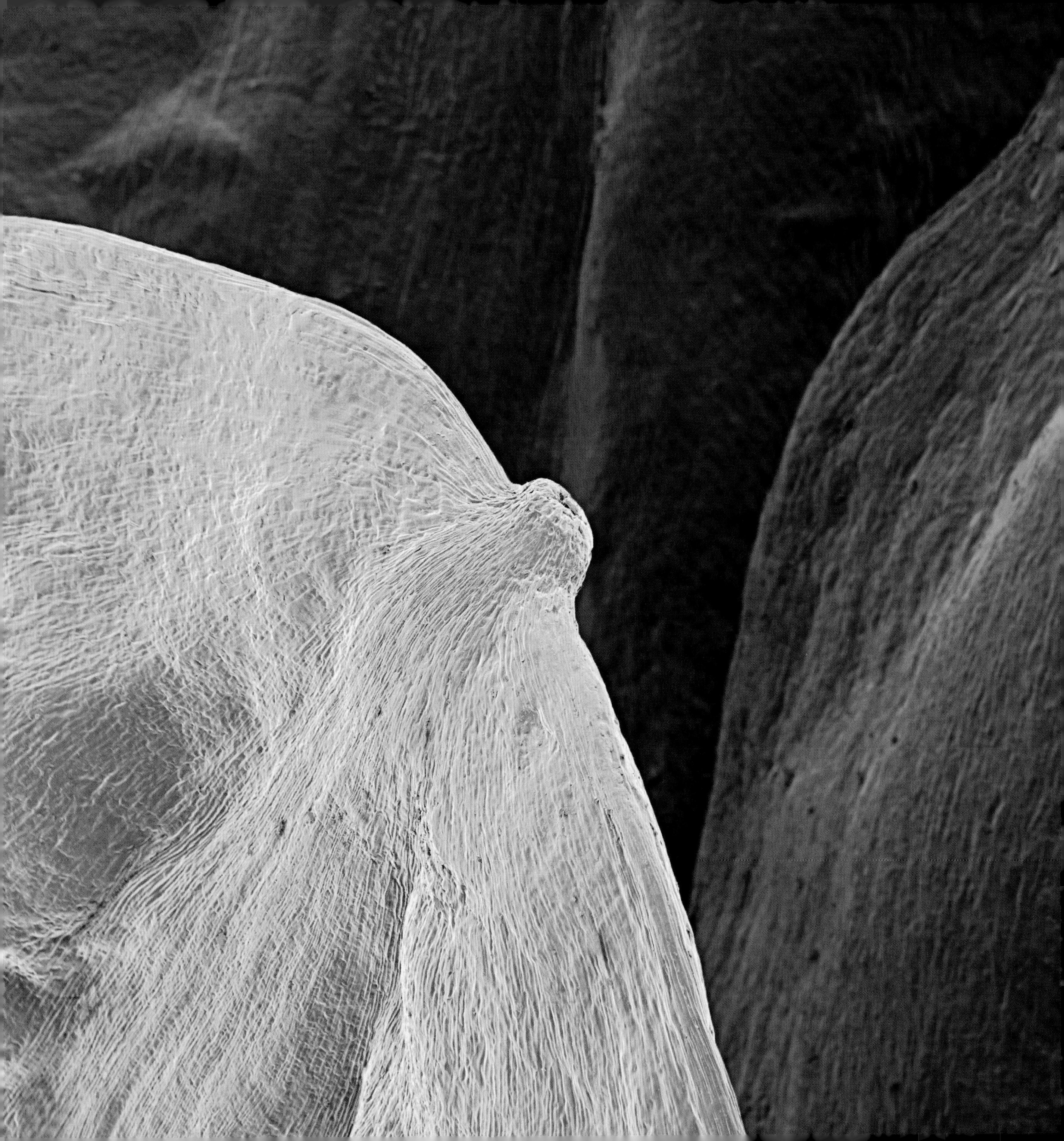

몬타늄 꽃냉이 Aurinia montanum **씨앗의 털 (편광현미경 사진)**
추상화처럼 보이는 이 그림은 식물의 씨앗 털에서 얻은 이미지로, 정원사들에게는 '마운틴 골드mountain gold'로 널리 알려져 있다. 야생의 씨들은 넓게 퍼지기 위한 경쟁을 하면서 털을 발달시켰고, 이 털을 이용해 바람을 타고 더 멀리 날아간다. 털은 십자화과Aurinia 식물들에게 유용한데, 이유는 십자화과 식물의 꽃은 저지대에서 자라기 때문에 이 종을 퍼트리기 위해서는 많은 도움이 필요하기 때문이다. 털로 번식하는 식물 중 가장 유명한 것은 공기를 타고 날아다니는 민들레의 씨이다.
(배율: 10cm 너비에서 27배)

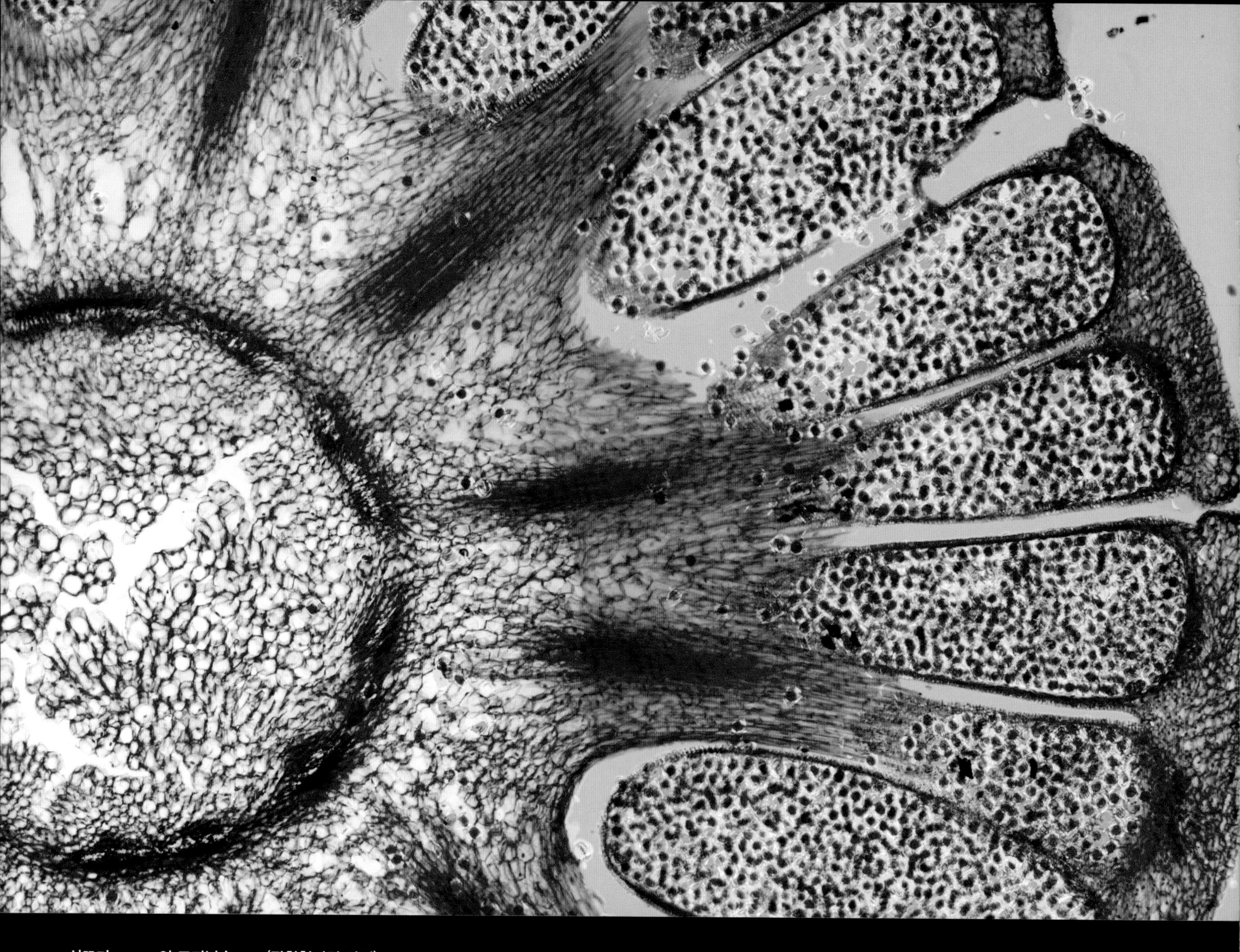

쇠뜨기Horsetail의 포자낭수cone (광학현미경 사진)

1억 년 이상 거슬러 올라간 선사시대부터 지금까지 유일한 생존자인 쇠뜨기는
크기를 제한하는 기능을 가졌다고 알려진 그 세포 속에 독특한 효소가 있다.
쇠뜨기의 거친 줄기는 때때로 금속 냄비와 프라이팬을 닦는 데 사용되기 때문에
독일식 이름은 '주석 식물tin herb'이다. 쇠뜨기는 씨보다 포자로 번식한다.
포자낭수(횡단면의 이미지)는 쇠뜨기의 중심축 끝부분의 주변에서 자라고, 이것은
포자가 담긴 주머니를 담고 있는 몇 개의 포자낭sacks of spore(연주황색)으로
이루어져 있다.
(배율: 10cm 너비에서 45배)

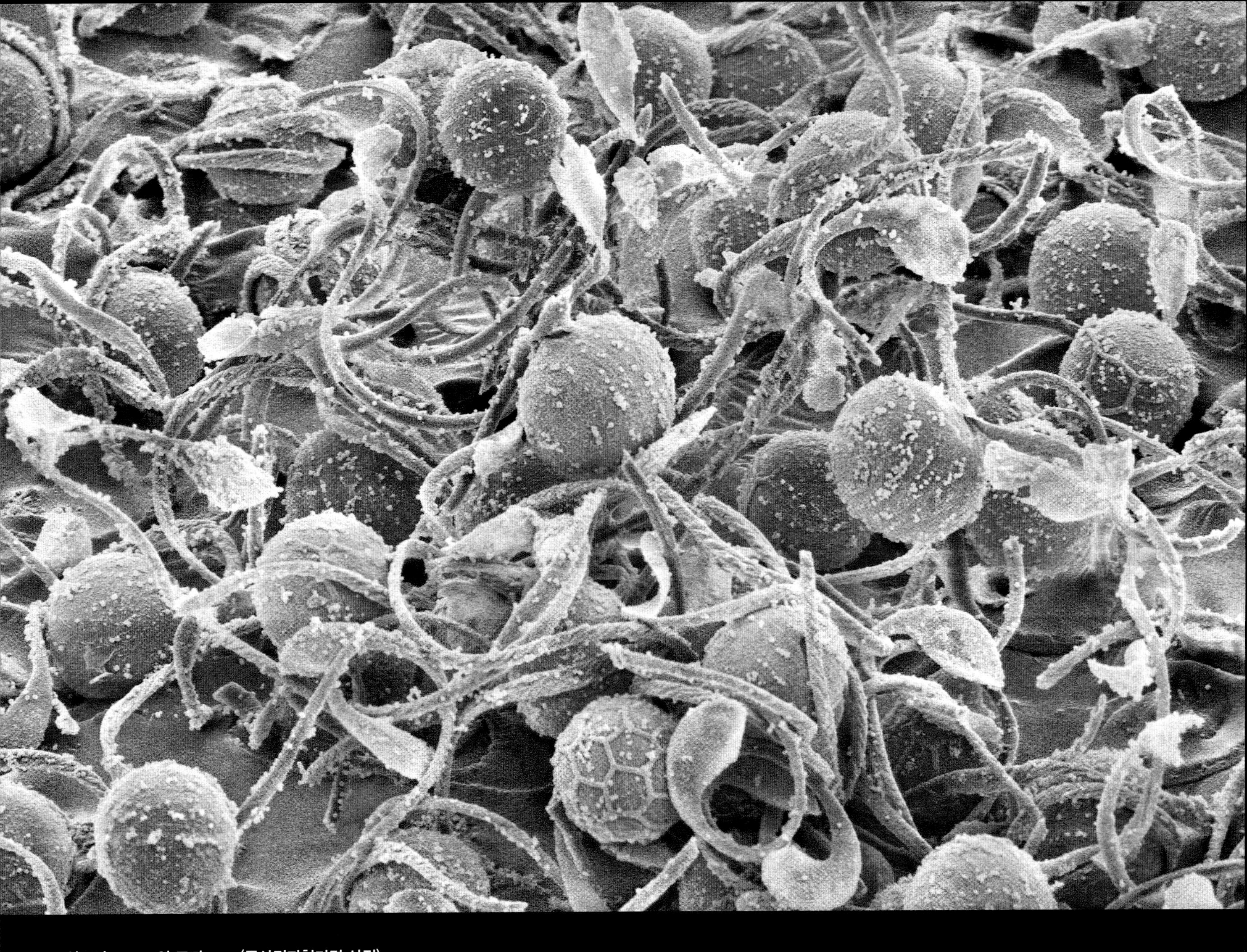

쇠뜨기Horsetail의 포자spore (주사전자현미경 사진)
선사시대에 자랐던 쇠뜨기는 보통의 나무만큼 키가 컸지만, 오늘날의 쇠뜨기는 1미터가량밖에 되지 않는다. 쇠뜨기의 포자는 탄사elaters라고 부르는 네 개의 용수철이 있다. 이 용수철은 습도의 정도에 따라 팽창하고 수축하며 포자가 주머니(포자낭sporangia)를 빠져나와 발아할 수 있도록 돕는 역할을 한다. 일단 포자들이 땅에 내려앉으면 정착하기에 적합한 곳을 찾을 때까지 탄사elaters는 계속해서 움직여서 포자가 기어 다니거나 심지어 점프할 수 있도록 도와준다.

발아씨앗Germinating seed (주사전자현미경 사진)

왼쪽부터 오른쪽까지의 이미지는 씨가 발아하는 전형적인 모습이다. 처음으로 씨에서 나오는 것은 어린뿌리radicle이고, 이 싹shoot은 후에 식물의 뿌리가 된다. 두 번째 이미지의 미세한 털들은 초기 성장을 위해서 씨에 영양분을 공급하는 역할을 한다. 씨가 땅 위로 올라간다 하더라도 어린뿌리의 성장은 중력에 영향을 받게 된다. 그리고 마침내 배의 줄기(어린눈plumule)가 광합성photosynthesis 과정을 시작하기 위해 한두 개의 기본 잎(떡잎cotyledons)을 가지고 땅 위로 솟아오른다.

(배율: 10cm 너비에서 5배)

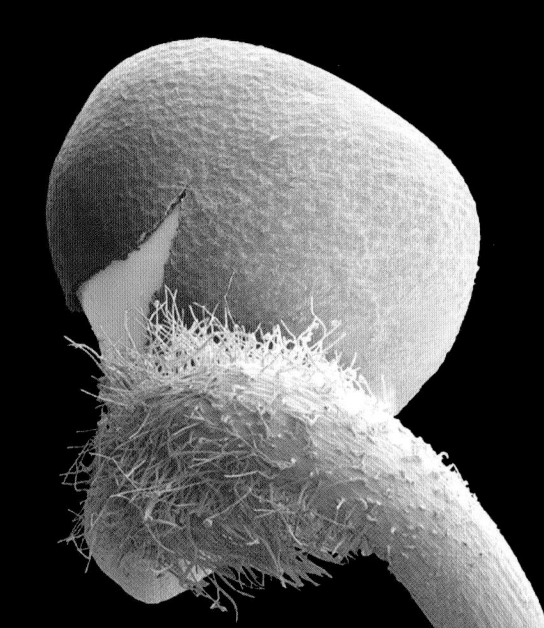

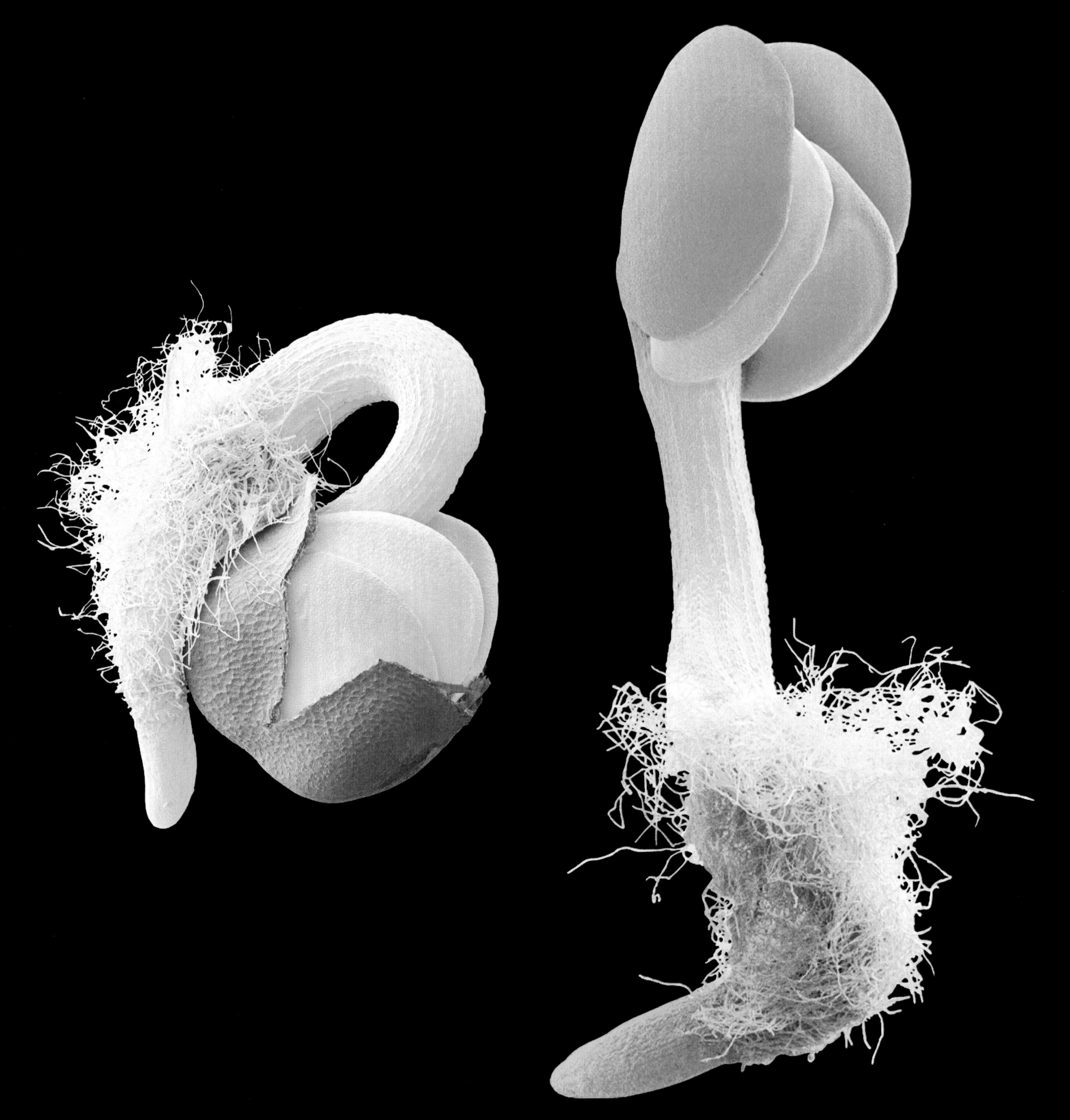

위쪽: 이집트 면섬유Egyptian cotton fibres (광학현미경 사진)
목화나무의 씨를 둘러싸고 있는 껍질(면화 씨가 든 꼬투리bolls)은 고치cocoon 처럼 생겼고 부드럽다. 면사cotton thread는 그 껍질을 형성하는 하얀색 섬유에서 뽑아낸 것이다. 면사는 셀룰로오스cellulose로 이루어져 있으며, 봄이 지나면 자연스럽게 탄력성을 갖고 결합한다. 이집트 면은 일반 면보다 더 길고 비단처럼 부드러운 섬유를 생산하는 페루의 식물에서 갈라져 나온 재배종인 고시피움 바바덴스Gossypium barbadense로 만들어진다. 이 재배종의 라틴어 이름은 유럽에 이집트 면을 수출한 첫 번째 영국 식민지인 바베이도스Barbados를 의미한다.
(배율: 10cm 너비에서 75배)

오른쪽: 민들레Dandelion의 갓털pappus (주사전자현미경 사진)
민들레는 바람에 의존해 씨를 퍼뜨리는 식물이다. 머리 부분에 있는 수백 개의 씨는 사진 속 위에서 본 모습처럼 쫙 펴지는 미세한 털들로 만든 자그만 낙하산(갓털pappus)에 부착되어 있다. 바람이 갓털을 붙잡으면 머리 부분의 씨가 끌어 당겨진다. 씨는 마치 침략하는 군인처럼 갓털 아래에 매달려서 조금 멀리 떨어진 땅에 부드럽게 미끄러져 착륙한다. 정원사들은 이 식물을 식용으로 이용할 수 있음에도 골칫덩이로 여긴다.
(배율: 10cm 너비에서 53배)

Pollen 꽃가루

이전 쪽: 섞여 있는 외떡잎식물monocot과 쌍떡잎식물dicot의 꽃가루 (광학현미경 사진)

속씨식물의 수정에 필요한 정자세포sperm cells를 만드는 꽃가루는 외떡잎식물 monocot인지 쌍떡잎식물dicot인지에 따라 서로 다르다. 외떡잎식물의 꽃가루는 표면에 하나의 홈이 있고, 쌍떡잎식물의 것에는 세 개의 홈이 있다. 식물 간에 나타나는 많은 차이점은 이 두 종류의 꽃가루와 관련이 있다. 예를 들어, 외떡잎식물의 줄기는 배에 하나의 잎(떡잎cotyledon)을 생산하고, 쌍떡잎식물은 두 개를 생산한다. 그리고 외떡잎식물은 꽃잎의 수가 3의 배수, 쌍떡잎식물은 4 또는 5의 배수이다.
(배율: 3.5cm 너비에서 3배)

왼쪽: 아시아 백합Asiatic lily의 암술머리stigma 세부 모습 (주사전자현미경 사진)

오른쪽: 백합Lily의 꽃가루 (주사전자현미경 사진)

많은 식물은 꽃가루(수male)와 암술머리(암female)의 만남을 통해 수분이 시작된다. 백합의 꽃가루는 복잡한 형태의 굴곡과 공간들(사진의 왼쪽과 오른쪽)을 가지고 있는데, 이는 꽃가루를 옮겨 줄 곤충이 없을 때 바람을 통과하며 꽃가루가 퍼질 수 있게 하는 장치라 여겨진다. 암꽃의 끈적거리는 암술머리는 꽃가루를 잡아채 발아를 유도하고, 왼쪽의 하얀 수술대filament는 꽃가루에서부터 씨방ovary까지 연장된 꽃가루관sperm tube이다.
(왼쪽: 배율 10cm 너비에서 418배)
(오른쪽: 10cm 너비에서 465배)

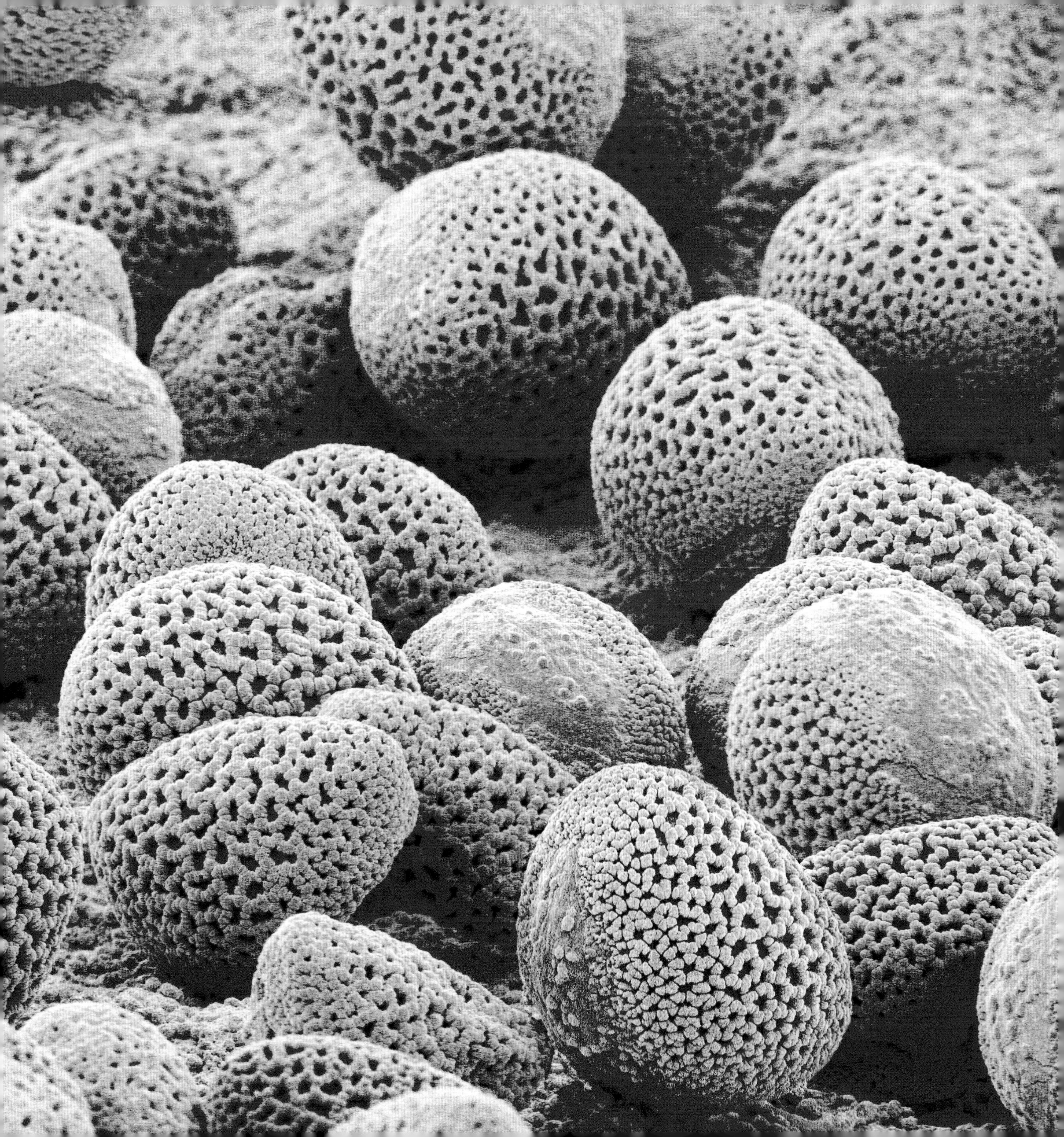

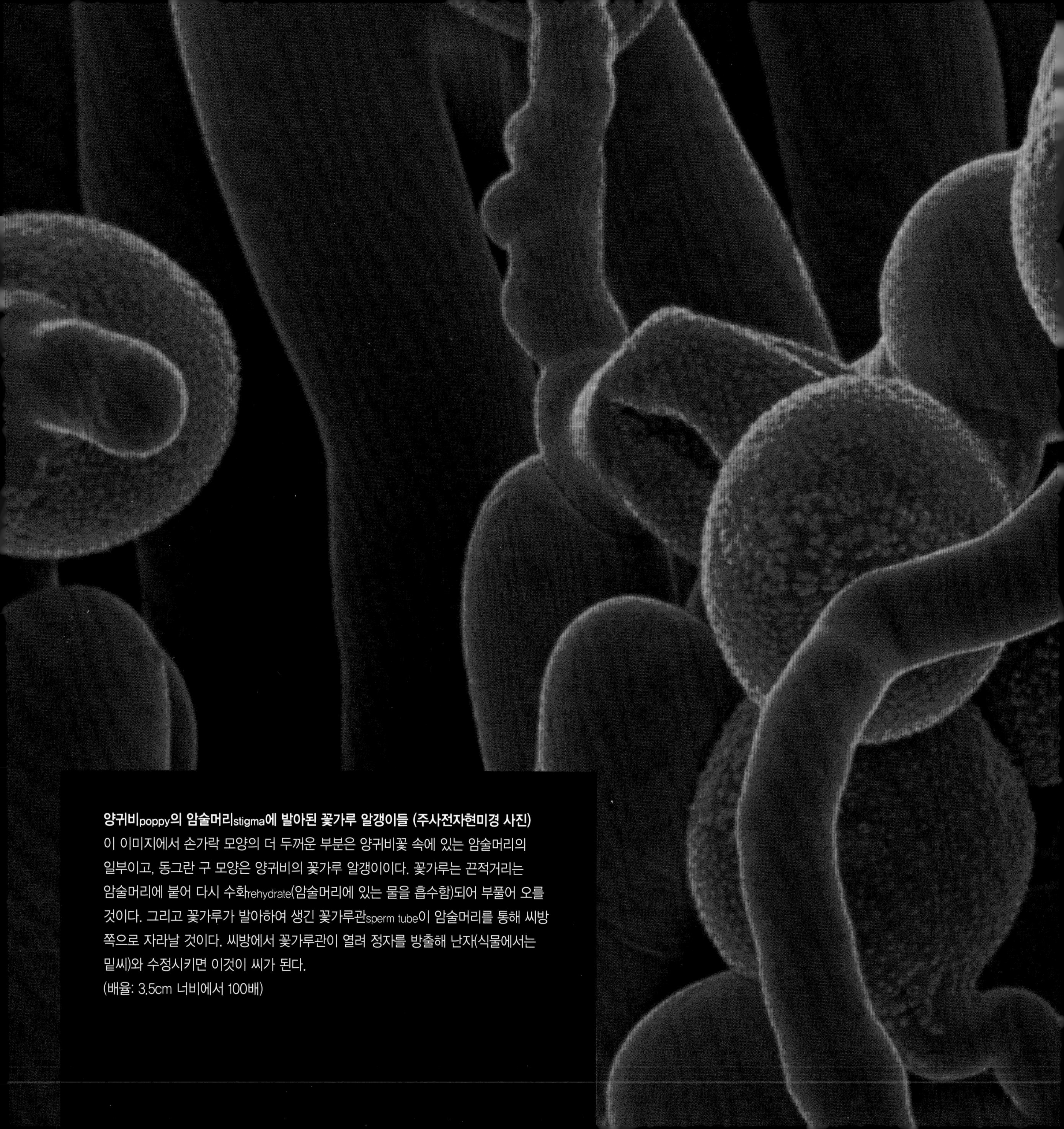

양귀비poppy의 암술머리stigma에 발아된 꽃가루 알갱이들 (주사전자현미경 사진)
이 이미지에서 손가락 모양의 더 두꺼운 부분은 양귀비꽃 속에 있는 암술머리의 일부이고, 동그란 구 모양은 양귀비의 꽃가루 알갱이이다. 꽃가루는 끈적거리는 암술머리에 붙어 다시 수화rehydrate(암술머리에 있는 물을 흡수함)되어 부풀어 오를 것이다. 그리고 꽃가루가 발아하여 생긴 꽃가루관sperm tube이 암술머리를 통해 씨방 쪽으로 자라날 것이다. 씨방에서 꽃가루관이 열려 정자를 방출해 난자(식물에서는 밑씨)와 수정시키면 이것이 씨가 된다.
(배율: 3.5cm 너비에서 100배)

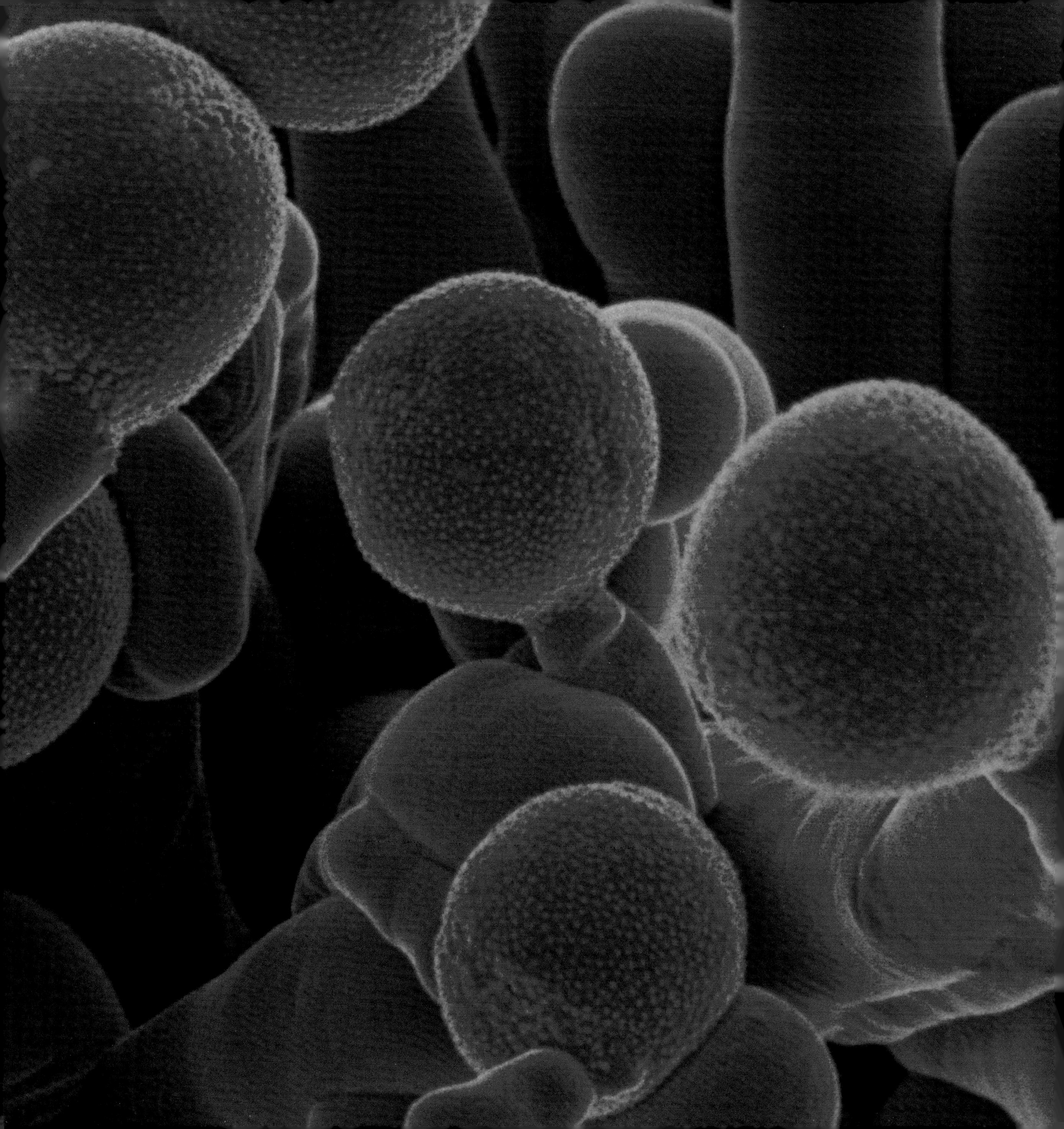

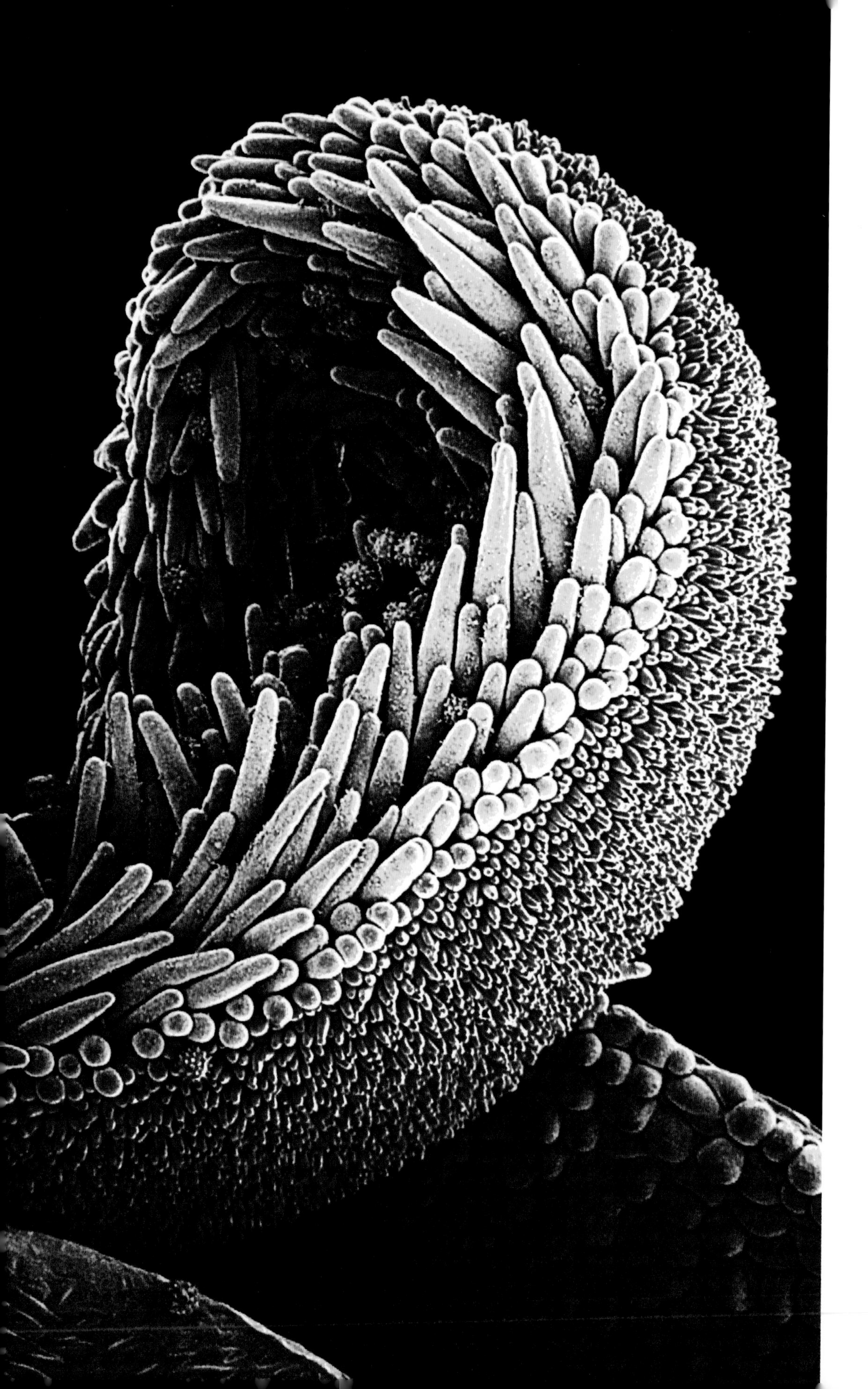

왼쪽: 해바라기Sunflower의 수분pollination
(주사전자현미경 사진)
우리가 해바라기라고 생각하는 것은 실제로 두 가지 형태로 피어나는 꽃의 머리 중 하나이다. 머리 부분의 안쪽 둥근 덩어리는 중심화disk flower라고 불리는 작은 꽃이 모인 부분이며, 이것은 기름을 만들거나 우리가 식용하는 씨가 된다. 바깥 부분의 커다란 '꽃잎petals'은 사실상 무성화(한 꽃 중에 수술도, 암술도 퇴화하여 없는 꽃)이며, 꽃잎이 합쳐져 있는 설상화ray flowers라고 불린다. 사진에서 보이는 노란색 막대 부분이 작은 꽃의 암술머리에 있는 털trichome(잎의 표피가 변형되어 길게 돌출된 털)이다. 암술머리의 한쪽에 있는 털은 꽃가루 알갱이(사진 속 분홍색)로 덮여 있다.
(배율: 6cm 너비에서 67배)

오른쪽: 나팔꽃Morning glory의 꽃가루
(주사전자현미경 사진)
주황색 구sphere는 꽃의 암술머리(사진 속 노란색)에 잡힌 흔히 볼 수 있는 나팔꽃의 꽃가루이다. 암술머리는 꽃의 여성 생식기관(여기서는 암술pistil)의 끄트머리이다. 암술머리 아래에는 줄기(암술대style)가 있고, 그 아래에는 꽃가루와 난자eggs(밑씨ovules)의 수정이 이루어지는 씨방이 있다. 씨방은 이후 배아의 새로운 식물인 씨로 성장한다. 나팔꽃은 몇몇 줄기가 서로 밧줄처럼 감겨 자라 덩굴식물bindweed이라고 한다.
(배율: 7cm 너비에서 52배)

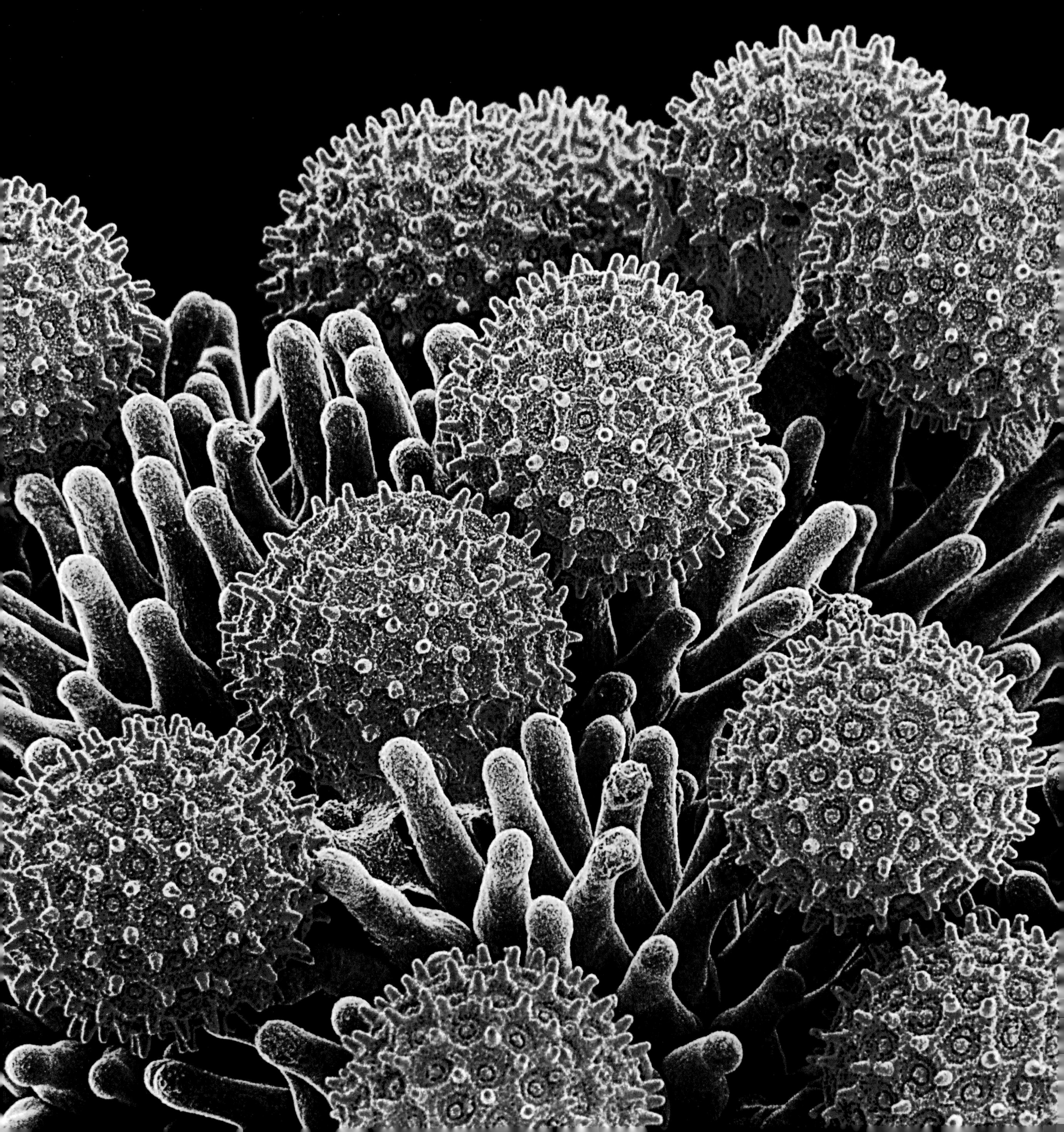

왼쪽: 꽃가루 알갱이들Pollen grains (주사전자현미경 사진)

현미경으로 관찰한 꽃가루의 세계에는 다양한 크기와 모양이 존재한다. 사진에서는 해바라기(Helianthus annuus, 촘촘하게 스파이크가 박혀 있는 구 모양), 나팔꽃(Ipomoea purprea, 왼쪽 아래 커다란 구슬로 구획을 나뉜 구 모양), 접시꽃hollyhock(Sidalcea malviflora, 작은 스파이크가 있는 커다랗고 옅은 초록색 구 모양), 백합(Lilium auratum, 중앙의 오른쪽에 있는 큰 타원 모양), 좁은 잎사귀의 달맞이꽃evening primrose(Oenothera fruticosa, 세 개의 홈이 있는 주황과 초록 레몬 모양), 피마자caster bean(Ricinus communis, 위쪽과 중앙에 있는 작은 타원 모양)의 꽃가루를 볼 수 있다.
(배율: 10cm 높이에서 570배)

오른쪽: 제라늄Geranium의 꽃가루 (주사전자현미경 사진)

꽃에서 수컷 생식기관의 역할을 하는 것이 바로 수술stamens이다. 각각의 수술은 줄기(수술대filament)로 이루어져 있고, 꽃가루를 생성하는 부분(꽃밥anther)에서 끝이 난다. 꽃밥은 수많은 구획(소포자낭microsporangia)이 있고, 그곳에서 포자가 꽃가루 알갱이로 성장한다. 식물은 바람, 중력, 또는 식물을 스치고 지나가는 동물들을 이용해 꽃가루를 널리 퍼뜨린다. 사진에서는 암컷 생식기관(암술pistil)을 찾기 위해 방출된 제라늄의 꽃가루(분홍색)와 꽃밥(갈색)을 볼 수 있다.
(배율: 알 수 없음)

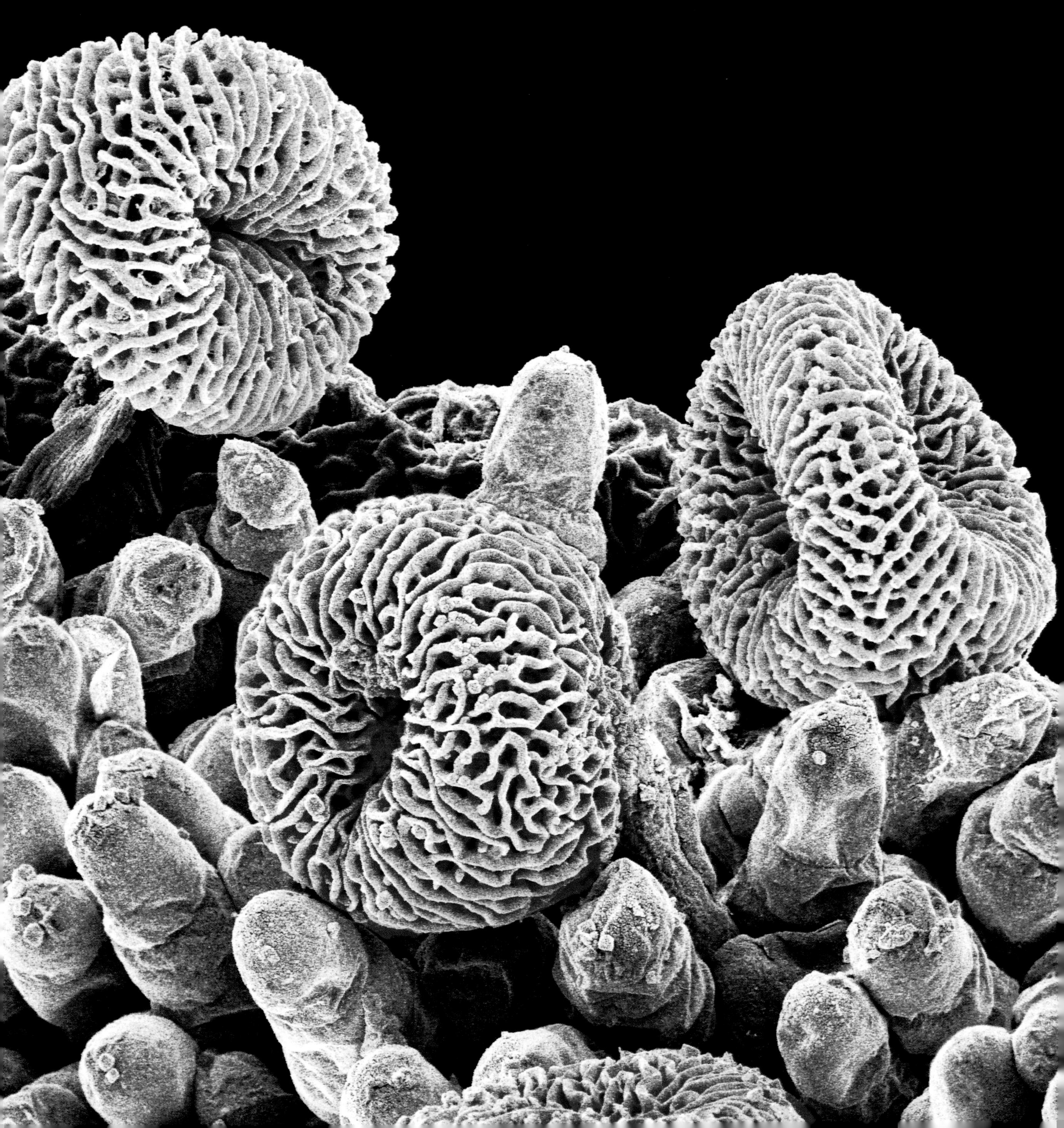

가을민들레Autumn hawkbit 꽃가루 (주사전자현미경 사진)

이 식물이 가을민들레Fall dandelion라고 불리는 이유는 꽃이 민들레와 비슷하게 생겼으며 보통의 민들레보다 늦게 피기 때문이다. 이 둘은 아무런 연관은 없지만, 가을민들레의 꽃가루는 표면에 복잡하게 얽힌 뾰족뾰족한 패턴(외막exine이라 함)이 있는 민들레의 꽃가루와 비슷하다. 뾰족한 스파이크는 지나가는 동물의 털에 걸리기 위해 만들어졌지만, 사진에서 보이는 꽃가루 알갱이(노란색)는 가을민들레 꽃 아래쪽에 보이는 섬유(흰색)에 붙어 있다.
(배율: 10cm 너비에서 400배)

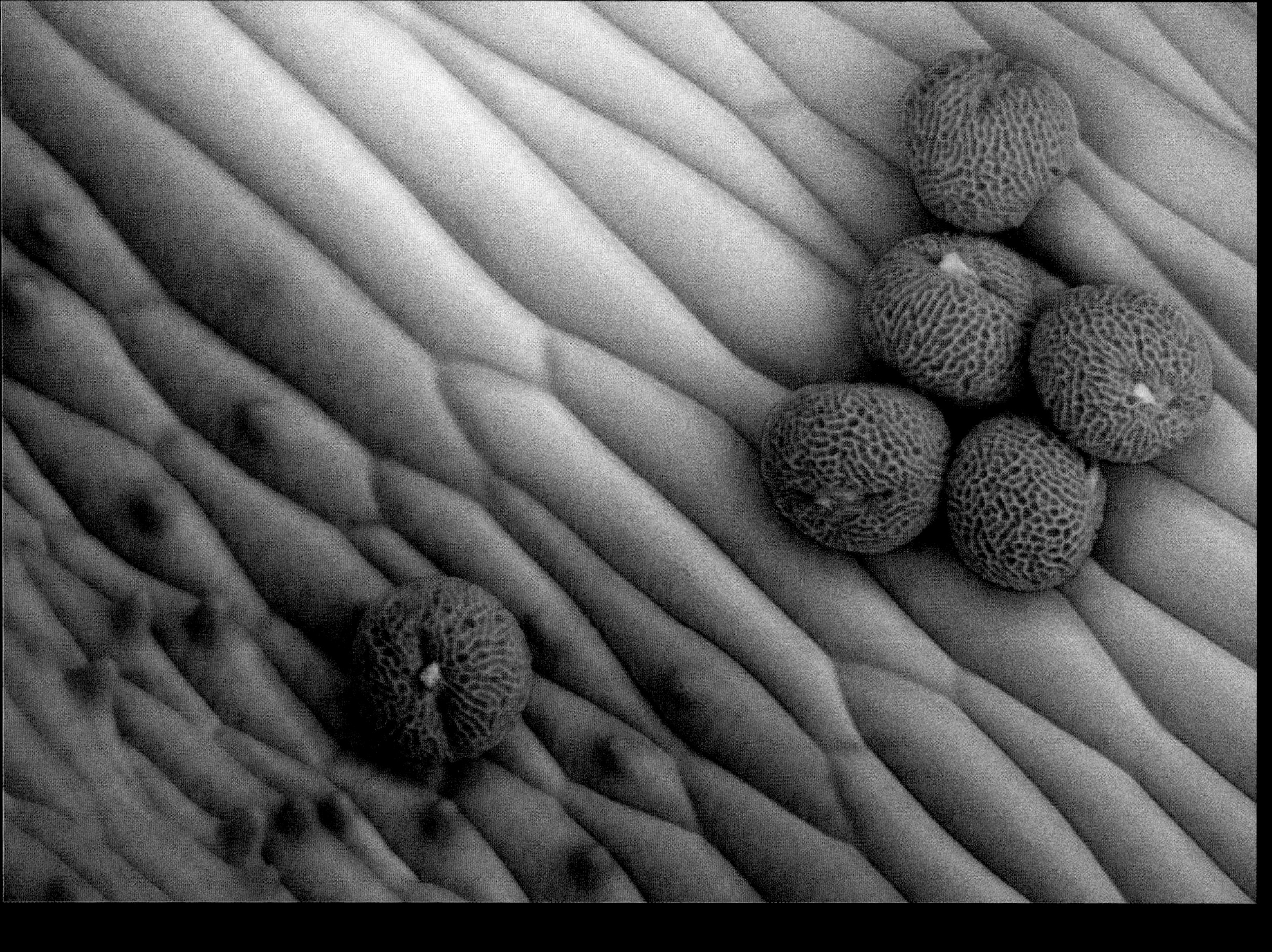

위쪽: 펠라고늄 시트로넬륨Pelargonium citronellum 꽃잎과 꽃가루 알갱이 (주사전자현미경 사진)

식물은 때때로 포식자를 저지하고 꽃가루 매개자를 유도하기 위해 냄새를 이용한다. 펠라르고늄Pelargonium의 냄새는 잎에 있는 기름에서 나는 향으로, 잎을 문지르거나 약하게 짜면 나온다. 펠라르고늄 시트로넬륨P. citronellm은 레몬 향이 난다. 자연적으로 발생하는 다양한 향기 외에 많은 새로운 형태와 향기가 교배를 통해 만들어진다. 미국에서 스토크빌storkbill이라고 불리는 펠라르고늄은 영국에서는 제라늄으로 통한다. 사실 제라늄은 다른 과에 속하는 꽃으로 일반적으로 영국에서 크레인스빌cranesbill로 불린다.

오른쪽: 매발톱꽃Aquilegia의 꽃가루 알갱이 (주사전자현미경 사진)

매발톱꽃의 꽃가루에 보이는 세 개의 홈은 이 식물이 쌍떡잎식물이라는 지표이다. 이와 대조적으로 외떡잎식물은 오직 한 개의 홈만 있다. 꽃이 피는 모든 식물은 이 두 가지로 분류되고, 꽃가루 외의 다른 측면에서 보더라도 둘은 다르다. 예를 들어, 쌍떡잎식물은 곧은뿌리taproot가 자라고 난 뒤 거기에서 다른 뿌리들이 자라지만, 외떡잎식물의 뿌리는 식물의 밑부분에서 직접 나온다. 땅 위에서 보자면, 외떡잎식물의 잎맥veins은 평행한 선으로 배열(나란히맥)되어 있지만, 쌍떡잎식물의 잎은 가지치기(그물맥)가 되어 있다.
(배율: 10cm 너비에서 2,200배)

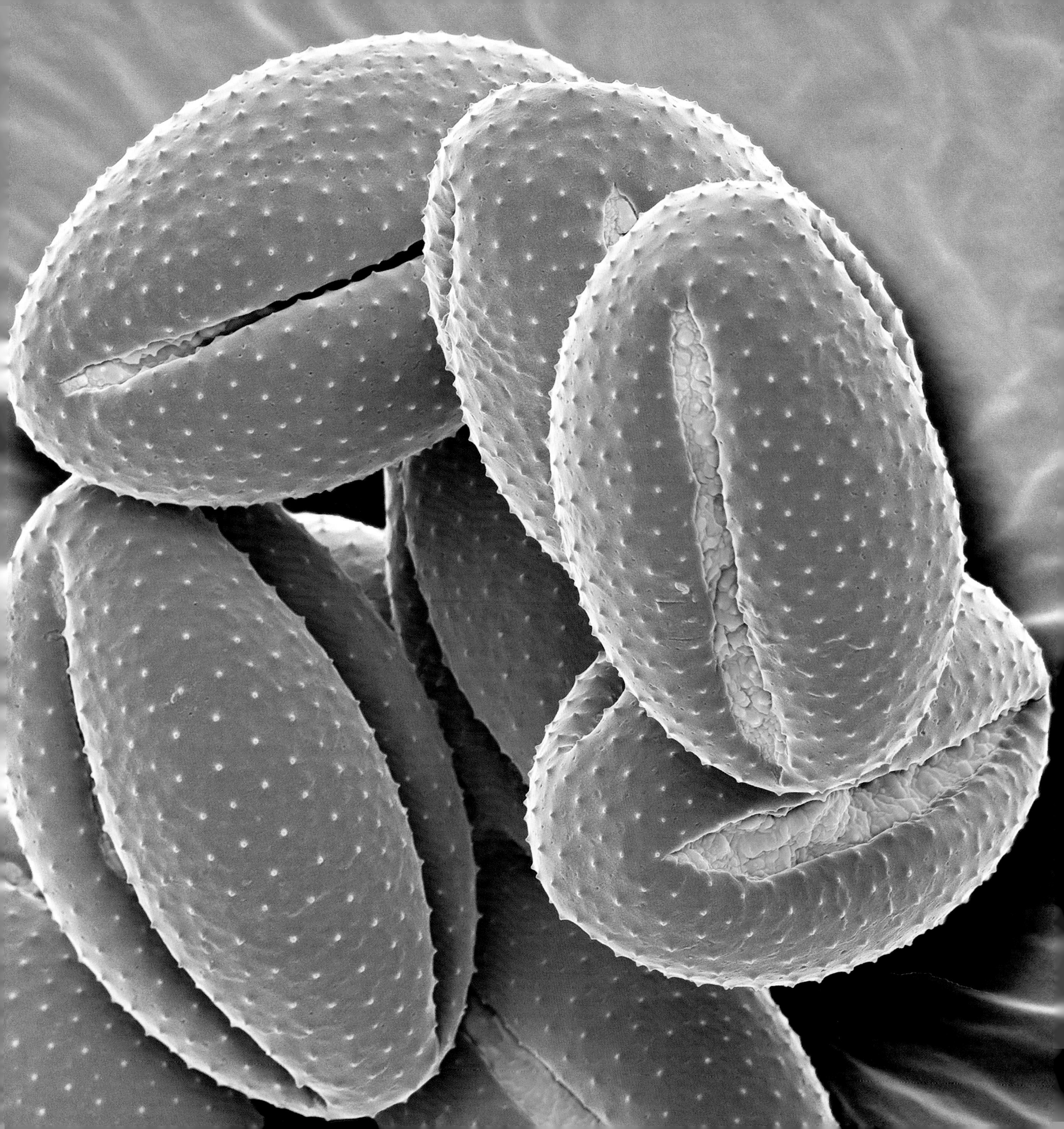

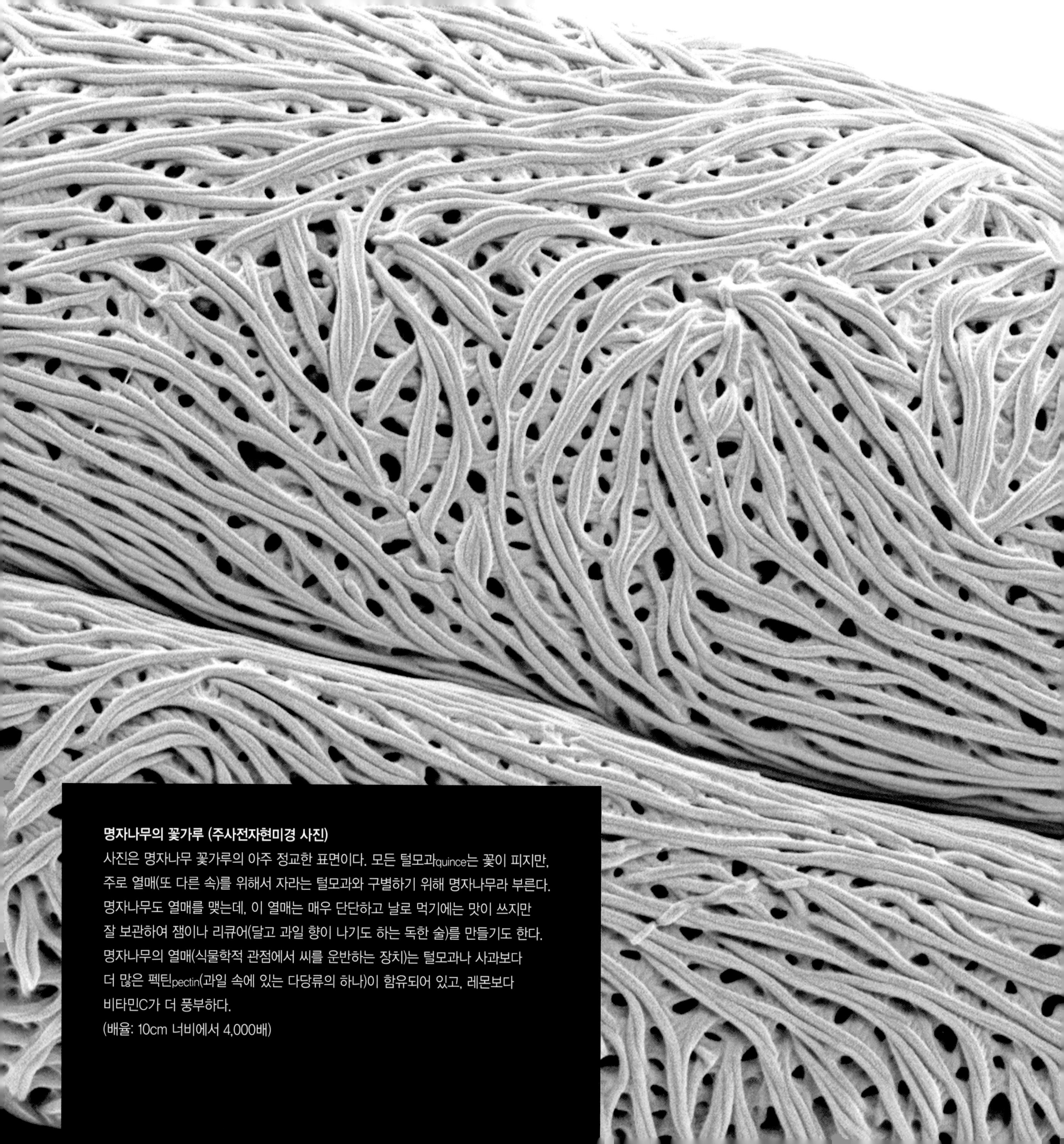

명자나무의 꽃가루 (주사전자현미경 사진)

사진은 명자나무 꽃가루의 아주 정교한 표면이다. 모든 털모과quince는 꽃이 피지만, 주로 열매(또 다른 속)를 위해서 자라는 털모과와 구별하기 위해 명자나무라 부른다. 명자나무도 열매를 맺는데, 이 열매는 매우 단단하고 날로 먹기에는 맛이 쓰지만 잘 보관하여 잼이나 리큐어(달고 과일 향이 나기도 하는 독한 술)를 만들기도 한다. 명자나무의 열매(식물학적 관점에서 씨를 운반하는 장치)는 털모과나 사과보다 더 많은 펙틴pectin(과일 속에 있는 다당류의 하나)이 함유되어 있고, 레몬보다 비타민C가 더 풍부하다.

(배율: 10cm 너비에서 4,000배)

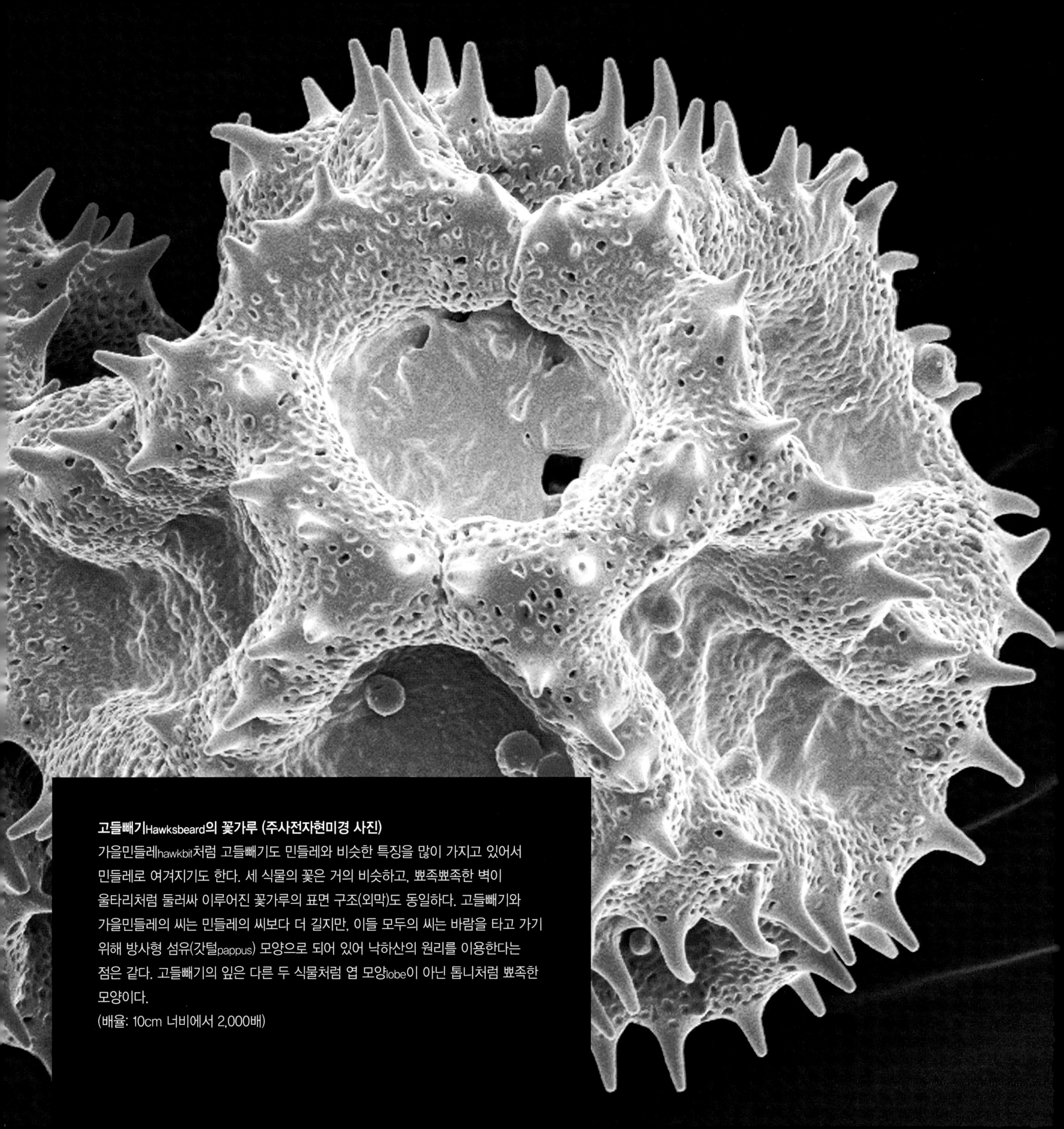

고들빼기Hawksbeard의 꽃가루 (주사전자현미경 사진)

가을민들레hawkbit처럼 고들빼기도 민들레와 비슷한 특징을 많이 가지고 있어서 민들레로 여겨지기도 한다. 세 식물의 꽃은 거의 비슷하고, 뾰족뾰족한 벽이 울타리처럼 둘러싸 이루어진 꽃가루의 표면 구조(외막)도 동일하다. 고들빼기와 가을민들레의 씨는 민들레의 씨보다 더 길지만, 이들 모두의 씨는 바람을 타고 가기 위해 방사형 섬유(갓털pappus) 모양으로 되어 있어 낙하산의 원리를 이용한다는 점은 같다. 고들빼기의 잎은 다른 두 식물처럼 엽 모양lobe이 아닌 톱니처럼 뾰족한 모양이다.

(배율: 10cm 너비에서 2,000배)

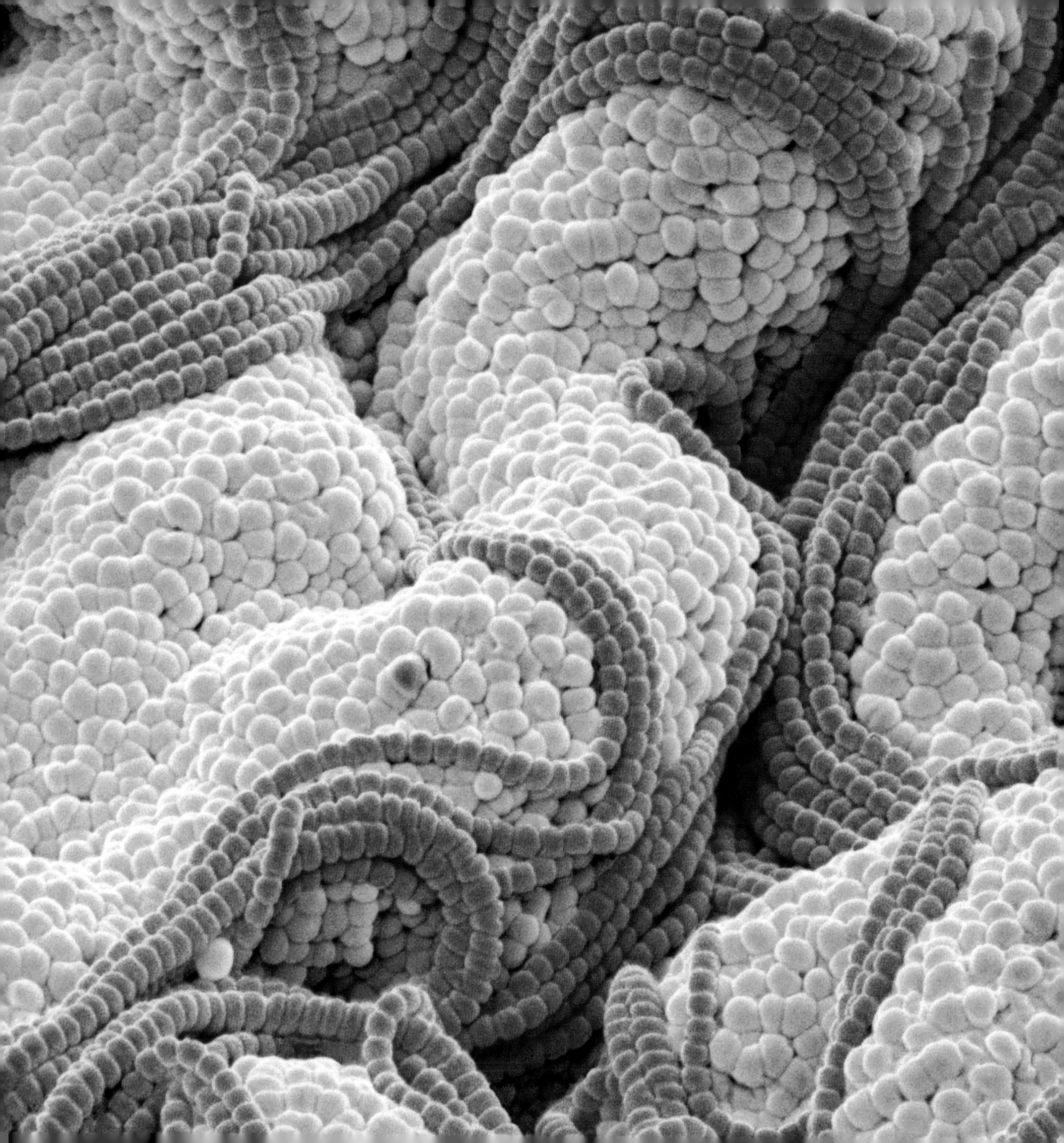

달맞이꽃Evening primrose의 꽃가루 (주사전자현미경 사진)
달맞이꽃을 포함한 많은 꽃은 암수 생식기관을 모두 가지고 있는 자웅동체이지만, 수정은 같은 꽃 안에서 일어나기보다 주로 두 개의 꽃 사이에서 발생한다. 달맞이꽃의 꽃가루는 끈끈한 실threads(사진 속 분홍색)을 분비해 꽃가루를 뭉치게 만들어서 꽃가루 매개자pollinators가 꽃가루를 가져가지 못하게 한다. 그러나 일부 종의 벌은 대형 뭉치를 모을 수 있도록 진화해 왔다. 또한, 이 벌은 인간의 눈에는 보이지 않지만 꽃잎에 숨어있는 자외선 패턴(꿀샘 유도nectar guide 구조라고 함)을 따라 꽃가루가 있는 곳을 찾아간다.
(배율: 10cm 너비에서 5,000배)

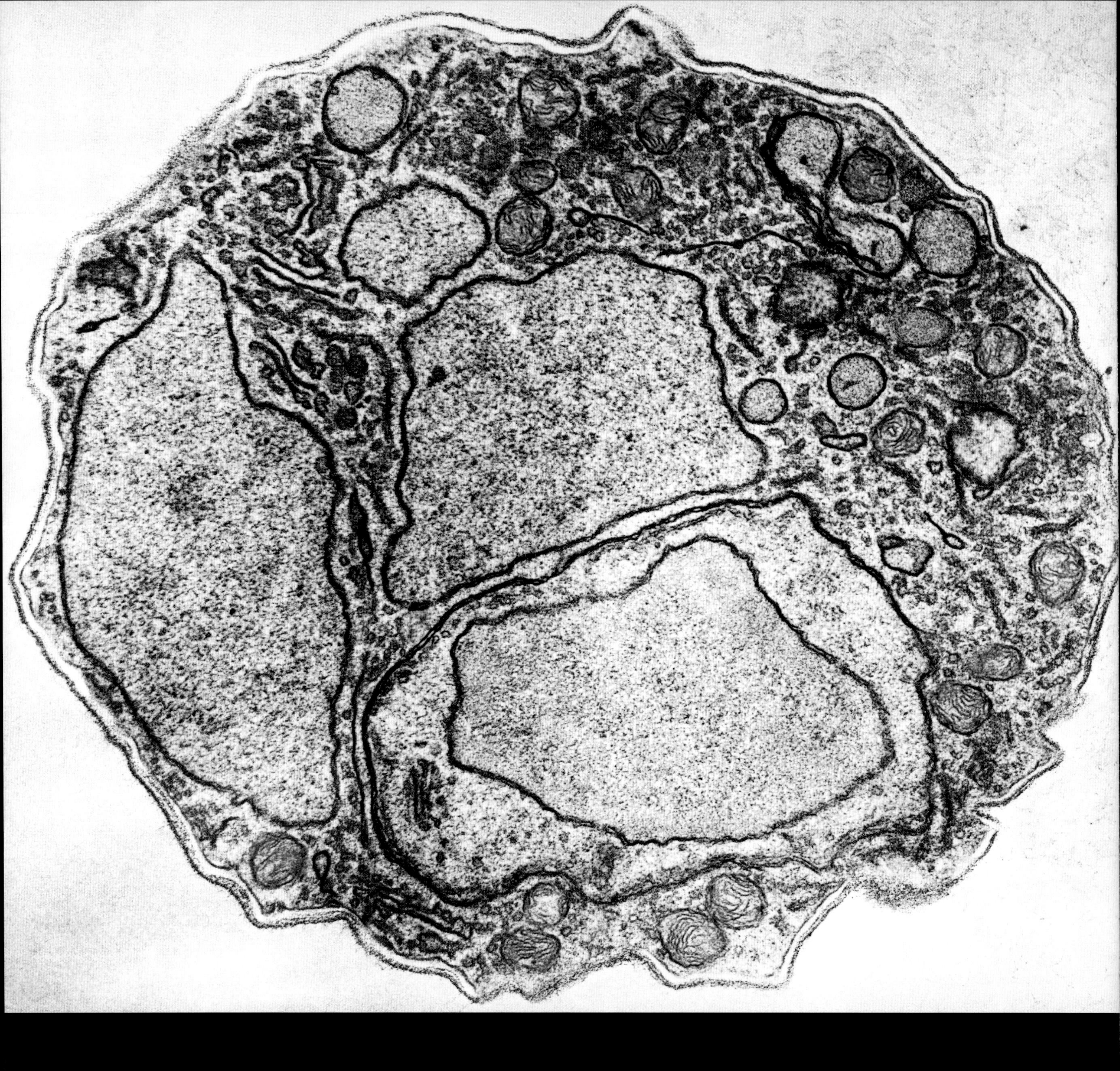

왼쪽: 아프리카제비꽃African violet의 꽃가루관pollen tube (투과전자현미경 사진)
암술머리로 옮겨진 꽃가루는 관을 연장해서 암술머리와 암술대를 통과하여 씨방을 발견할 때까지 터널을 만든다. 그 관으로 정자가 배출되고, 이 정자는 씨방의 태좌placenta에 붙어 있는 밑씨와 수정한다. 옥수수의 꽃가루관은 30센티미터까지 만들어질 수 있다. 사진은 아프리카제비꽃 꽃가루관의 다소 짧은 횡단면이다.
(배율: 10cm 너비에서 5000배)

오른쪽: 백합Lily의 꽃밥anther (투과전자현미경 사진)
사진에서 노란색 원반은 백합의 수컷 생식기관(꽃밥)에서 자라는 배아의 꽃가루 알갱이(포자)이다. 꽃밥 주변의 가장 안쪽에 있는 얇은 고리는 융단조직tapetum이다. 융단조직은 성장하는 포자에 영양분을 공급하는 역할을 한다. 바깥쪽은 녹말세포이다. 꽃가루 알갱이가 완전히 성숙하면, 꽃밥은 수분을 위해 열개rupture하여 꽃가루를 내보낸다. 백합의 꽃가루는 고양이에게 심각한 신장 손상을 일으킬 수 있을 정도로 치명적인 물질이다.
(배율: 10cm 높이에서 85배)

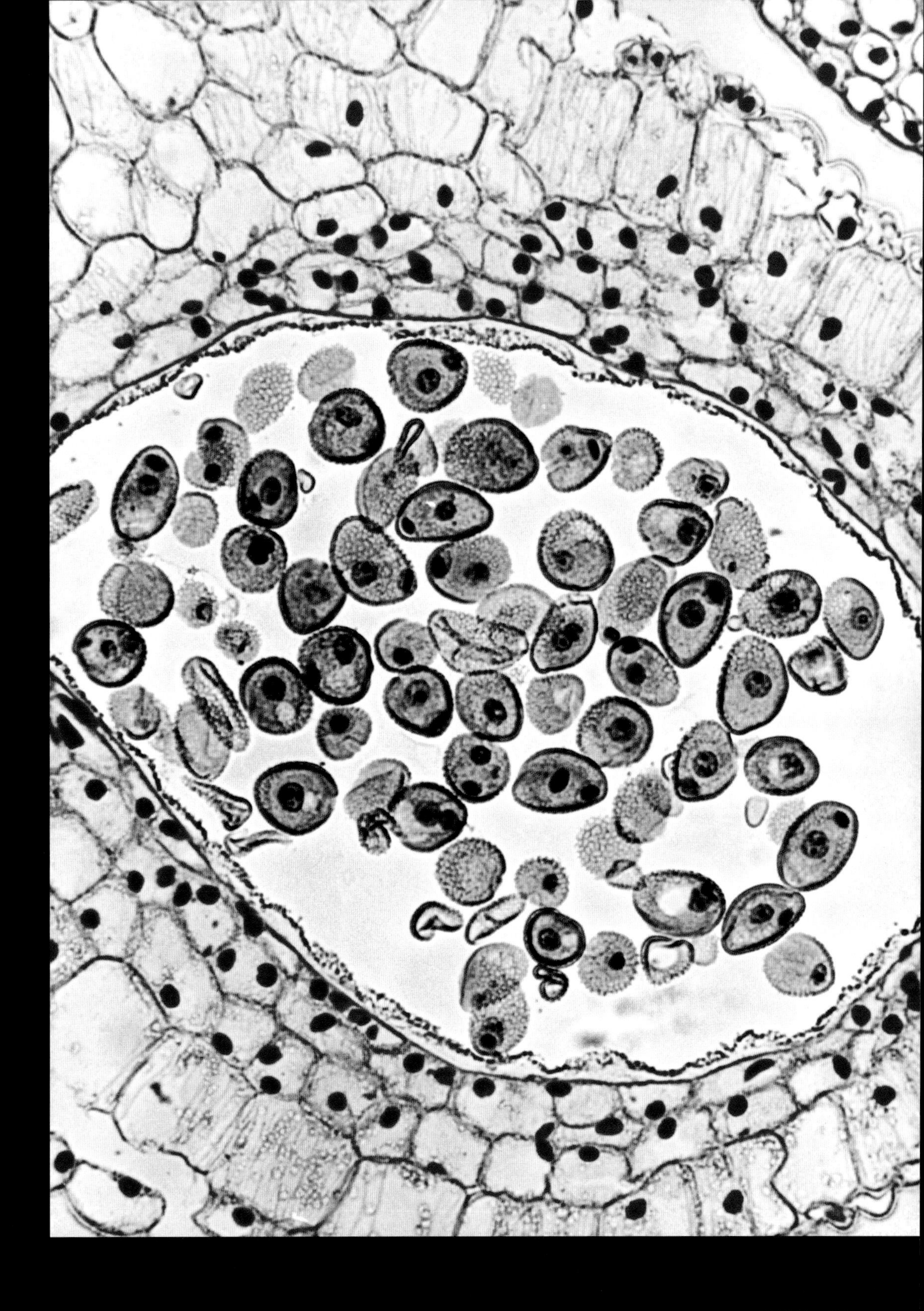

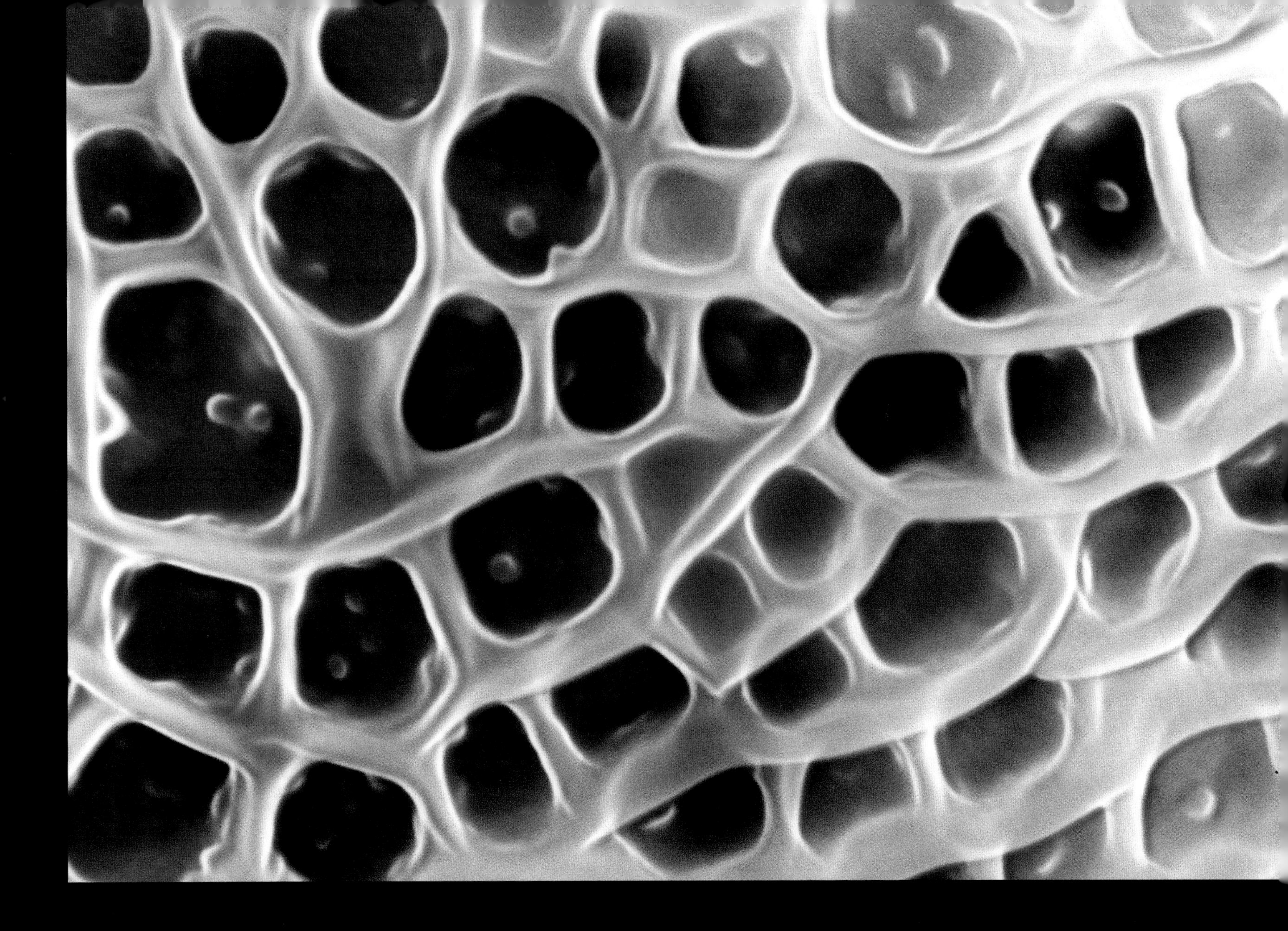

왼쪽: 데이지Daisy의 꽃가루 (주사전자현미경 사진)
데이지는 9천만 년 전부터 거대한 식물군을 형성하고 있었으며, 현재 약 3만 3천 종의 식물이 있다. 데이지의 특징 중 하나는 꽃가루를 생산하는 꽃밥이다. 대부분 꽃에서 꽃밥과 암술머리는 분리되어 있지만, 데이지는 꽃밥이 관의 일종인 암술머리의 줄기(암술대라고 부름) 주변에서 자란다. 꽃가루는 암술대에 달라붙고, 암술대가 자람에 따라 꽃가루를 관에서 씨방 쪽으로 밀어낸다.
(배율: 10cm 너비에서 5,000배)

위쪽: 리시안셔스Lisianthus의 꽃가루 (주사전자현미경 사진)
꽃가루는 식물의 생명 주기에는 필수적이지만 인간에게 언제나 환영받는 것은 아니다. 왜냐하면 많은 사람이 특정 종류의 꽃가루에 알레르기 반응을 일으키기 때문이다. 한편, 꽃을 관리하는 사람들도 꽃가루를 싫어하는데 잎과 꽃잎 주변의 외관을 망치기 때문이다. 이런 이유로 일본의 종자 회사에서는 꽃가루가 없는 리시안셔스를 개발했다. 이 꽃은 꽃가루를 만드는 수술이 자라지 않는다. 게다가 수술이 없는 꽃들은 수술을 가진 꽃보다 1주일 정도 오래 산다.
(배율: 10cm 너비에서 7,000배)

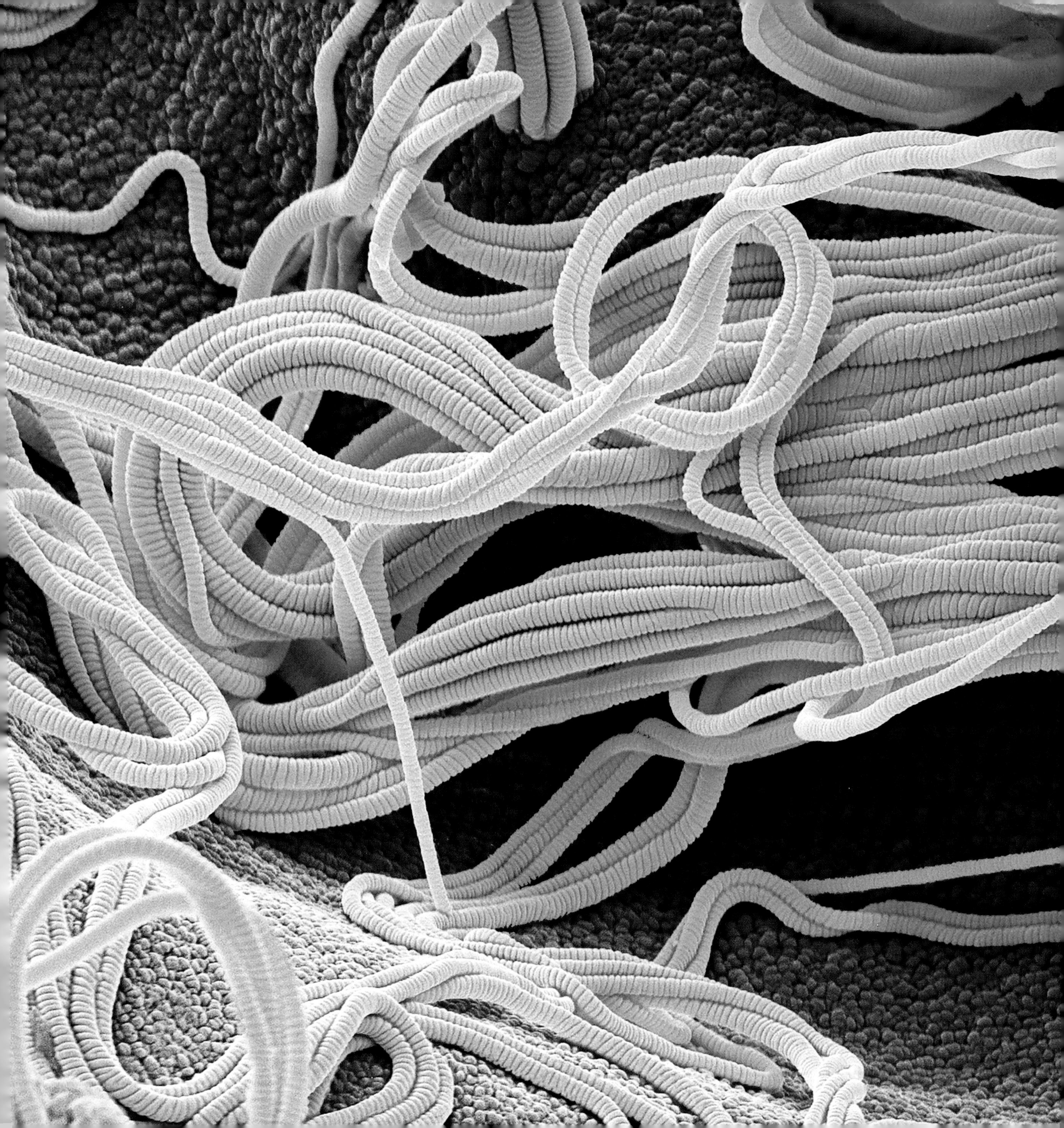

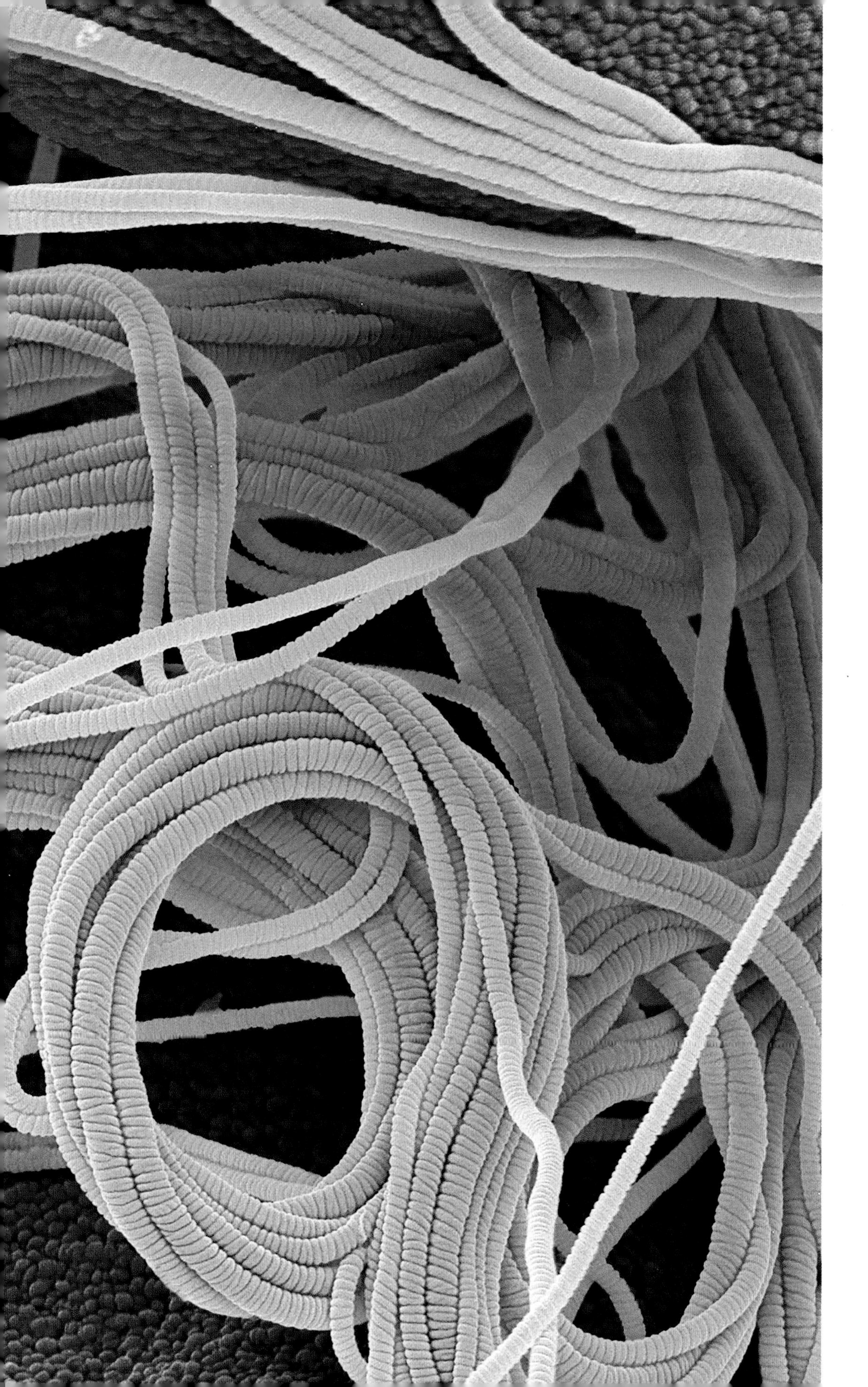

뻐꾹나리Toad lily의 꽃가루 (주사전자현미경 사진)
사진 속에 보이는 얇은 실들은 화려한 뻐꾹나리가 꽃가루 알갱이를 묶어 두기 위해 만들어낸 것이다. 실의 역할이 분명하지는 않지만, 이 실은 식물을 수분시켜 주는 곤충의 종수를 제한하고 식물을 찾아오는 꽃가루 매개자에게 꽃가루가 잘 붙도록 하기 위함일 것이다. 뻐꾹나리의 화려한 암술머리를 받쳐 주는 줄기(암술대)에는 분비선이 늘어서 있다. 분비선에서 끈적한 방울이 생성되어 수분을 돕는 곤충들이 식물에 찾아오도록 유인하는 것이다.
(배율: 10cm 너비에서 5,000배)

왼쪽과 위쪽: 꿀벌의 다리 (주사전자현미경 사진)
꿀벌은 6개의 다리가 있고, 각각은 유충에게 먹이를 주는 데 필요한 꽃가루를 모으기에 아주 적합하게 작은 털로 덮여 있다. 왼쪽 이미지는 최대한 확대해서 털 하나 속에도 또 털이 있는 모습을 볼 수 있고, 이를 통해 꽃가루 알갱이가 얼마나 작은지도 확인할 수 있다. 꽃은 향기를 포함해서 꿀을 제공하거나 내려앉을 수 있는 '입술 모양의 꽃잎lip'을 제공하는 등 다양한 방법으로 벌을 유인한다.
(배율: 알 수 없음)

글로리오사Flame lily의 꽃가루 (주사전자현미경 사진)
낮은 배율의 사진에서도 글로리오사 꽃가루 표면의 질감이 느껴지며, 뚜렷하게 보이는 하나의 홈에서 외떡잎식물임을 알 수 있다. 이 식물은 여섯 개의 꽃잎, 여섯 개의 수술, 세 부분으로 이루어진 씨방 등 3의 배수로 이루어져 있다. 식물의 모든 부분은 독성이 있는 콜히친colchicine을 포함하고 있는데, 이 성분은 가을에 피는 크로커스crocuses에서도 발견된다. 또한, 콜히친은 인간의 신체 조직을 손상시키거나 사망까지 이르게 할 수 있지만 통풍gout 치료제로도 사용된다.
(배율: 10cm 너비에서 75배)

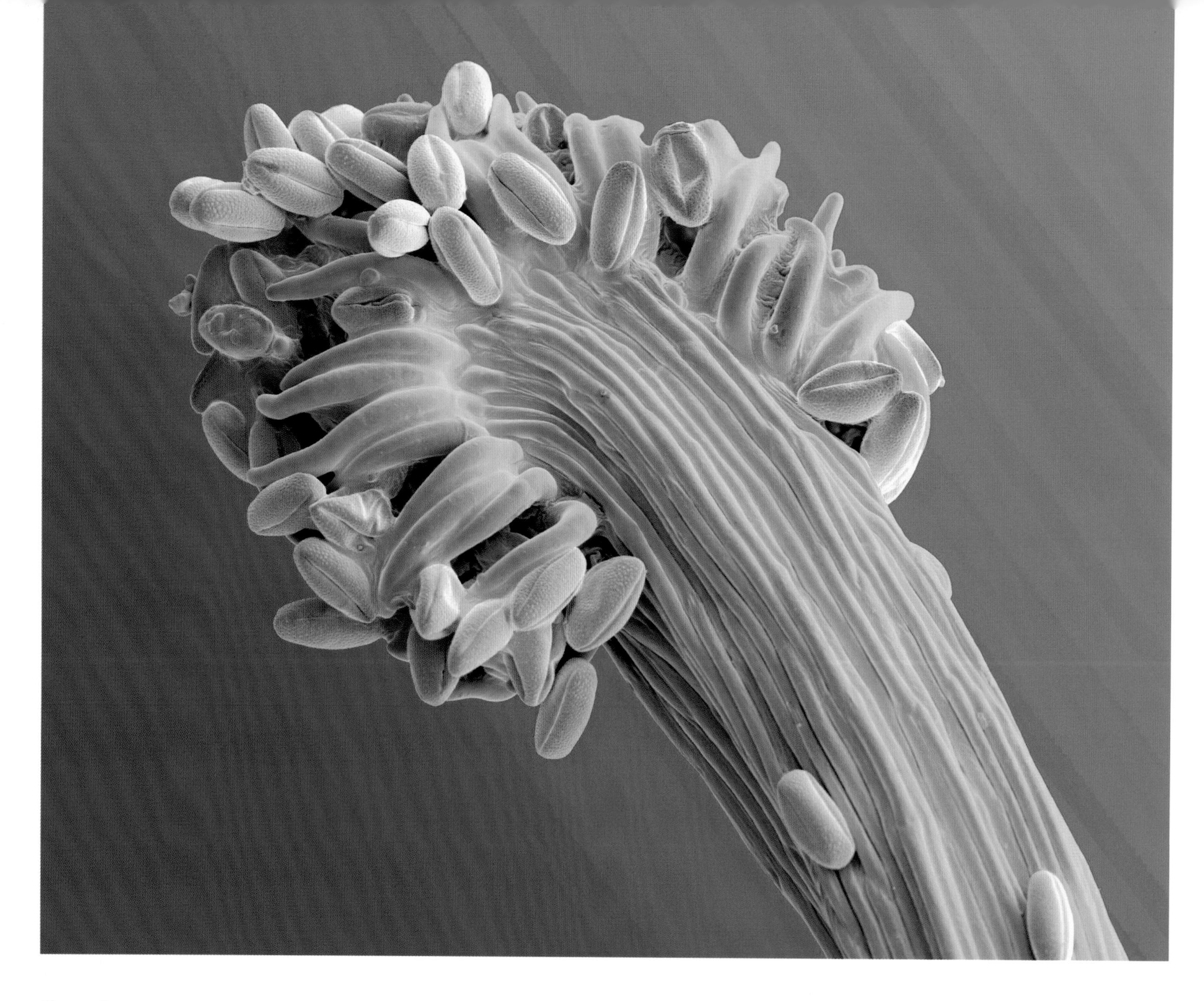

위쪽: 꽃가루 알갱이가 붙은 가시금작화Gorse 암술머리 (주사전자현미경 사진)
사진은 암술(초록색)의 머리카락 같은 암술머리에 붙어 있는 가시금작화 꽃가루(노란색)의 위색 이미지이다. 이 꽃과 관련된 옛말 중에 '가시금작화 꽃이 지면 키스할 장소가 사라진다.'라는 말이 있다. 물론 이러한 일이 벌어질 확률은 거의 없다. 왜냐하면, 가시금작화는 온화한 기후에서 1년 중 10달까지 꽃을 피울 수 있기 때문이다. 꽃가루는 사실 빨간 벽돌색이며, 알레르기성 뇌염thinitis(건초열hay fever) 환자를 힘들게 하지만 벌과 양봉가에게는 귀중한 자원이다.
(배율: 10cm 너비에서 250배)

오른쪽: 라벤더Lavender 꽃가루 알갱이 (주사전자현미경 사진)
사진을 통해 프렌치라벤더French lavender 꽃잎의 일부에 있는 꽃가루 알갱이를 볼 수 있다. 라벤더의 이름은 라틴어 '라바르lavare'에서 따온 것으로 '세탁'을 의미한다. 라벤더가 로마에서 세탁물을 향기롭게 만드는 데 사용되었기 때문이다. 프렌치라벤더의 꽃가루를 주재료로 만든 꿀에서는 꽃향기가 나는데, 이 꿀의 가치는 대단하다. 한편, 오늘날 휴식과 수면을 도와주는 데 사용되는 에센셜 오일은 라벤더의 잎에서 추출한다.
(배율: 10cm 너비에서 2,476배)

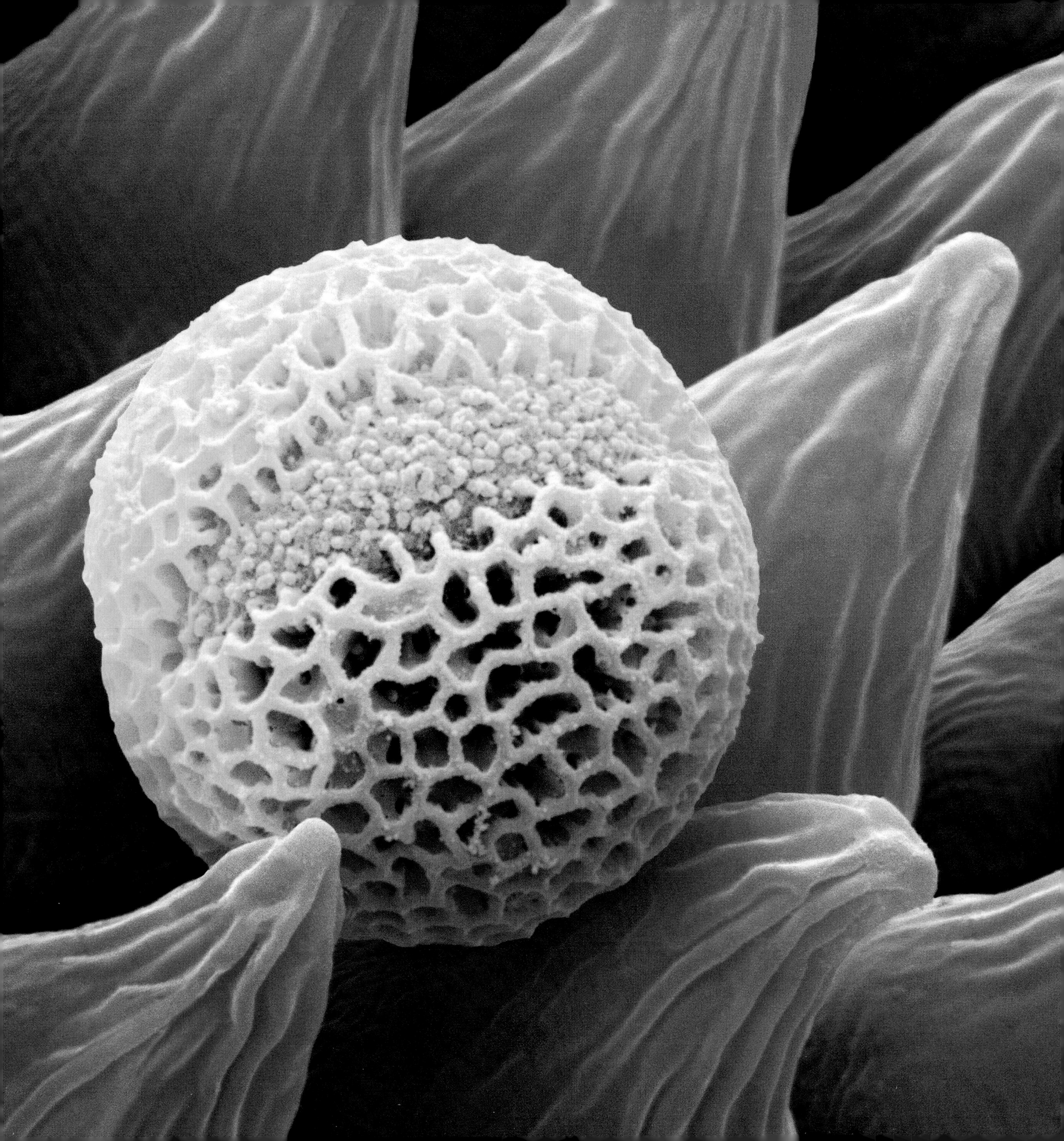

위쪽: 아이리스Iris의 꽃가루 (주사전자현미경 사진)

낮게 달린 아이리스의 꽃잎은 꽃가루를 잔뜩 실은 꿀벌에게 이상적인 착륙장이다. 벌을 유인한 꿀에 도달하기 위해서, 벌은 암술머리를 지나 수정 중인 꽃가루가 쌓여있는 곳까지 가야 한다. 벌은 꿀을 향해 가면서 꽃밥 아래를 비집고 들어가고, 새로운 꽃가루를 모은 후 뒷걸음질 쳐서 나간다. 새로 모은 꽃가루는 벌의 앞부분에 있어서 옆에 핀 아이리스로 떠나기 전까지 벌의 뒤쪽에 있는 암술머리에는 아무것도 남지 않는다.

오른쪽: 가지Aubergine의 꽃가루 알갱이 (주사전자현미경 사진)

가지eggplan 꽃가루의 끝쪽을 보면 세 개의 홈이 분명하게 보이는데, 이를 통해 가지가 쌍떡잎식물임을 알 수 있다. 쌍떡잎식물 종의 씨는 외떡잎식물과 달리 항상 곧은뿌리와 두 개의 떡잎을 가진 유식물seedling(종자식물의 종자에서 발아한 어린 식물)을 생성한다. 어떤 사람은 가지 꽃가루 알레르기가 있을 수 있다. 가지는 높은 수준의 히스타민histamines을 함유하고 있지만, 대부분의 알레르겐allergen(알레르기를 일으키는 물질)은 요리 중에 파괴된다. 가지는 감자, 토마토와 매우 가까운 관계이다.

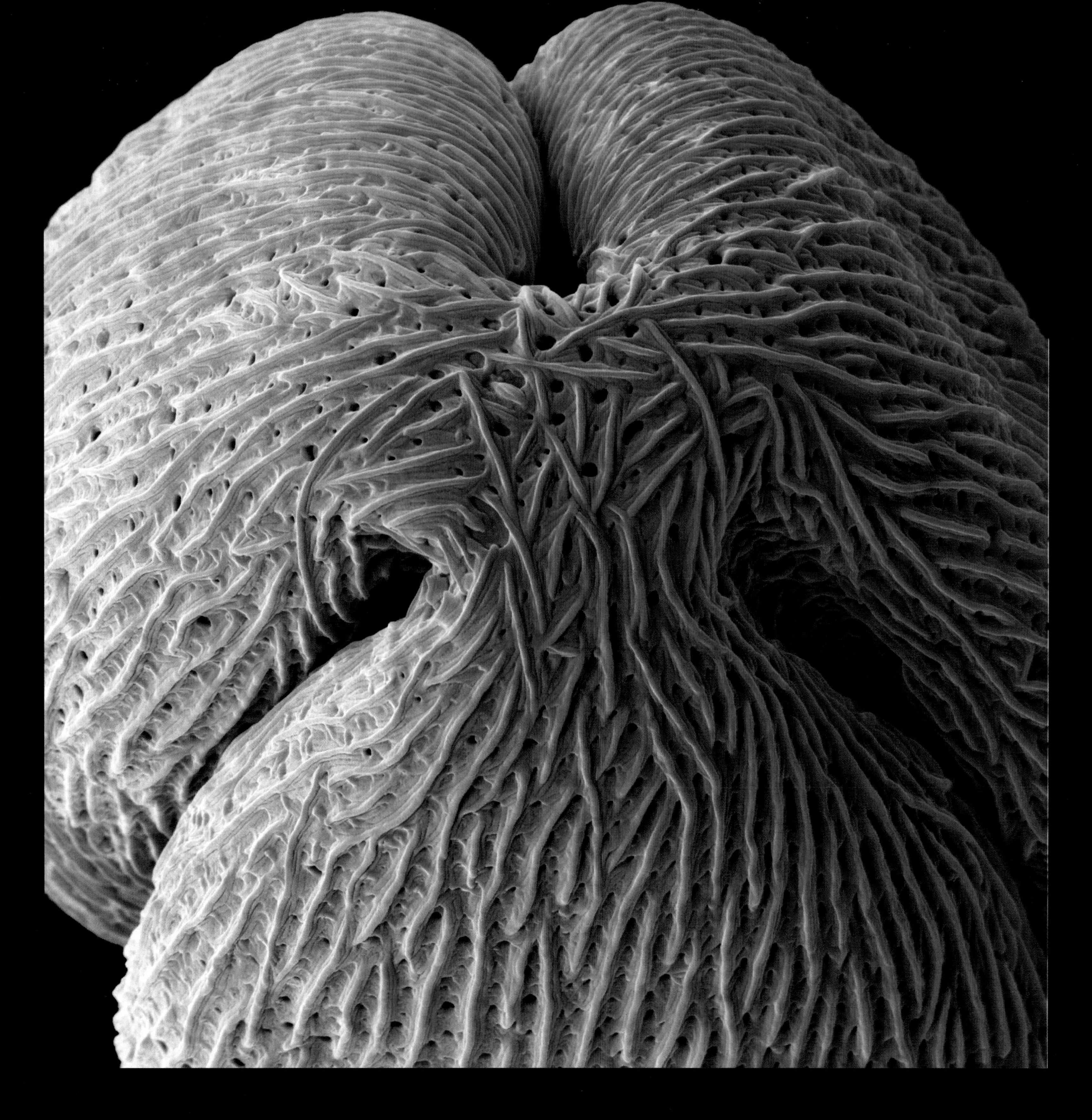

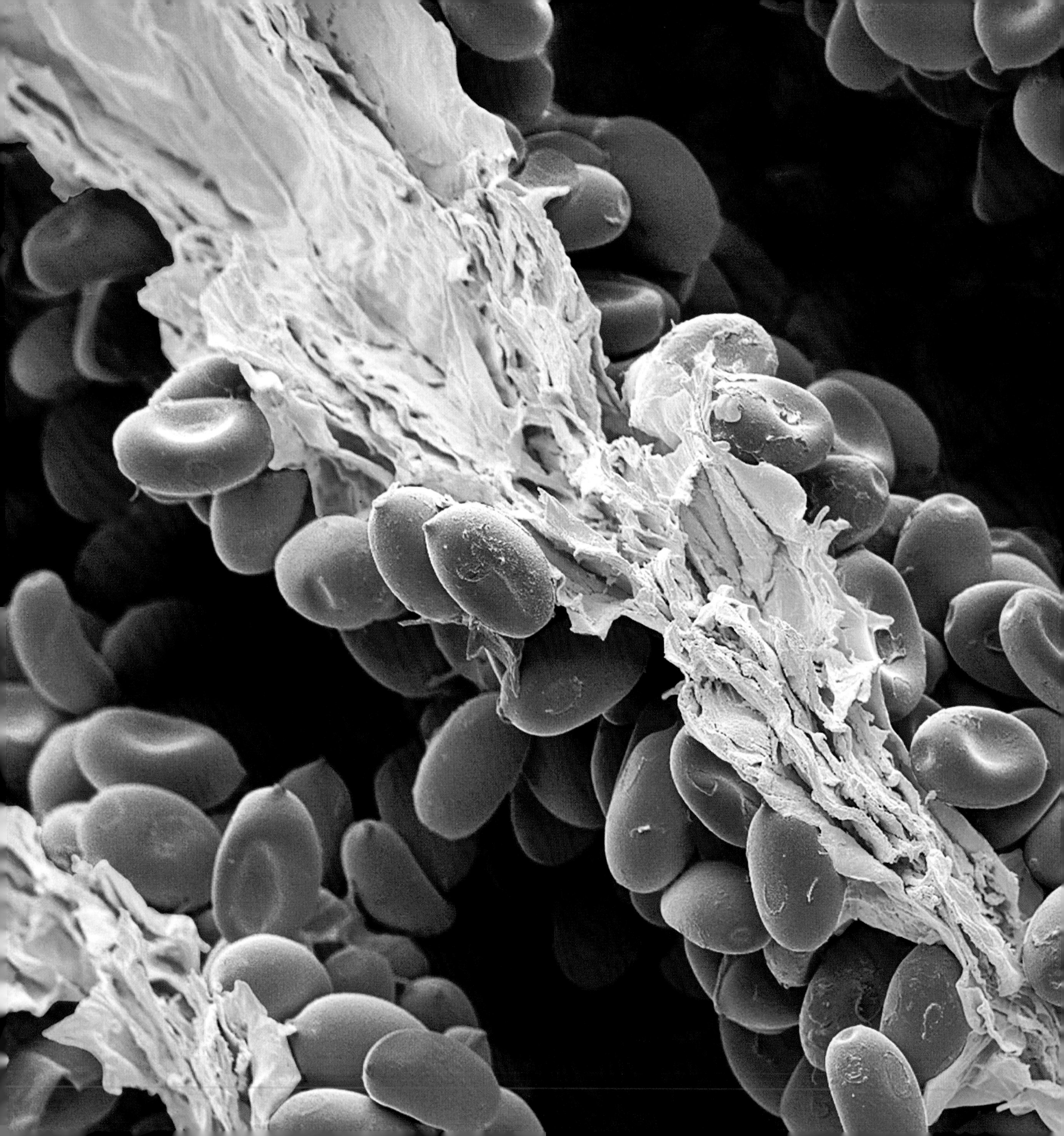

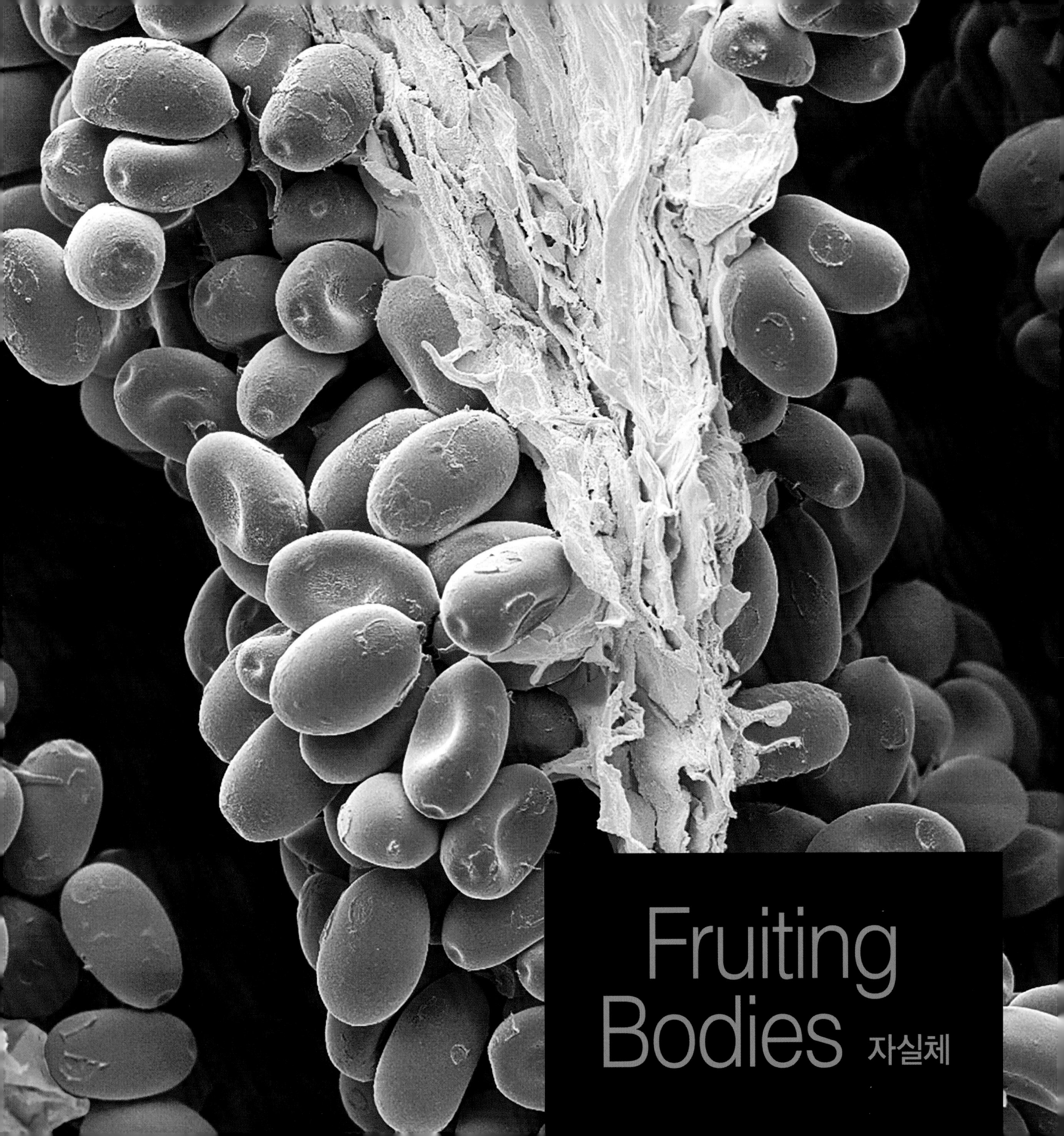

Fruiting Bodies 자실체

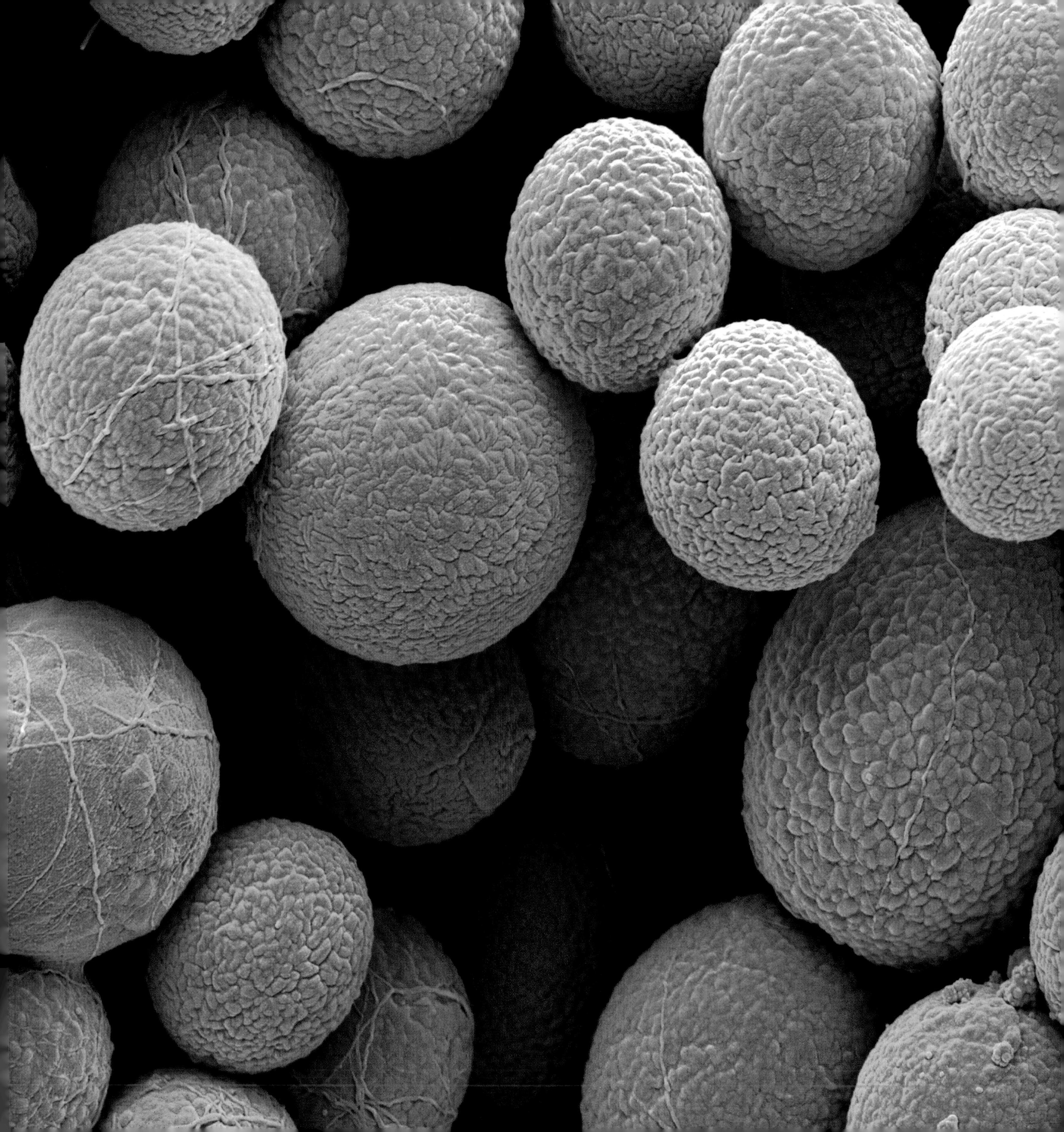

전 쪽: 비늘버섯Pholiota mushroom의 포자spore (주사전자현미경 사진)

부분의 사람은 버섯이 식물에 속한다고 생각한다. 그러나 버섯은 땅속에서 자라는 큰 균류의 자실체일 뿐이다. 열매나 씨의 머리에 씨앗이 들어 있는 것처럼 섯에는 포자가 들어 있고, 이 포자는 다음 세대가 되어 자란다. 인공적으로 채색된 미지에서 갈라진 부분은 비늘버섯의 갓cap 밑에 있는 분홍색 포자로 덮여 있는 름살gill이다.

율: 10cm 너비에서 500배)

왼쪽과 위쪽: 검은곰팡이Bread mould의 분생자conidia (주사전자현미경 사진)

곰팡이Fungus는 땅에서만 자라는 것이 아니다. 이 두 개의 이미지는 빵을 서식지로 삼아 만들어진 두 종류의 곰팡이 포자이다. 분생자(conidia, 코니디아)라는 이름은 그리스어인 '먼지'에서 온 것으로, 포자를 눈으로 보면 미세한 먼짓가루가 앉은 것처럼 보이기 때문에 붙여졌다. 거기서 나오는 자실체는 1밀리미터보다 더 작을 수 있고, 포자는 분생자병Conidiophores이라고 하는 더 미세한 줄기 조직에 붙어 있다.

(왼쪽: 배율 10cm 너비에서 3,000배) (위쪽: 배율 알 수 없음)

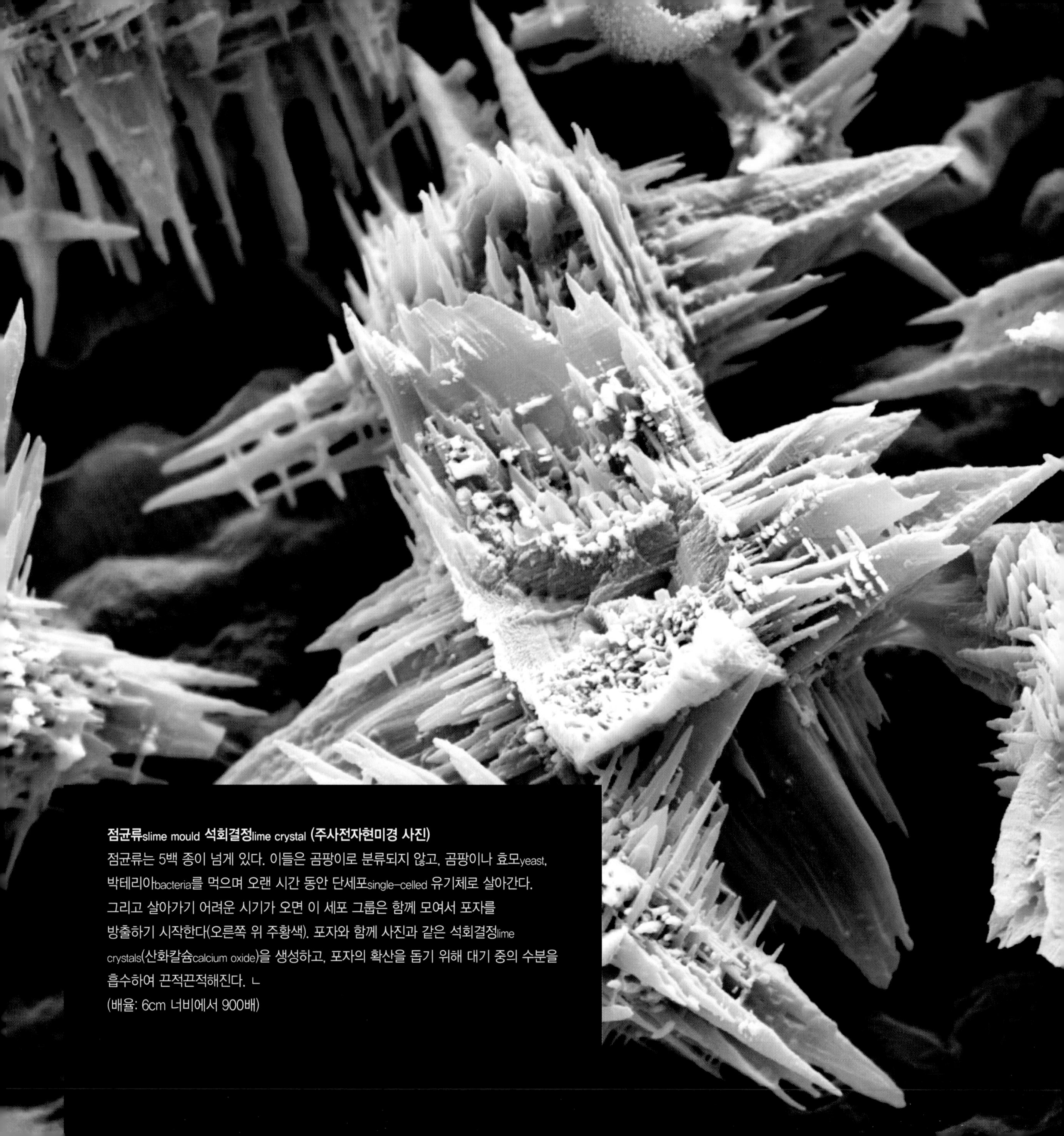

점균류slime mould **석회결정**lime crystal **(주사전자현미경 사진)**
점균류는 5백 종이 넘게 있다. 이들은 곰팡이로 분류되지 않고, 곰팡이나 효모yeast, 박테리아bacteria를 먹으며 오랜 시간 동안 단세포single-celled 유기체로 살아간다. 그리고 살아가기 어려운 시기가 오면 이 세포 그룹은 함께 모여서 포자를 방출하기 시작한다(오른쪽 위 주황색). 포자와 함께 사진과 같은 석회결정lime crystals(산화칼슘calcium oxide)을 생성하고, 포자의 확산을 돕기 위해 대기 중의 수분을 흡수하여 끈적끈적해진다. ㄴ
(배율: 6cm 너비에서 900배)

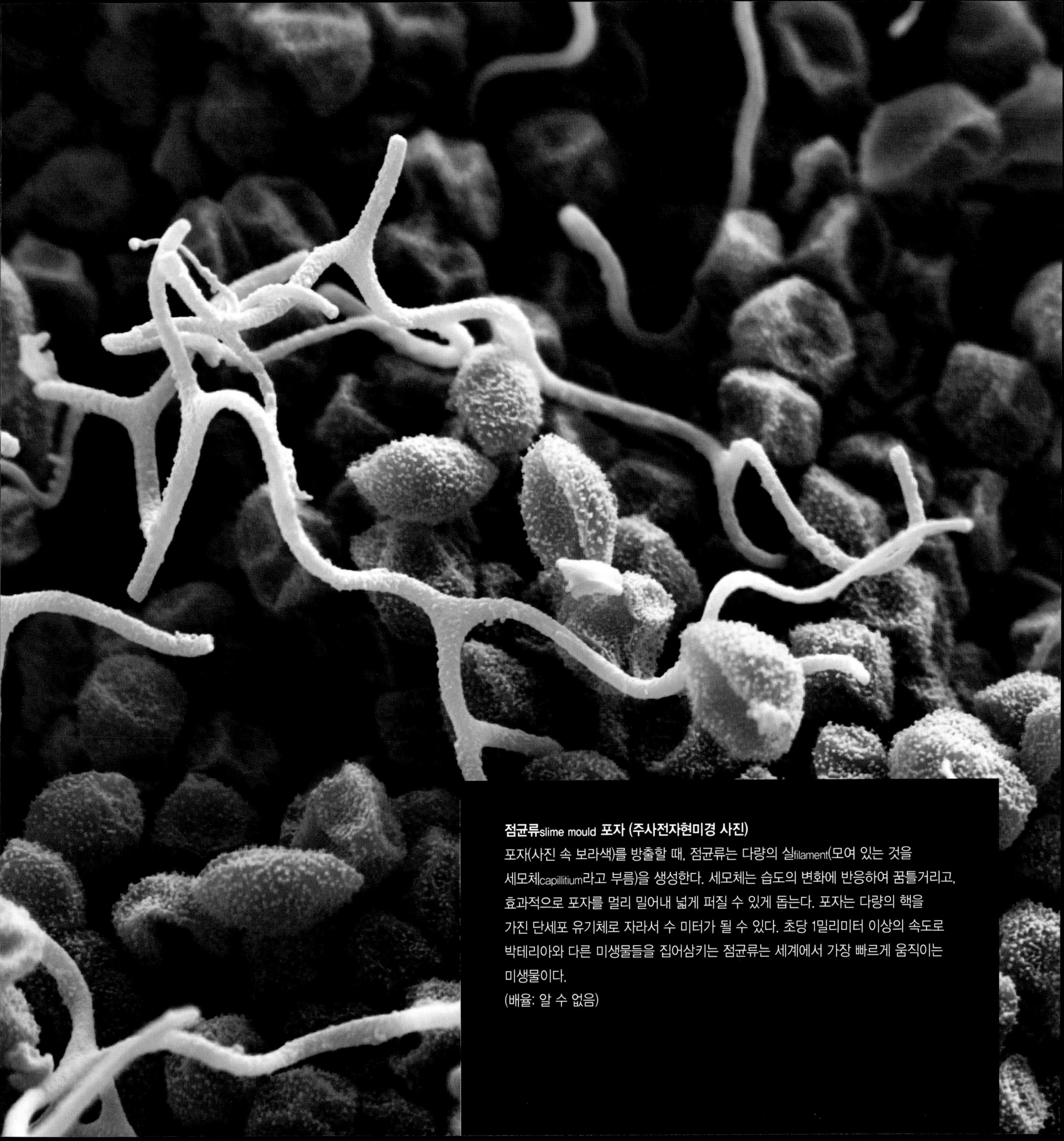

점균류slime mould 포자 (주사전자현미경 사진)
포자(사진 속 보라색)를 방출할 때, 점균류는 다량의 실filament(모여 있는 것을 세모체capillitium라고 부름)을 생성한다. 세모체는 습도의 변화에 반응하여 꿈틀거리고, 효과적으로 포자를 멀리 밀어내 넓게 퍼질 수 있게 돕는다. 포자는 다량의 핵을 가진 단세포 유기체로 자라서 수 미터가 될 수 있다. 초당 1밀리미터 이상의 속도로 박테리아와 다른 미생물들을 집어삼키는 점균류는 세계에서 가장 빠르게 움직이는 미생물이다.
(배율: 알 수 없음)

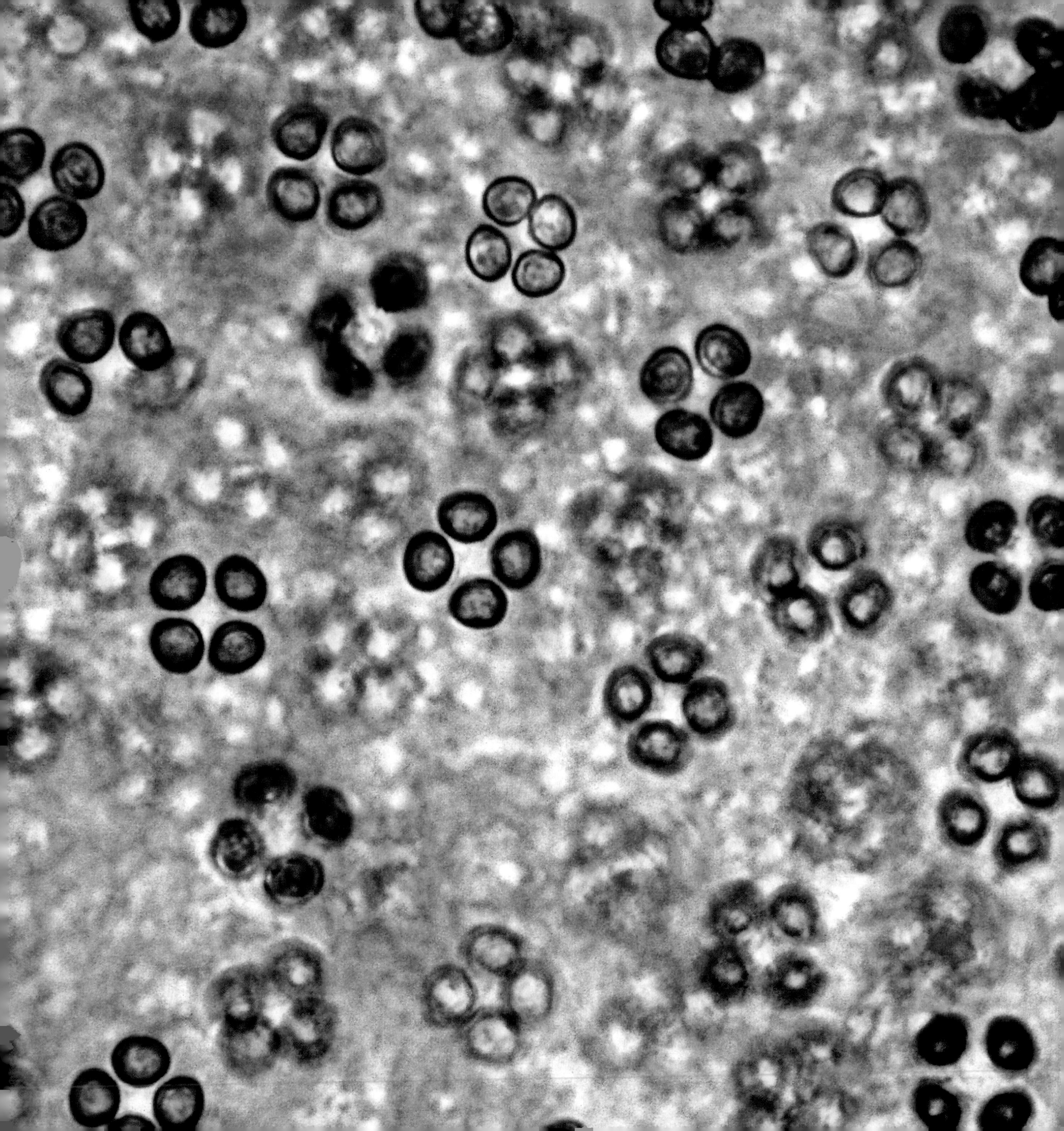

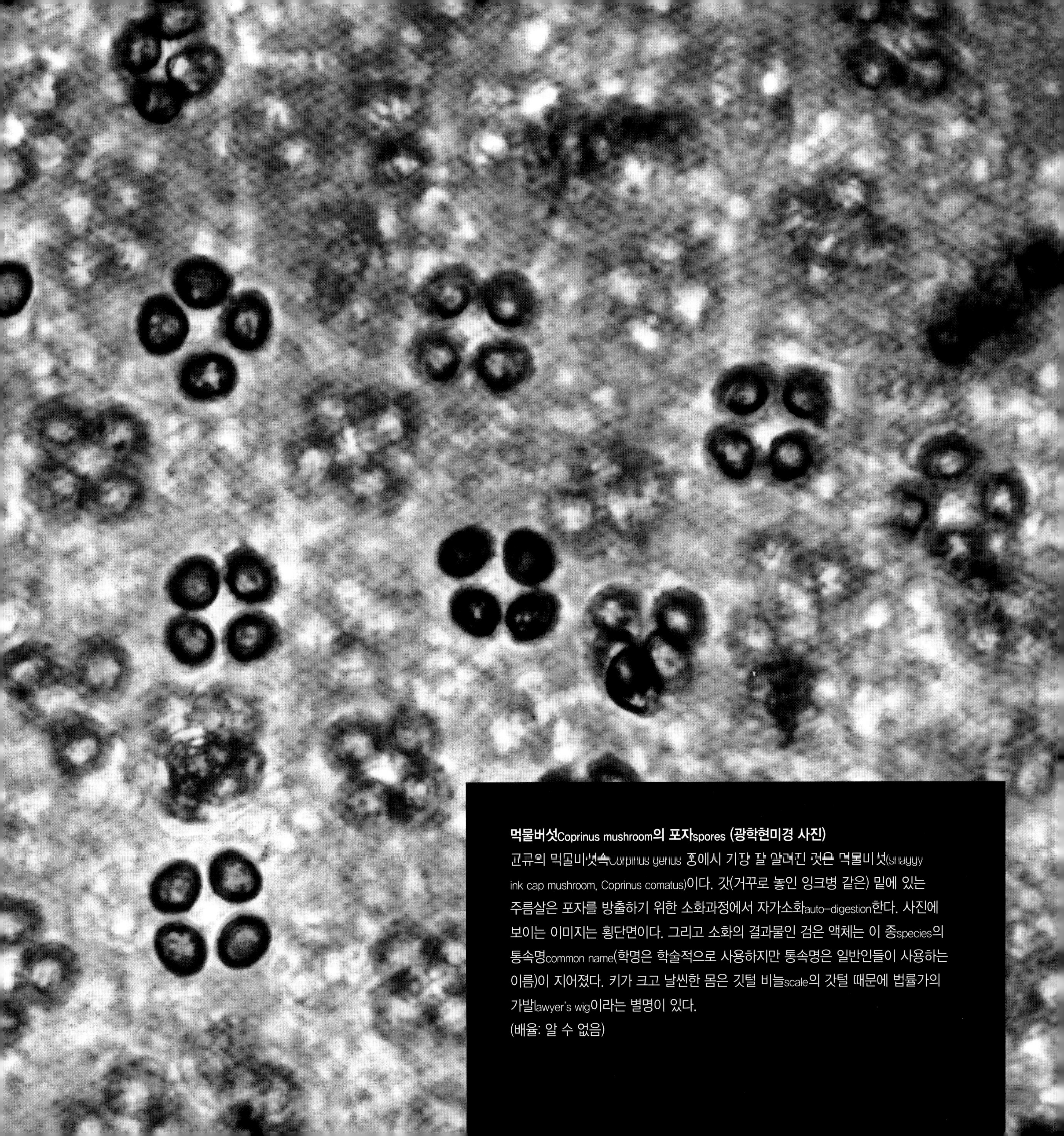

먹물버섯Coprinus mushroom**의 포자**spores **(광학현미경 사진)**
균류의 먹물버섯속Coprinus genus 중에서 가장 잘 알려진 것은 먹물버섯(shaggy ink cap mushroom, Coprinus comatus)이다. 갓(거꾸로 놓인 잉크병 같은) 밑에 있는 주름살은 포자를 방출하기 위한 소화과정에서 자가소화auto-digestion한다. 사진에 보이는 이미지는 횡단면이다. 그리고 소화의 결과물인 검은 액체는 이 종species의 통속명common name(학명은 학술적으로 사용하지만 통속명은 일반인들이 사용하는 이름)이 지어졌다. 키가 크고 날씬한 몸은 깃털 비늘scale의 갓털 때문에 법률가의 가발lawyer's wig이라는 별명이 있다.
(배율: 알 수 없음)

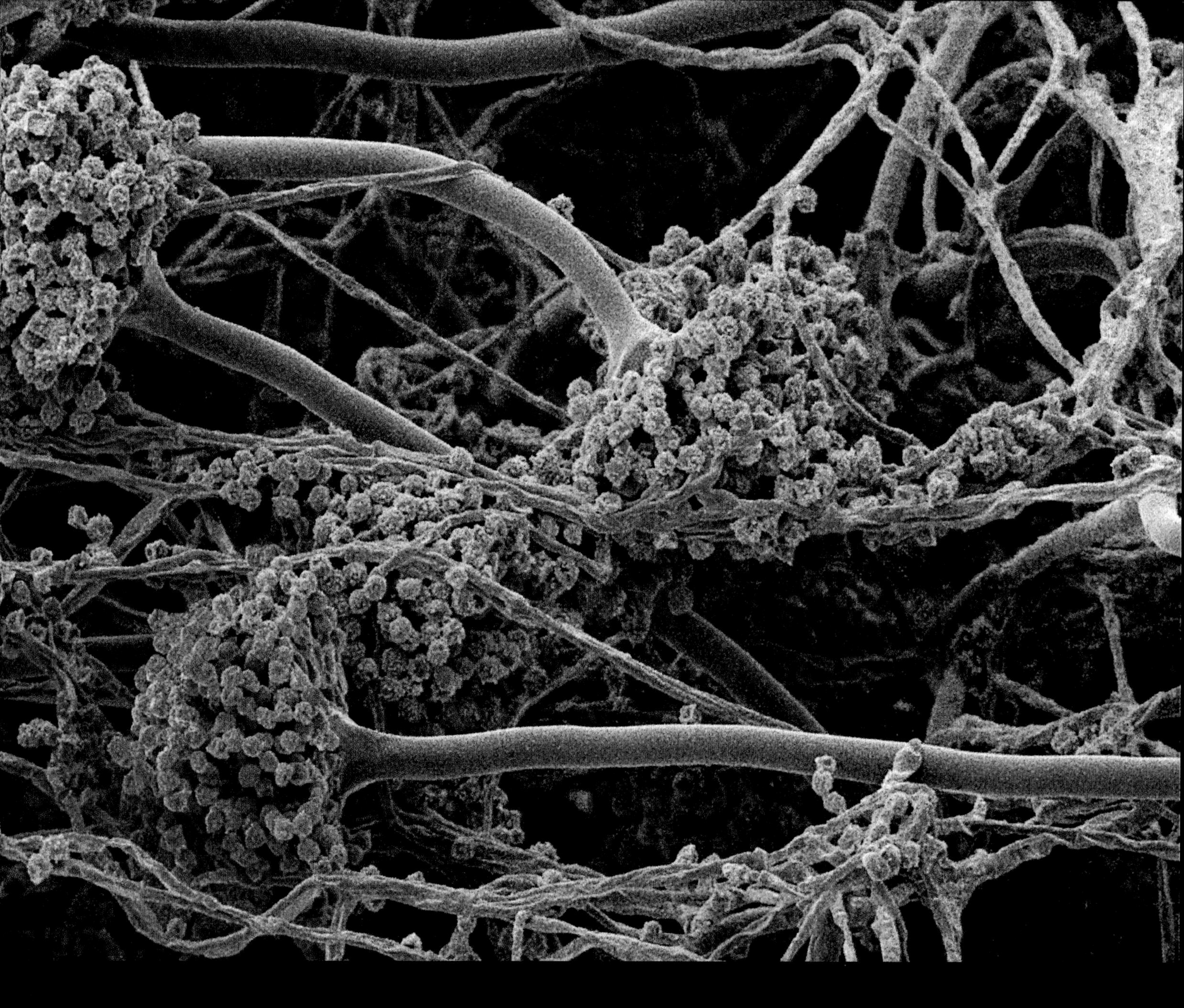

왼쪽: 아스페르길루스 니게르(검정곰팡이) Aspergillus niger **(주사전자현미경 사진)**
위쪽: 아스페르길루스 푸미가투스 Aspergillus fumigatus **(주사전자현미경 사진)**
아스페르길루스 균은 수백 종이 있는데, 이들은 식물과 녹말 음식에서 찾아볼 수 있는 곰팡이를 만든다. 아스페르길루스 균은 줄기(분생자병) 끝에 있는 포자(분생자)를 통해 번식한다. 아스페르길루스 니게르(왼쪽)는 줄기 끝에서 밖으로 방사하며 거의 완벽한 구형의 포자를 형성하는 반면, 아스페르길루스 푸미가투스(위쪽)는 오직 반구만 형성한다. 면역체계가 약한 사람들이 아스페르길루스 푸미가투스를 흡입할 경우, 아스페르길루스증aspergillosis이라는 심각한 질병을 유발할 수 있다. 아스페르길루스 니게르는 옥수수 시럽과 소화를 촉진해 주는 약제를 만드는 데 사용된다.
(왼쪽: 배율 알 수 없음)
(위쪽: 배율 7cm 너비에서 670배)

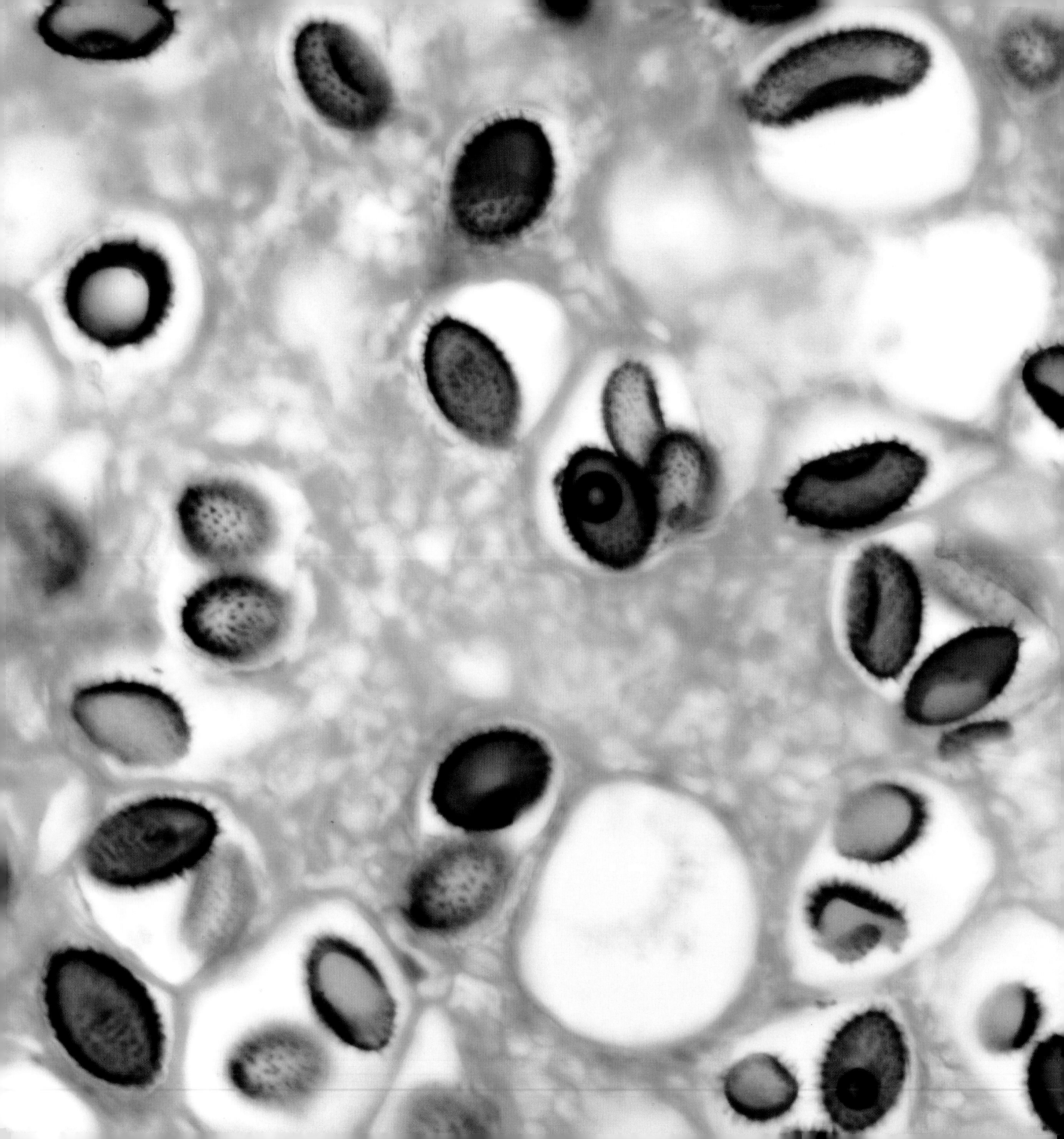

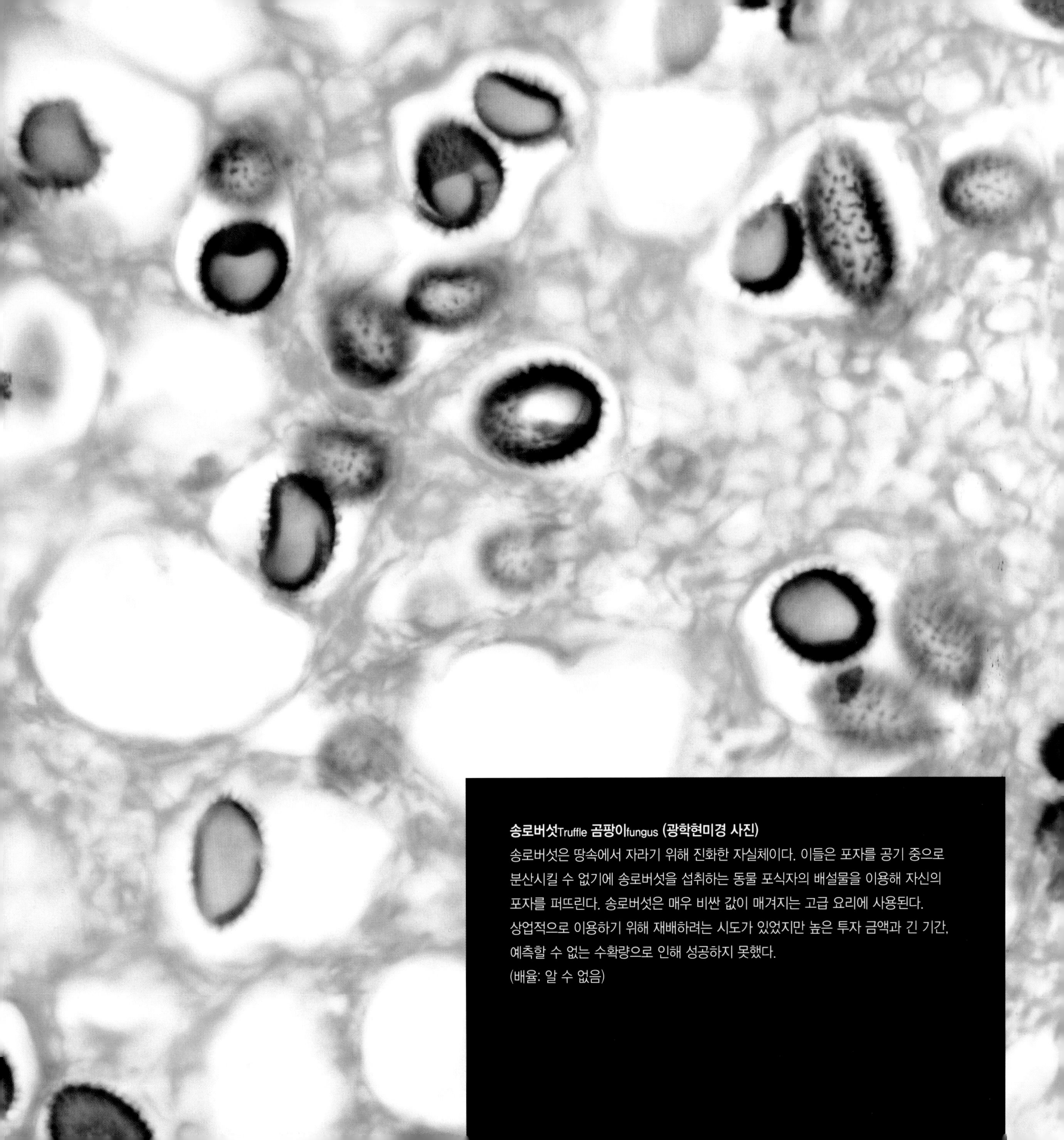

송로버섯Truffle 곰팡이fungus (광학현미경 사진)
송로버섯은 땅속에서 자라기 위해 진화한 자실체이다. 이들은 포자를 공기 중으로 분산시킬 수 없기에 송로버섯을 섭취하는 동물 포식자의 배설물을 이용해 자신의 포자를 퍼뜨린다. 송로버섯은 매우 비싼 값이 매겨지는 고급 요리에 사용된다. 상업적으로 이용하기 위해 재배하려는 시도가 있었지만 높은 투자 금액과 긴 기간, 예측할 수 없는 수확량으로 인해 성공하지 못했다.
(배율: 알 수 없음)

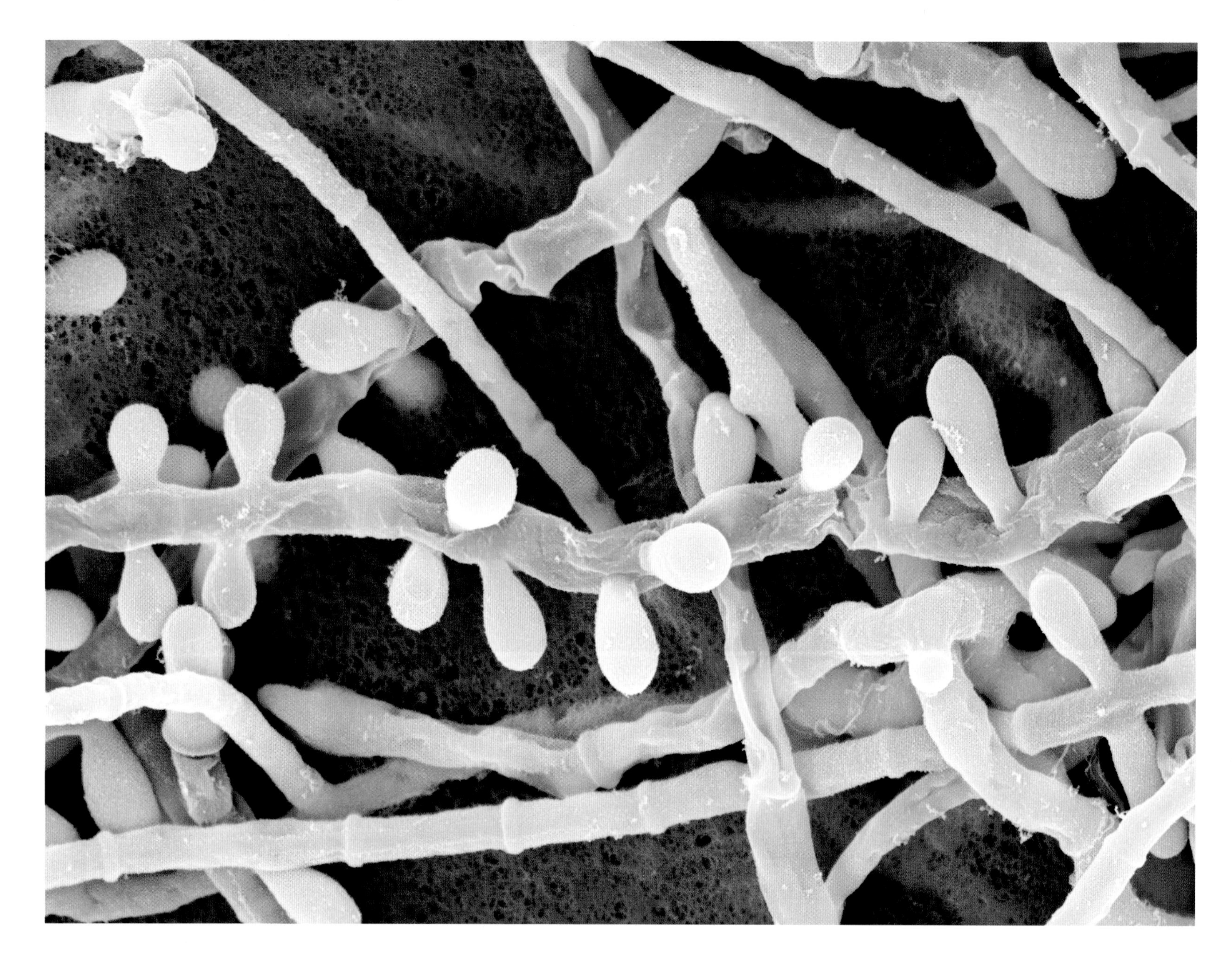

위쪽: 피부사상균Dermatophytic fungus (주사전자현미경 사진)

이 이미지는 트리코피톤 루브럼Trichophyton rubrum에서 포자(사진 속 분홍색)가 자라는 줄기(균사hyphae)를 보여 준다. 이 곰팡이는 무좀이나 손톱 감염, 혹은 다른 질병의 원인이 되며, 특히 남성에게서 흔하고 동물이나 여자들에게서는 덜 발생한다. 이러한 곰팡이(피부사상균dermatophytes)은 죽은 피부, 손톱, 머리카락을 공격하는데, 공격 부위는 케라틴 단백질을 포함하고 있다. 우리가 느끼는 가려움증은 케라틴을 먹는 곰팡이효소에 의해 일어나는 것이며, 가렵다고 피부를 긁는 것은 곰팡이가 퍼지도록 도와주는 것일 뿐이다.

(배율: 10cm 너비에서 3,200배)

오른쪽: 주머니버섯Puffball의 포자 (주사전자현미경 사진)

버섯과 달리 주머니버섯은 갓이 열리지 않고, 보통 줄기도 없다. 대신에 송로버섯처럼 포자 덩어리(기본체gleba, 외피에 덥힌 자실체의 내부에서 포자를 생성하는 조직)는 완전히 공 모양의 덩어리에 둘러싸여 있지만, 송로버섯과는 다르게 땅 위에 있다. 포자가 성숙하면 공 모양의 덩어리는 건조해지면서 갈라지고, 포자가 바람에 의해 날아가도록 해 준다. 발자국이나 빗방울의 소리만으로도 공 모양의 덩어리가 터져 포자가 퍼질 수도 있다. 먹을 수 있는 것과 없는 것이 있고, 일부 주머니버섯은 사람에게 가장 치명적인 해를 입히는 광대버섯Amanita 종의 어린 버섯과 닮았다. 그러니 주의하시길!

(배율: 10cm 너비에서 3,000배)

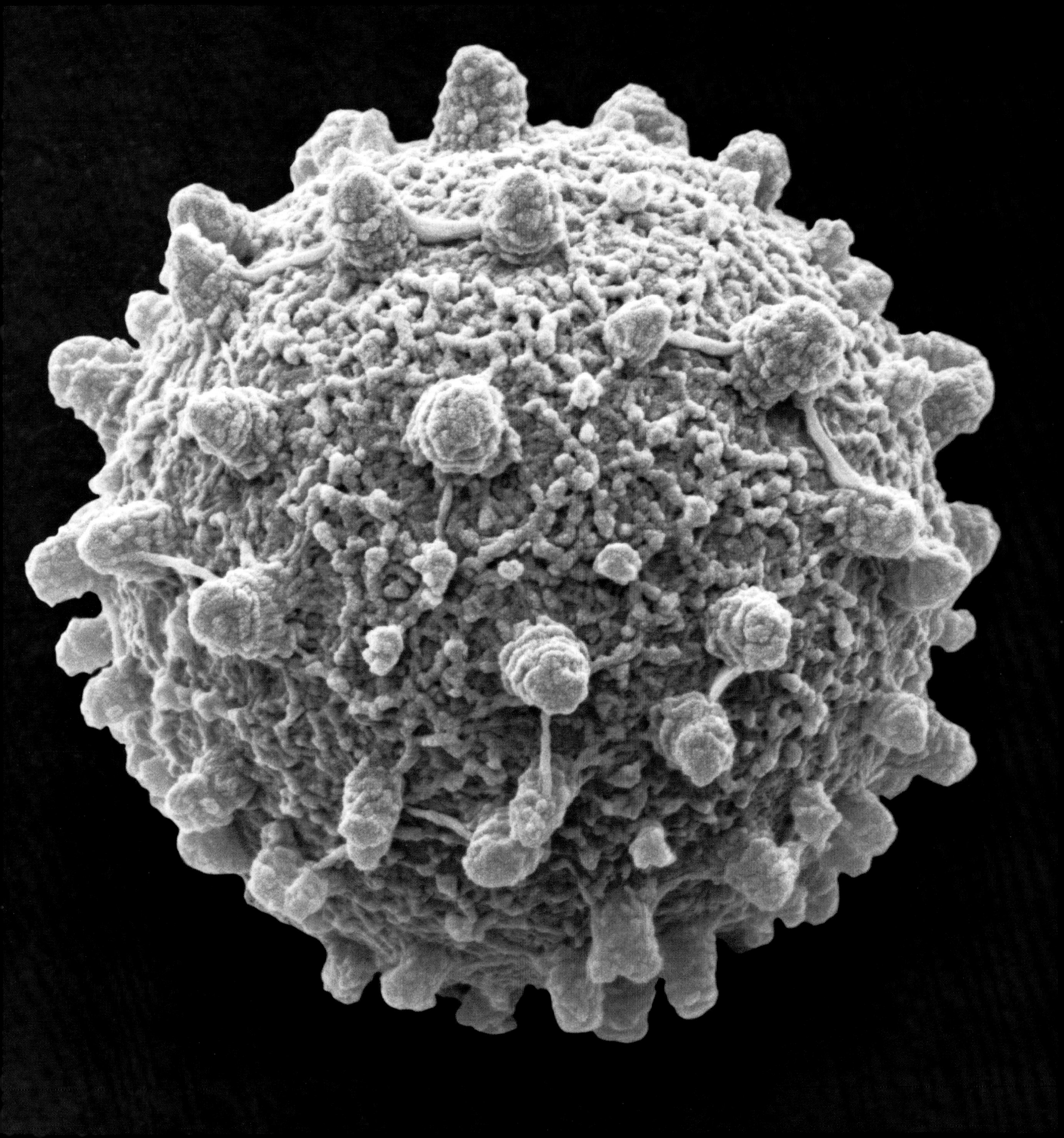

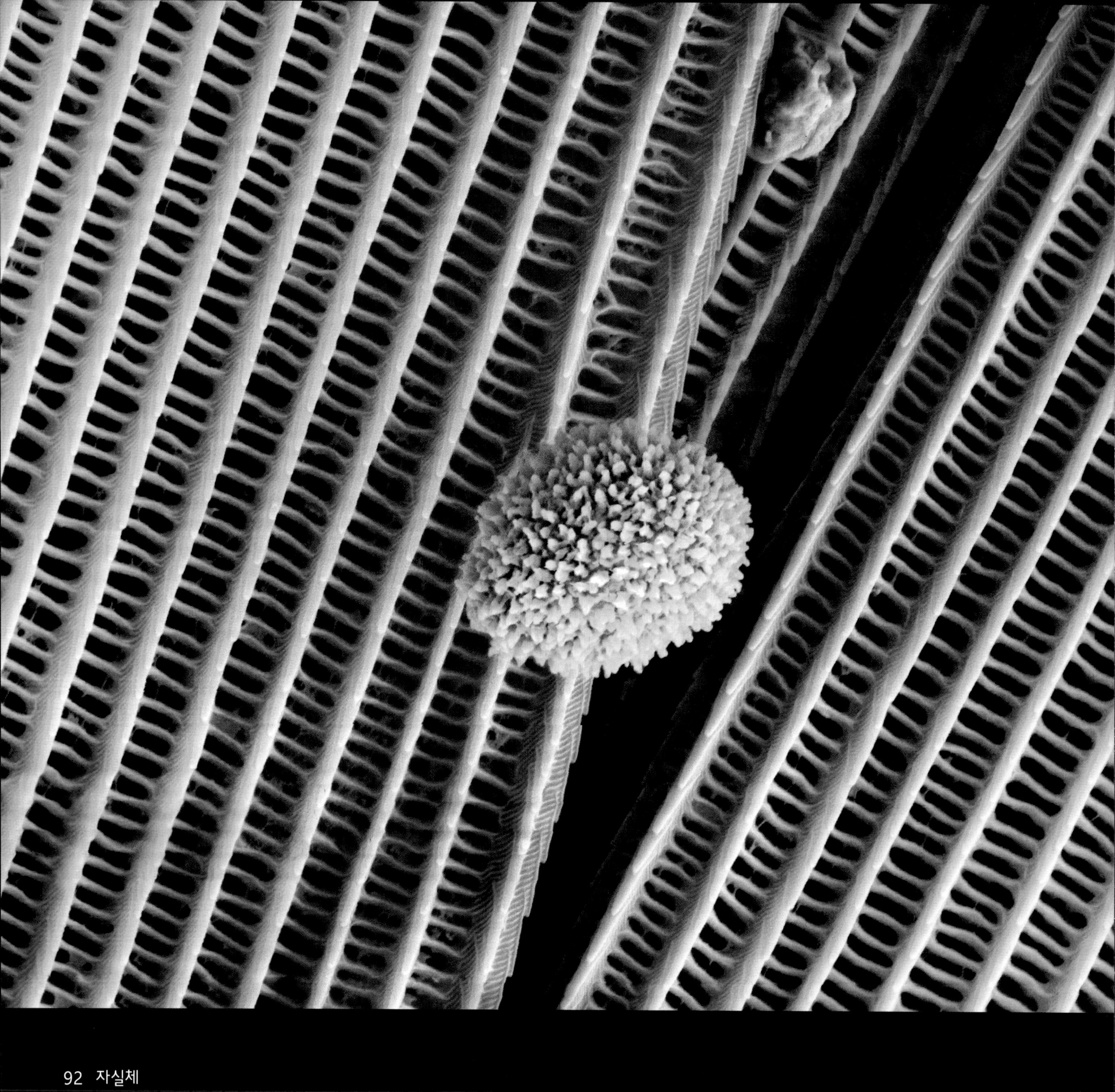

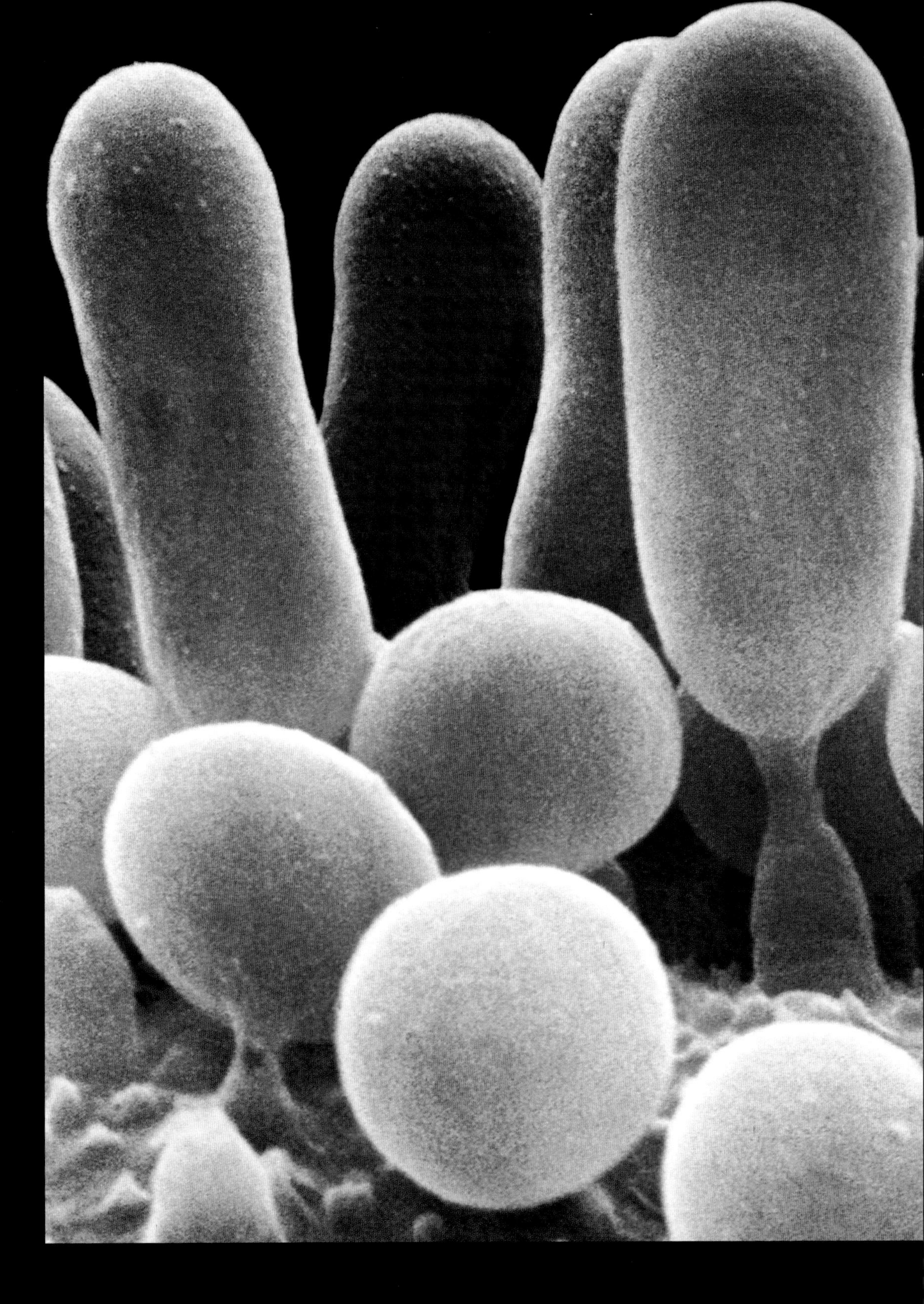

왼쪽: 나비Butterfly 날개wing의 비늘scale과 포자spore (주사전자현미경 사진)

나비는 일반적으로 버섯이 아닌 꽃의 꿀을 먹고 살아간다. 하지만 나비는 털이 많은 벌에 비해 효율이 떨어지는 꽃가루 매개자pollinator이다. 그러나 공기 중에 곰팡이 포자가 가득하면 나비는 자신도 모르는 사이에 포자의 분산을 돕기도 한다. 여기, 날아다니는 작은 나비의 날개에 더 작은 버섯의 포자가 껴 있다. 이 꽃가루는 곧 떨어질 것이고, 포자를 뿌린 버섯이 원래 예상했던 것보다 더 널리 분포될 것이다. (배율: 10cm 너비에서 3,350배)

오른쪽: 백분병균Powdery mildew (주사전자현미경 사진)

백분병균은 많은 식물의 잎과 줄기를 공격하며 이로 인해 마이코티파 아프리카나Mycotypha africana에서 온 몇 종의 곰팡이에 의한 감염이 이뤄진다. 이 곰팡이는 온실처럼 습하고 온화한 환경에서 잘 자란다. 이 곰팡이들은 솜진디woolly aphid와 같은 곤충에 의해 퍼지는데, 감염된 식물들을 먹어 곰팡이를 삼킨 후에 다른 식물에 자신의 배설물을 남겨 퍼지게 된다. 감염된 농작물 중 일부는 화학적으로 처리하거나, 그냥 잎이 아닌 감염된 잎을 먹는 기생곰팡이를 이용해 생물학적으로 처리할 수 있다. (배율: 6cm 너비에서 8,600배)

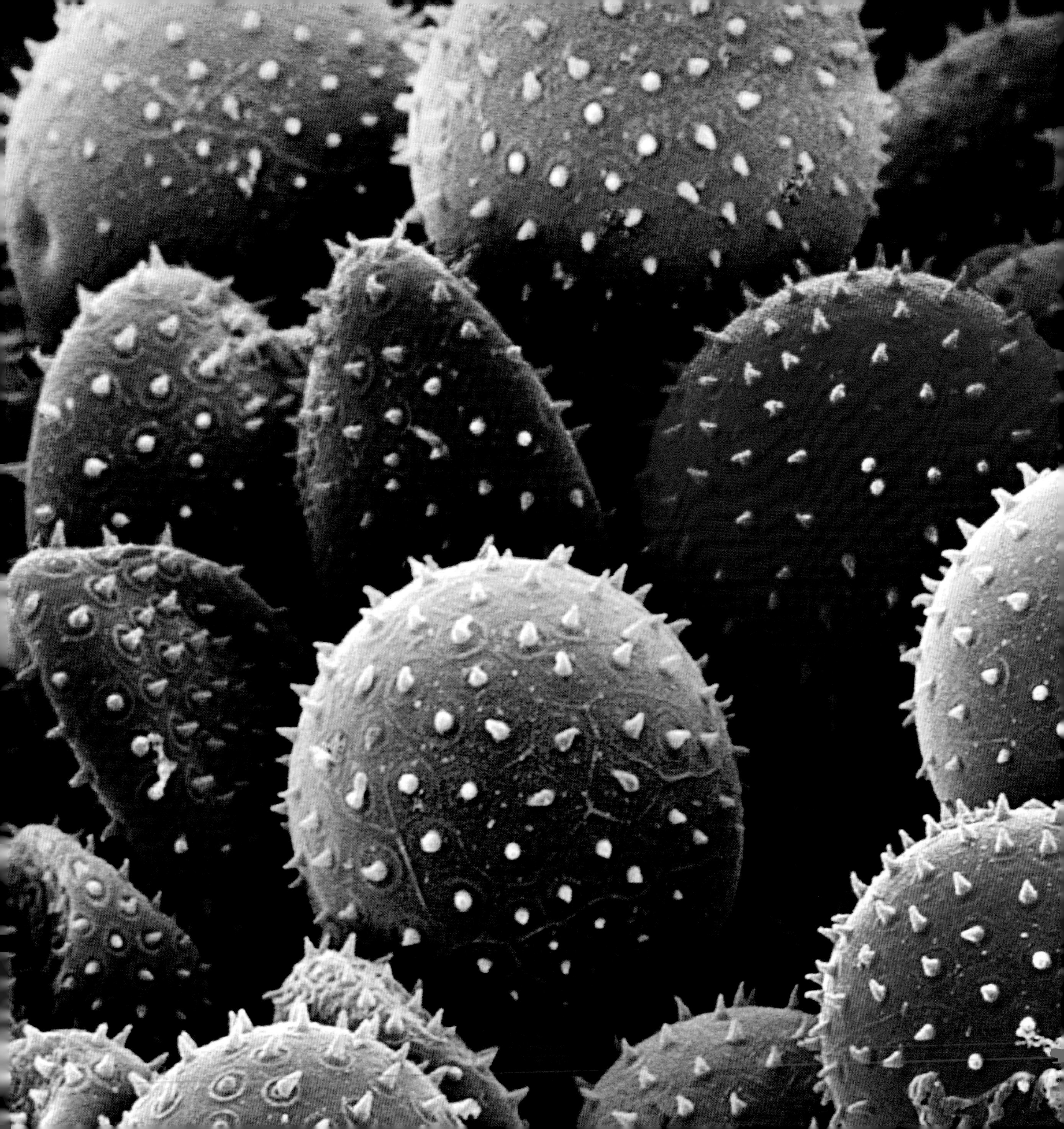

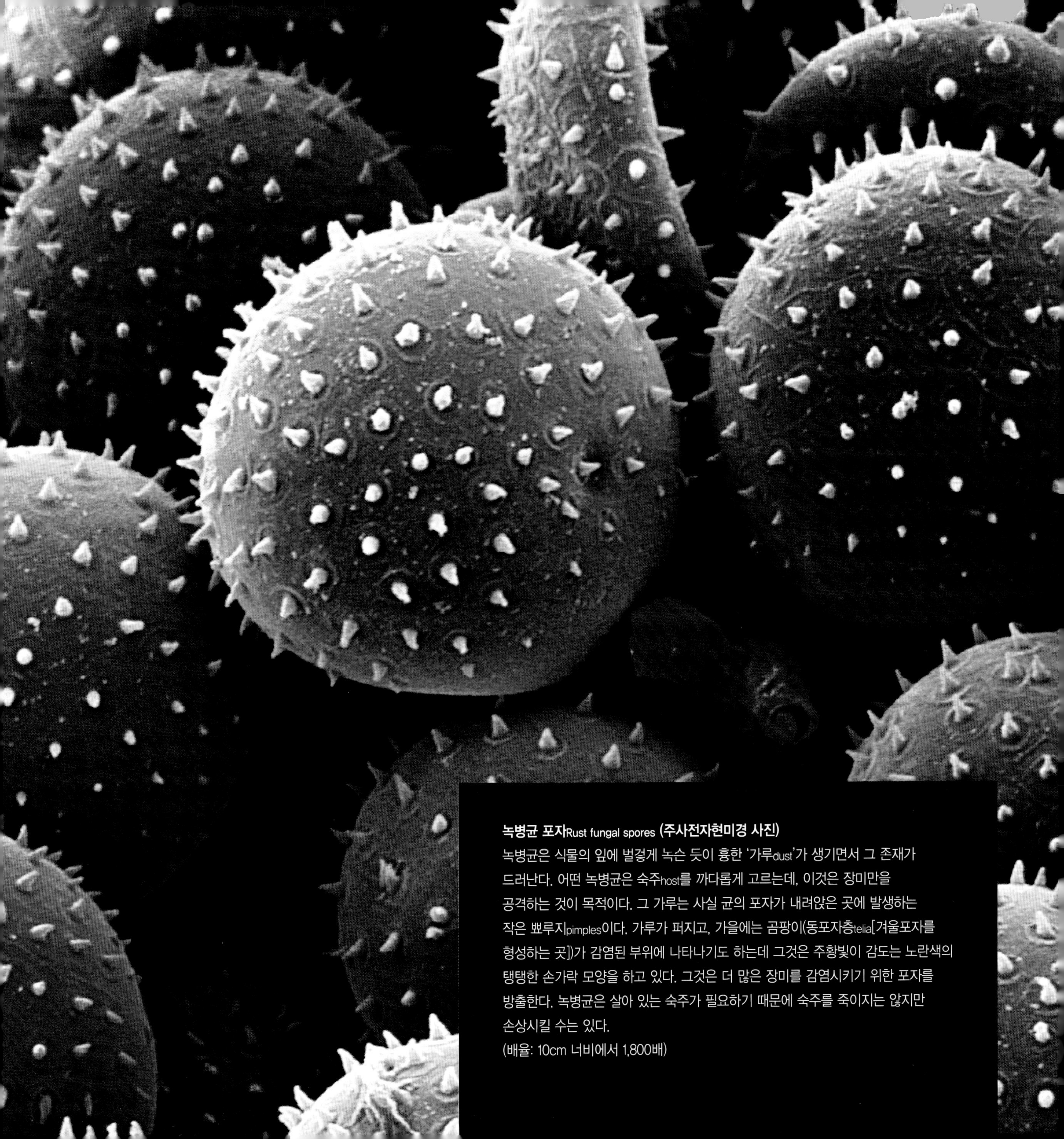

녹병균 포자 Rust fungal spores **(주사전자현미경 사진)**

녹병균은 식물의 잎에 벌겋게 녹슨 듯이 흉한 '가루dust'가 생기면서 그 존재가 드러난다. 어떤 녹병균은 숙주host를 까다롭게 고르는데, 이것은 장미만을 공격하는 것이 목적이다. 그 가루는 사실 균의 포자가 내려앉은 곳에 발생하는 작은 뾰루지pimples이다. 가루가 퍼지고, 가을에는 곰팡이(동포자층telia[겨울포자를 형성하는 곳])가 감염된 부위에 나타나기도 하는데 그것은 주황빛이 감도는 노란색의 탱탱한 손가락 모양을 하고 있다. 그것은 더 많은 장미를 감염시키기 위한 포자를 방출한다. 녹병균은 살아 있는 숙주가 필요하기 때문에 숙주를 죽이지는 않지만 손상시킬 수는 있다.
(배율: 10cm 너비에서 1,800배)

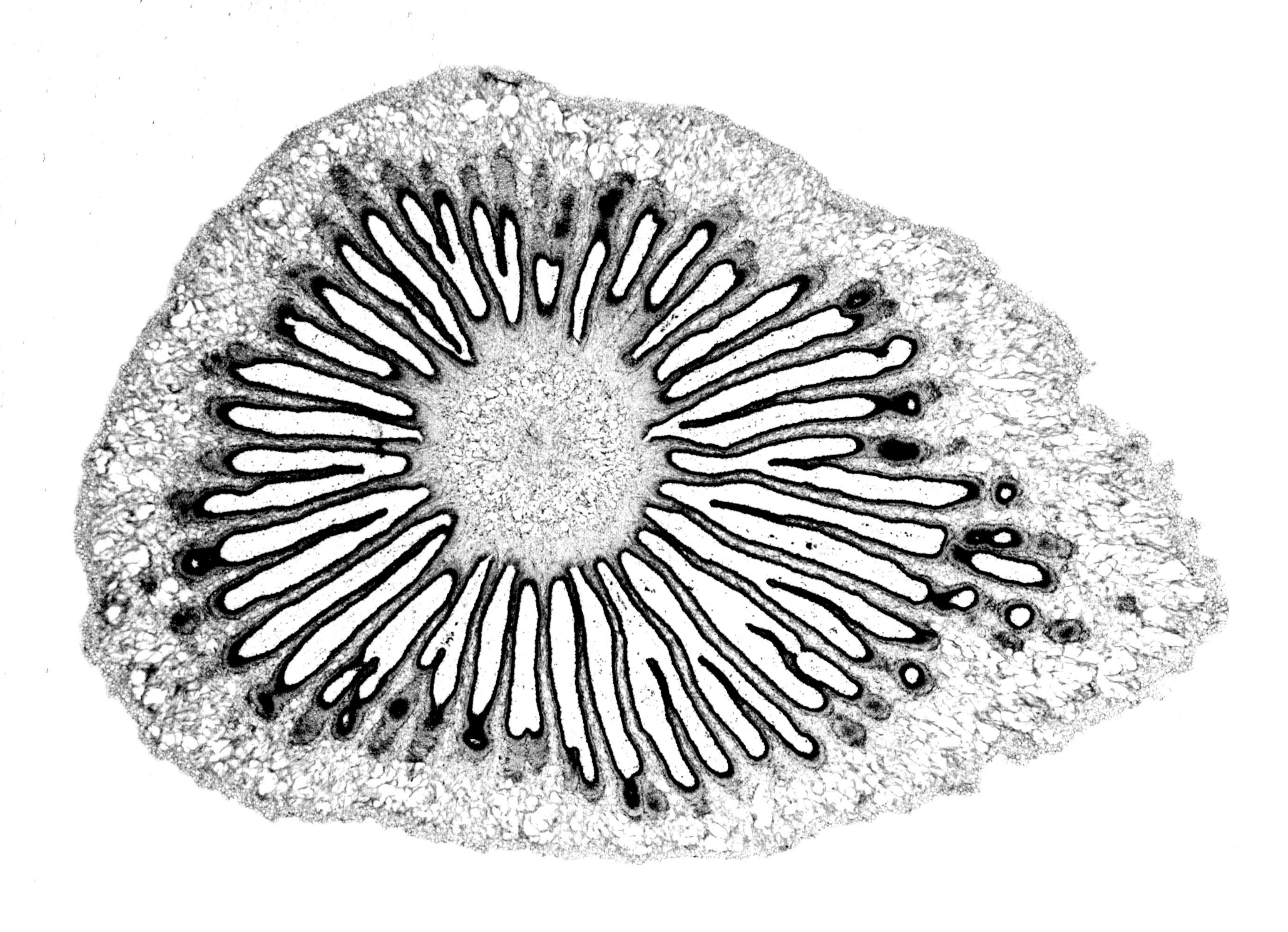

위쪽: 버섯Mushroom의 주름살gill과 갓cap (광학현미경 사진)
아가리쿠스Agaricus 속에는 먹을 수 있는 버섯도 많지만, 독성이 강한 버섯도 있다. 그것들은 독성에 상관없이 모두 줄기 위에 갓이 달린 전형적인 버섯의 모습을 하고 있다. 이 버섯은 사진 속 횡단면 이미지에서 보이는 것처럼 갓 아랫부분에 포자를 생성하는 공간인 방사형의 주름살을 가지고 있다. 어린 버섯은 이 조직막으로 주름살을 보호하고, 줄기 주위가 주름진 스커트(균륜annulus라 함) 모양으로 성장한다.
(배율: 10cm 너비에서 11배)

오른쪽: 새둥지버섯Bird's nest mushroom (광학현미경 사진))
새둥지버섯은 썩어서 쓰러진 통나무에서 자라는 작은 컵 모양의 균류이다. 사진 속 둥지에 있는 '알'(소피자peridioles라고 함)은 버섯의 포자가 생성되는 곳이다. 위에서 보면 포자는 둥근 원반 모양이며, 이 포자가 분산되는 방법은 놀라울 정도로 기발하다. 빗방울이 정확한 각도로 둥지에 떨어지면 둥지의 가장자리에서 소피자가 튀어 오르는데, 가끔은 둥지에서 1미터 떨어진 곳까지 튕겨 나간다. 그 뒤 동물들이 소피자를 먹고 소화 시켜 배설물로 포자를 방출한다.
(배율: 3.5cm 너비에서 5배)

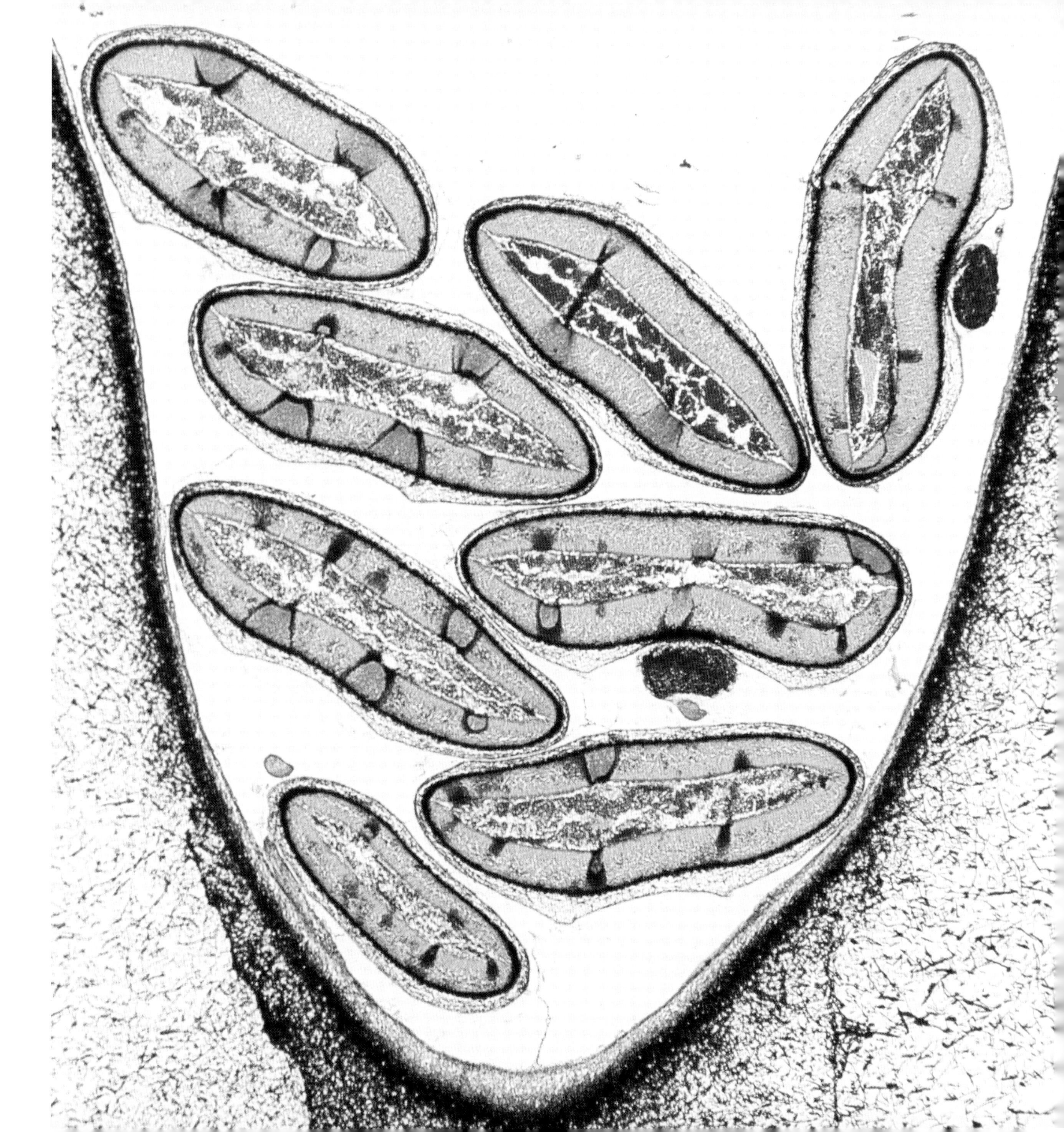

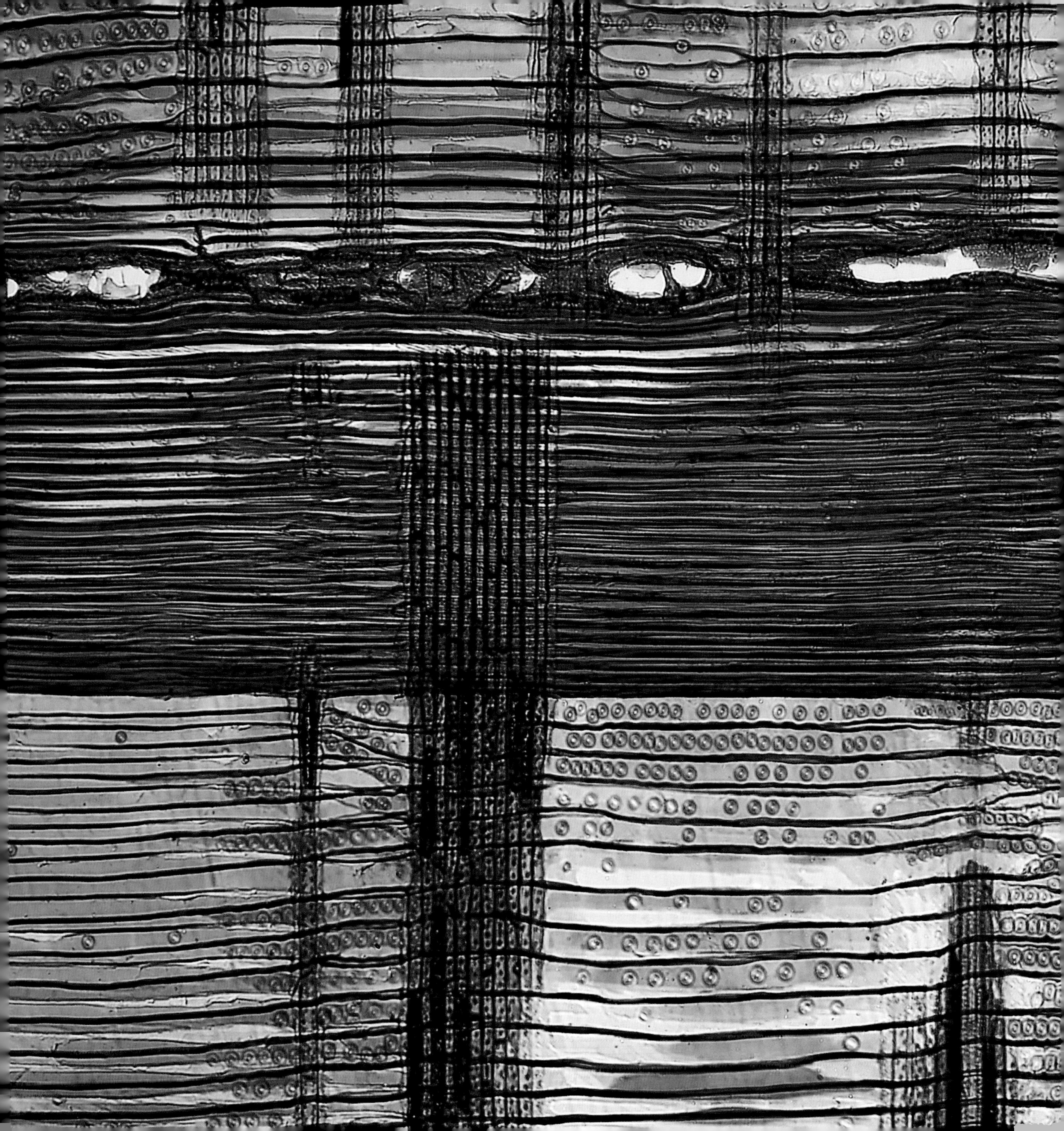

Trees and Leaves 나무와 잎

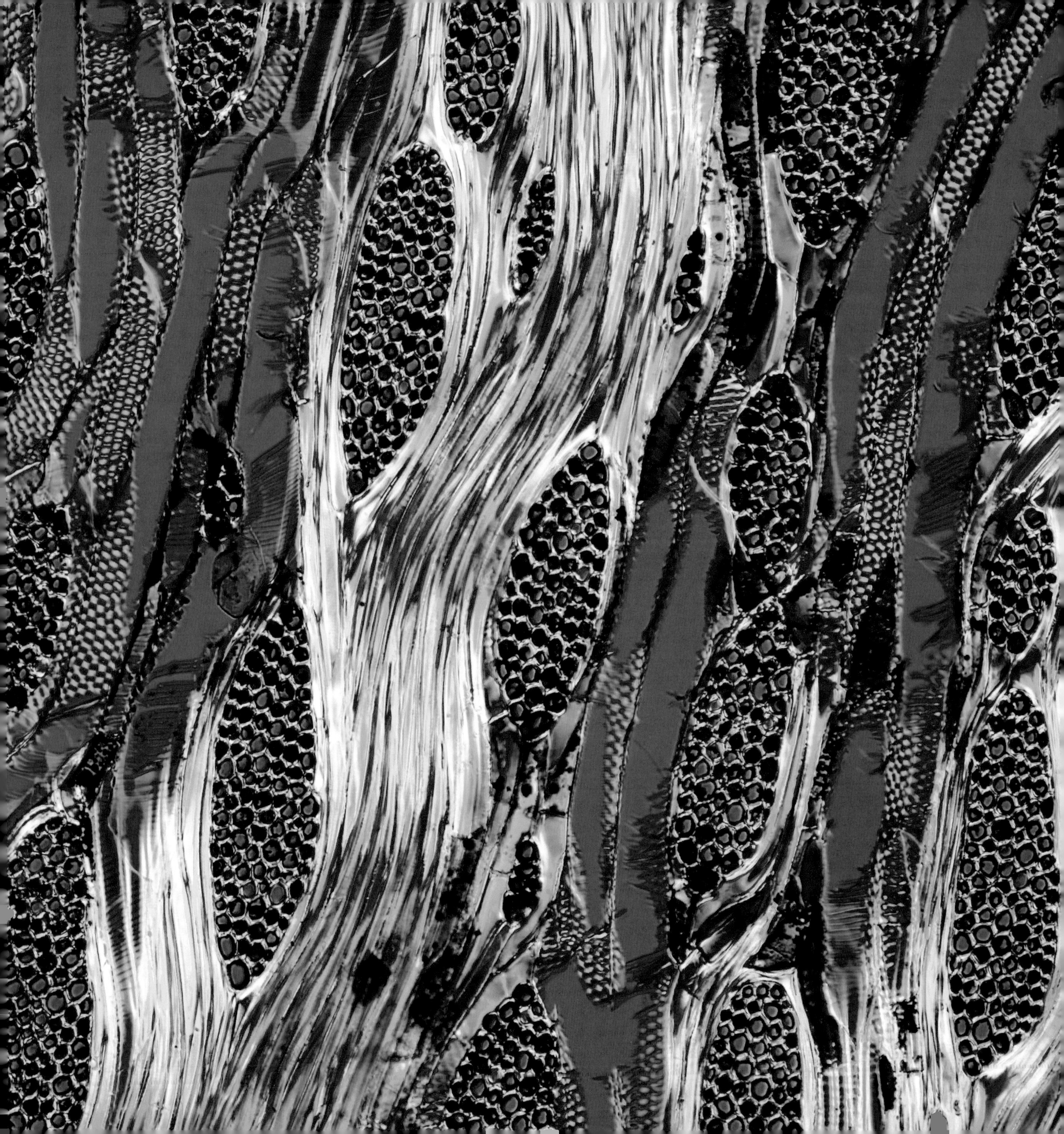

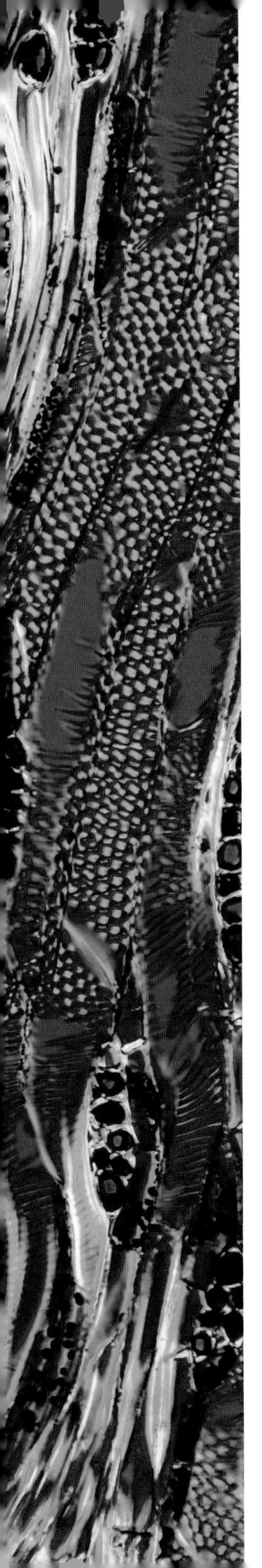

이전 쪽: 잎갈나무Larch wood (편광현미경 사진)
나무를 분류하는 방법 중 하나는
낙엽수deciduous(매년 잎이 떨어지는 것)인지
침엽수coniferous(꽃가루와 난자가 들어 있는
구과cone를 생산하는 것)인지 나누는 것이다. 나무
대부분은 둘 중 하나에 속하는데, 잎갈나무는 이
두 가지 카테고리에 모두 속한다. 잎갈나무는 암수
한 그루에서 솔방울을 키우지만, 가을이 되면
바늘 모양의 잎은 떨어진다. 사진에서 볼 수 있듯
잎갈나무의 나뭇결은 밀도가 높고 내수성water-resistant이 좋아서 보트나 울타리 기둥으로 쓰기
유용한 목재timber이다.
(배율: 10cm 너비에서 27배)

왼쪽: 느릅나무Elm 줄기 (광학현미경 사진)
우리 대부분은 나무를 가로로 잘랐을 때 보이는
동심원 모양의 고리인 나이테tree ring에 대해 잘 알고
있을 것이다. 일부 낙엽수는 나이테가 중심에서
바깥쪽으로 생기기도 한다. 나이테는 나무의
중심(속pith)에서 가장자리까지 필요한 영양분을
운반한다. 사진 속 횡단면에서 검은 부분은 주변부에
있는 수분과 미네랄을 담고 있는 세포들의 관ray이며,
사진은 느릅나무의 섬유를 인공적으로 염색해서 얻은
것이다.
(배율: 10cm 너비에서 100배)

오른쪽: 캐비지야자cabbage palm의 줄기 (광학현미경 사진)
캐비지야자의 괴근swollen root은 식량과 의약품으로
이용하기 위해 폴리네시아Polynesia에서 재배되었다.
또한, 길고 넓고 평평한 잎은 지붕의 재료, 멋을
내거나 의식을 위해 입을 의류의 소재 등 다양한
용도로 사용되었다. 사진의 횡단면 이미지에서 두
개의 관ray(노란색 세포로 둘러싸인)을 볼 수 있는데,
이 관을 통해 야자 줄기의 중심부에서 바깥층으로
영양분이 운반된다. 캐비지야자는 용혈수dragon tree와
관련이 있고, 식물학적으로 아스파라거스과asparagus family의 일부로 여겨진다.
(배율: 알 수 없음)

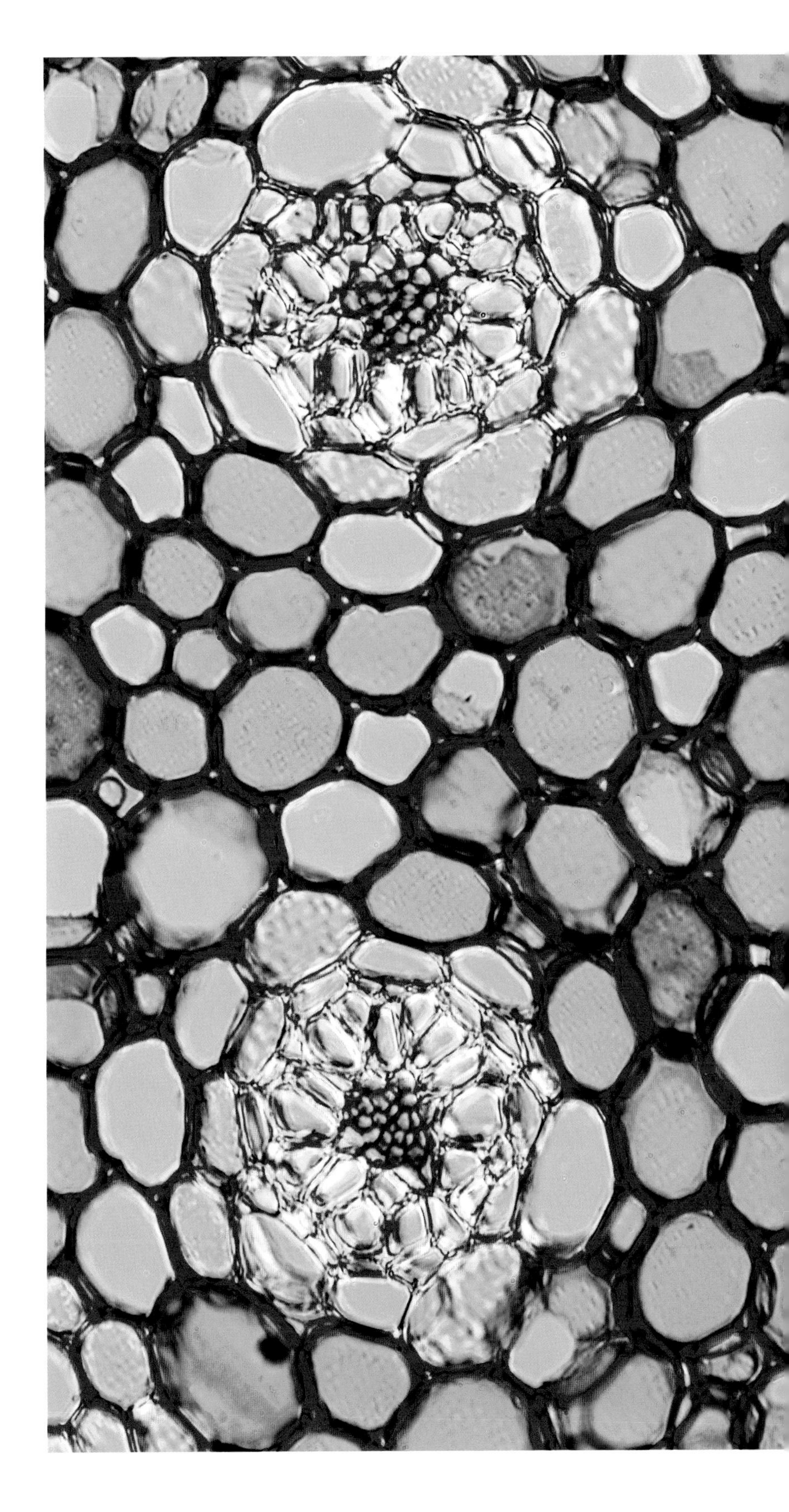

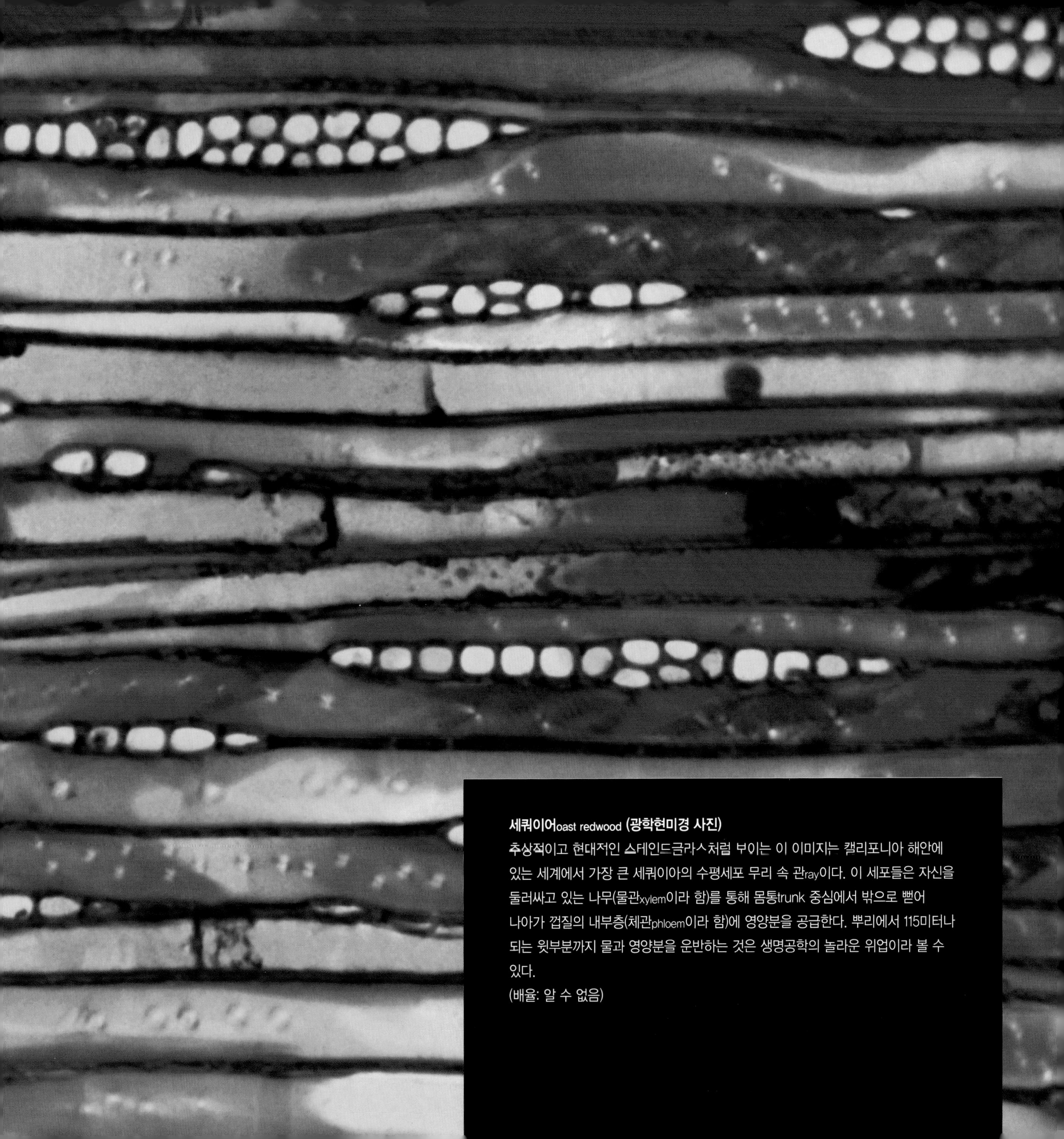

세쿼이어oast redwood **(광학현미경 사진)**
추상적이고 현대적인 스테인드글라스처럼 보이는 이 이미지는 캘리포니아 해안에 있는 세계에서 가장 큰 세쿼이아의 수평세포 무리 속 관ray이다. 이 세포들은 자신을 둘러싸고 있는 나무(물관xylem이라 함)를 통해 몸통trunk 중심에서 밖으로 뻗어 나아가 껍질의 내부층(체관phloem이라 함)에 영양분을 공급한다. 뿌리에서 115미터나 되는 윗부분까지 물과 영양분을 운반하는 것은 생명공학의 놀라운 위업이라 볼 수 있다.
(배율: 알 수 없음)

녹나무Camphor 잎 표면 (주사전자현미경 사진)

녹나무 잎의 진한 녹색 선으로 이루어진 연결망은 왁스를 뽑아내어 잎이 마르지 않도록 도와준다. 옅은 녹색 부분에서 볼 수 있는 움푹 들어간 원형 홈은 잎의 구멍(기공stomata)이다. 각 기공의 구멍은 양쪽에 있는 공변세포guard cell의 압력에 의해 조절된다. 기공은 나무와 공기 간에 기체를 교환해 대기 중의 산소와 이산화탄소의 양을 조절한다.

(배율: 10cm 너비에서 150배)

올리브Olive 잎의 비늘 (주사전자현미경 사진)

이 '꽃'은 사실 올리브 잎에 있는 비늘 모양의 털(모용trichome)이다.
올리브나무(올레아 유로파에아*Olea europaea*)가 자라는 지중해 국가의 덥고 건조하며 바람이 많은 지역적 조건으로 인해 올리브 잎은 사진처럼 수분 손실을 최소화하는 독특한 모양으로 진화했다. 왼쪽 하단부의 기다란 두 개의 구멍이 기공으로, 이곳을 통해 낮 동안 이산화탄소를 흡수하고 산소를 방출한다. 밤에는 이와 정반대의 과정이 일어난다.
(배율: 6cm 너비에서 130배)

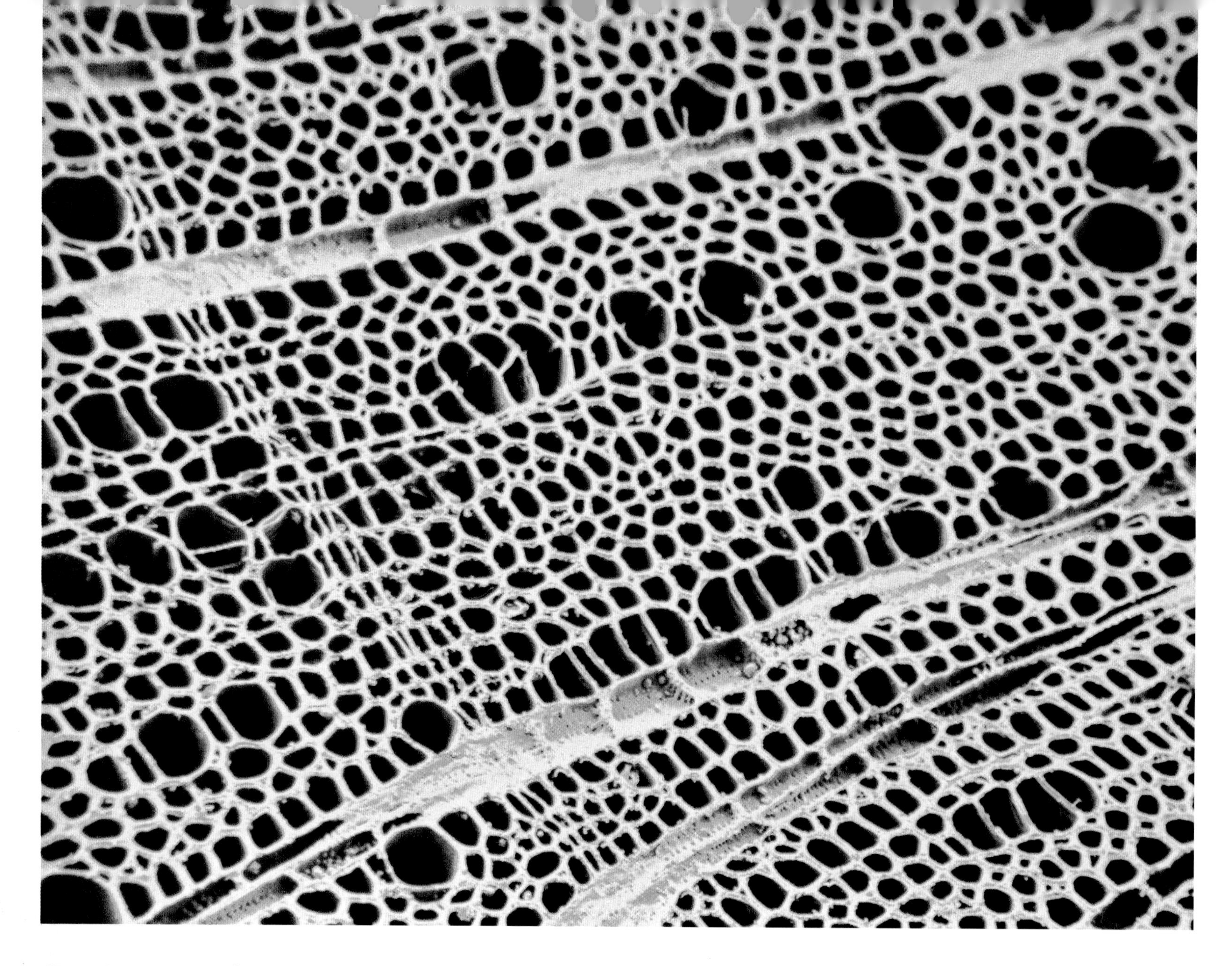

위쪽: 목련Magnolia 목재wood (주사전자현미경 사진)
사진은 목련 나무의 성긴 레이스 같은 섬유 조직(물관 세포)이다. 오른쪽 윗부분에서 왼쪽 아랫부분을 가로지르는 대각선 방향으로 보이는 것이 목련의 영양분을 담고 있는 관이다. 왼쪽 윗부분에서 중앙 아랫부분까지 있는 더 좁은 세포의 흐릿한 줄은 나이테growth ring이다. 이 사진은 꽃 모양에서 이름을 따온 접시목련(소서 매그놀리아saucer magnolia)이다. 미국의 재배품종 중 하나인 매그놀리아x소란게아나(소서 매그놀리아)의 '그레이스 맥데이드Grace McDade'는 지름이 35㎝짜리 접시 모양 목련을 피운다.
(배율: 10cm 너비에서 400배)

오른쪽: 생이가래(살비니아 나탄스Salvinia natans) (주사전자현미경 사진)
생이가래는 물에 뜬 채로 살아가는 양치식물fern이다. 생이가래의 잎은 교반기 모용(달걀 거품을 일게 하는 기구 모양의 털)이라 불리는 4개의 털로 이루어져 있다. 작은 왁스 방울로 덮여 있는 교반기 모용은 방수water-repellent 처리가 되어있어서 잎 전체에 공기층을 가둬두기 때문에 물에 뜨고 썩지 않는다. 그렇지만 그 털들이 만나는 끝부분은 방수 처리가 되어있지 않아 물이 식물을 잡아 주고, 공기층을 더욱 안정시켜 준다. 이 '살비니아 효과salvinid effect'는 해양 건축 분야에서 선박의 항력을 감소시켜 연료 소비를 줄이는 방법으로써 연구 중이다.
(배율: 10cm 너비에서 100배)

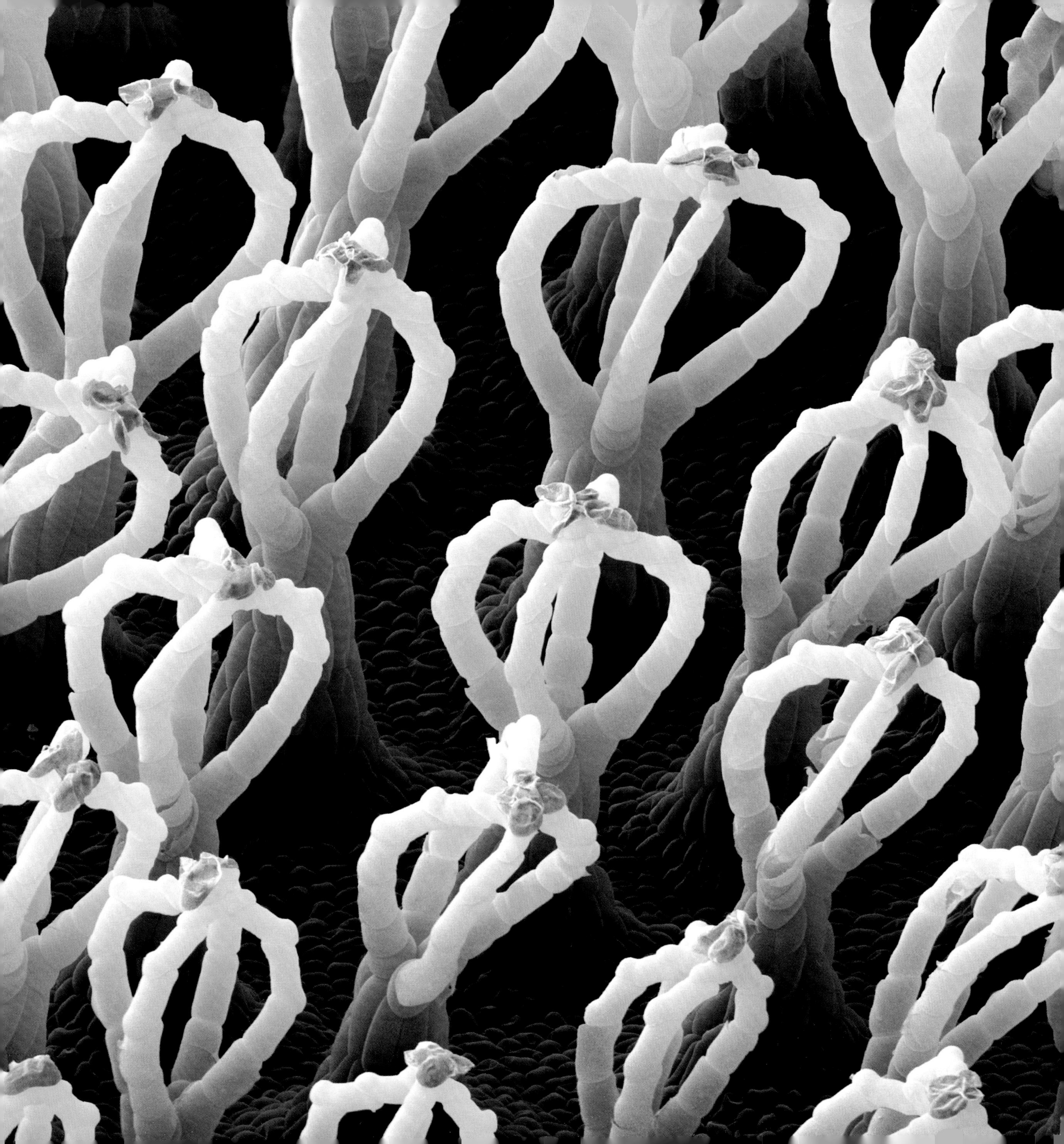

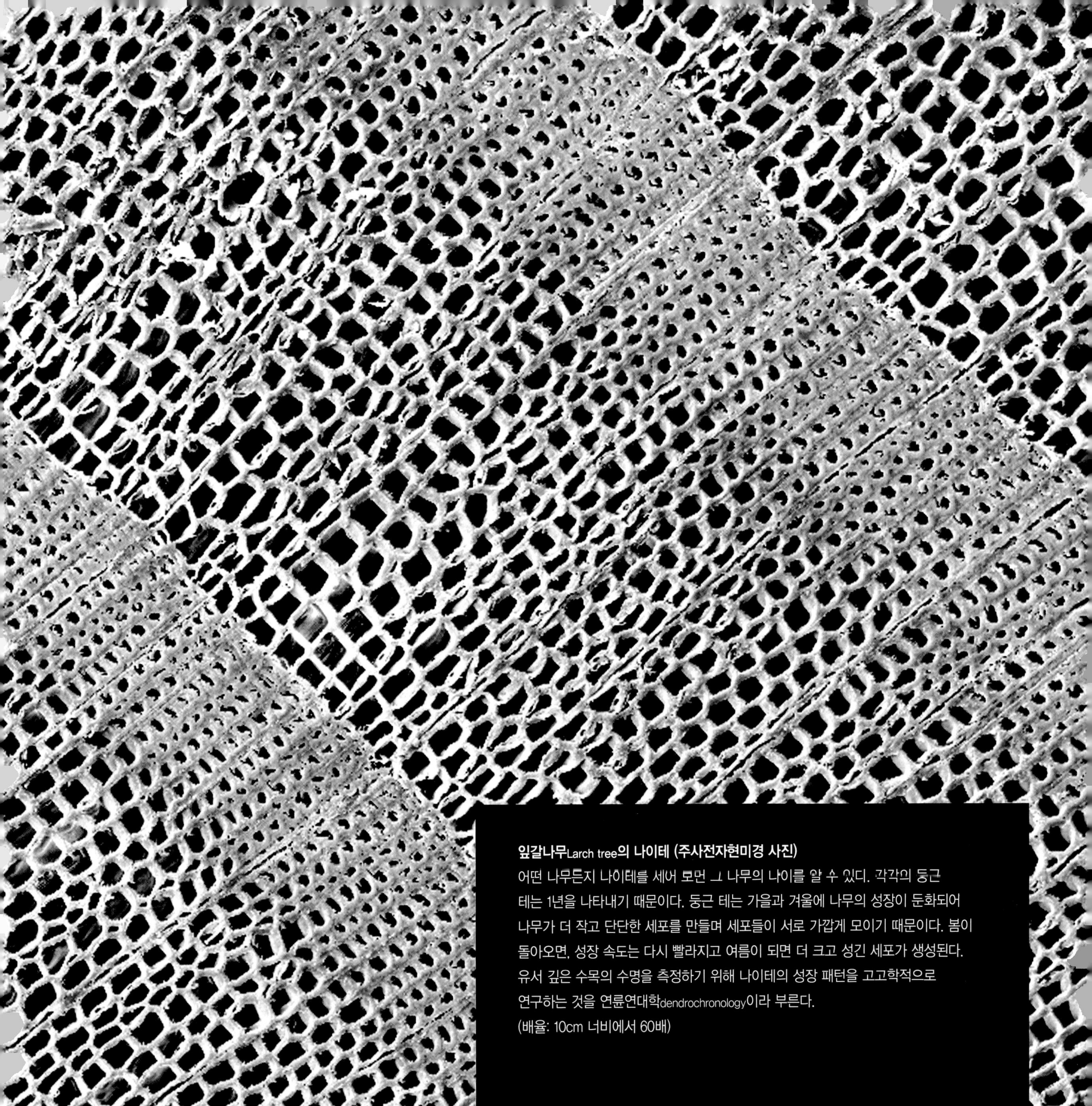

잎갈나무Larch tree의 나이테 (주사전자현미경 사진)
어떤 나무든지 나이테를 세어 보면 그 나무의 나이를 알 수 있다. 각각의 둥근 테는 1년을 나타내기 때문이다. 둥근 테는 가을과 겨울에 나무의 성장이 둔화되어 나무가 더 작고 단단한 세포를 만들며 세포들이 서로 가깝게 모이기 때문이다. 봄이 돌아오면, 성장 속도는 다시 빨라지고 여름이 되면 더 크고 성긴 세포가 생성된다. 유서 깊은 수목의 수명을 측정하기 위해 나이테의 성장 패턴을 고고학적으로 연구하는 것을 연륜연대학dendrochronology이라 부른다.
(배율: 10cm 너비에서 60배)

미국참나무American red oak **잎 (광학현미경 사진)**
초록색 기린의 피부처럼 일정한 모양이 없는 패턴들은 미국 동부에서 흔히 볼 수 있는 미국참나무의 3차 잎맥vein이다. 가운데잎줄midrib은 잎의 중심부에서 밑으로 끝까지 뻗어 있다. 여기에서 2차 잎맥이 양쪽으로 분리되는데, 일반적으로 평행하지만 때때로 잎의 가장자리에 더 가깝게 가지를 친다. 2차 잎맥 사이의 세포구조는 3차 잎맥에 의해 만들어진다.
(배율: 10cm 너비에서 60배)

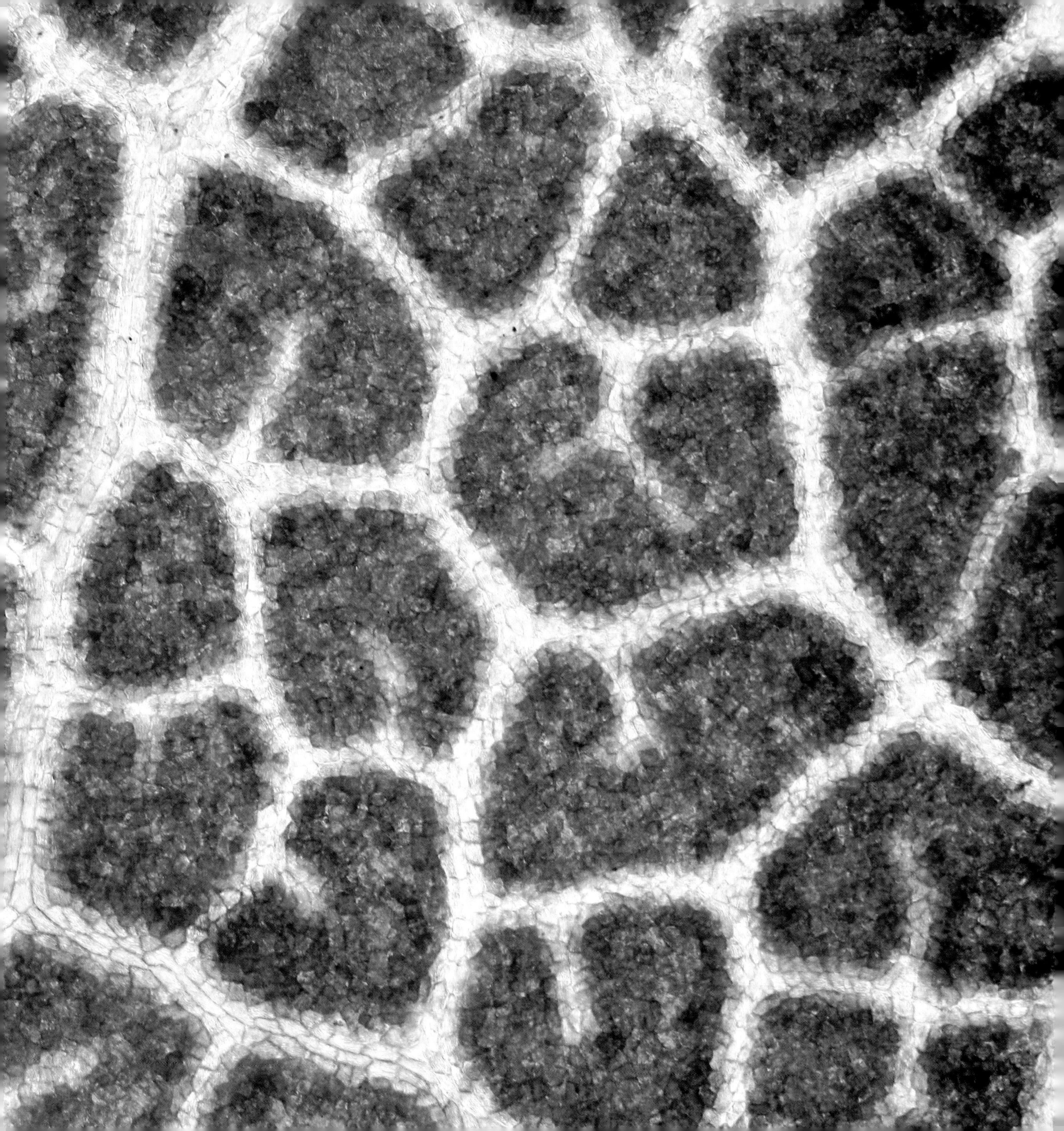

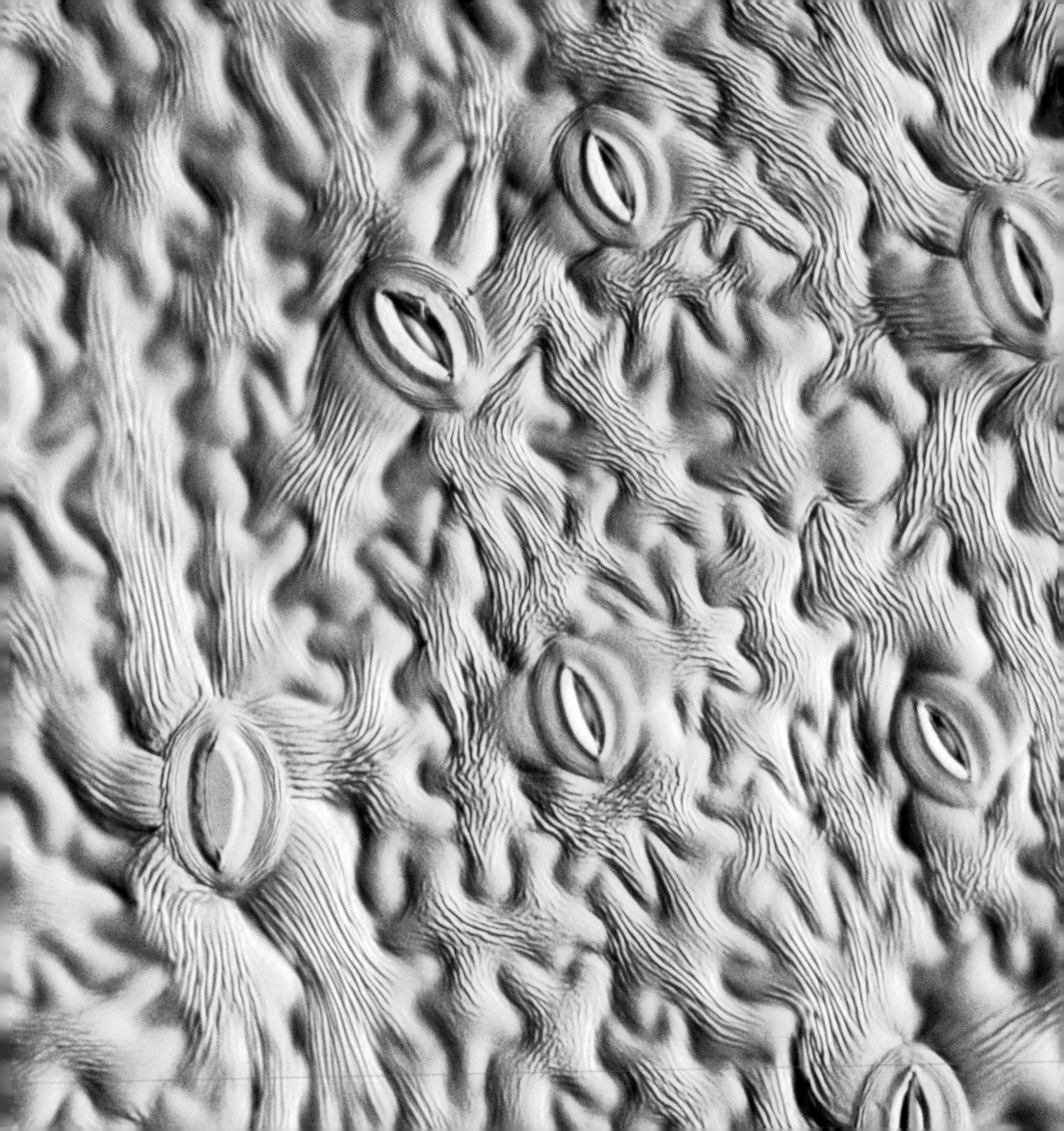

왼쪽: 나이 든 잎의 표면 (광학현미경 사진)

이 이미지에서 '입'처럼 보이는 게 나이 든 잎의 기공이다. '입술'처럼 생긴 부분은 가스를 교환할 수 있게 양쪽을 팽창하고 수축해서 기공을 여닫는 공변세포이다. 낮 동안 식물은 광합성의 부산물byproduct인 산소를 내뿜고, 새로운 세포를 자라게 하는 유일한 탄소 공급원인 이산화탄소를 들이마신다. 밤에는 이산화탄소를 내뿜고 산소를 들이마신다. 나무는 진정한 지구의 폐이다.
(배율: 3.5cm 크기에서 200배)

오른쪽: 브라질 리아나Brazilian liana (광학현미경 사진)

열대우림tropical forest 지역에서 자라는 덩굴식물vines인 리아나는 자신에게는 중요하나 그 주변 나무의 성장을 저해할 수 있는 통로를 만들어 낸다. 리아나와 다른 나무들은 빛과 영양분을 얻기 위해 경쟁하는데, 리아나와 연결되어 쓰러져버리는 나무는 2차적으로 다른 나무도 넘어뜨릴 수 있기 때문이다. 이 횡단면 이미지에서 원형 구조는 덩굴의 중심 섬유인 나무 다발이다. 나무 다발들은 나란히 성장하면서 덩굴에 유연성을 준다. 이를 둘러싸고 있는 빨간색 영역은 덩굴의 외벽outer walls에 영양분을 공급해 주는 관이다.
(배율: 알 수 없음)

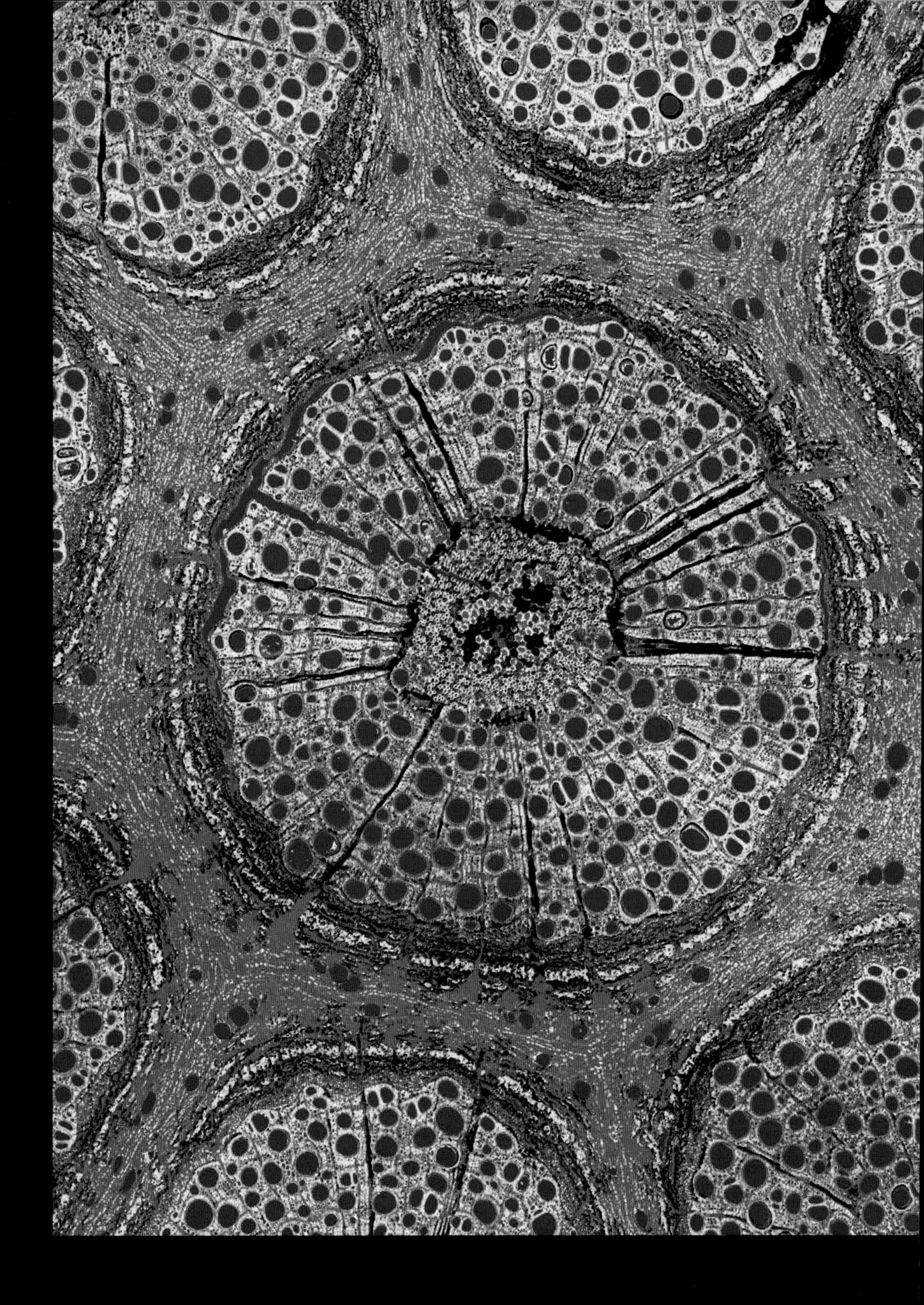

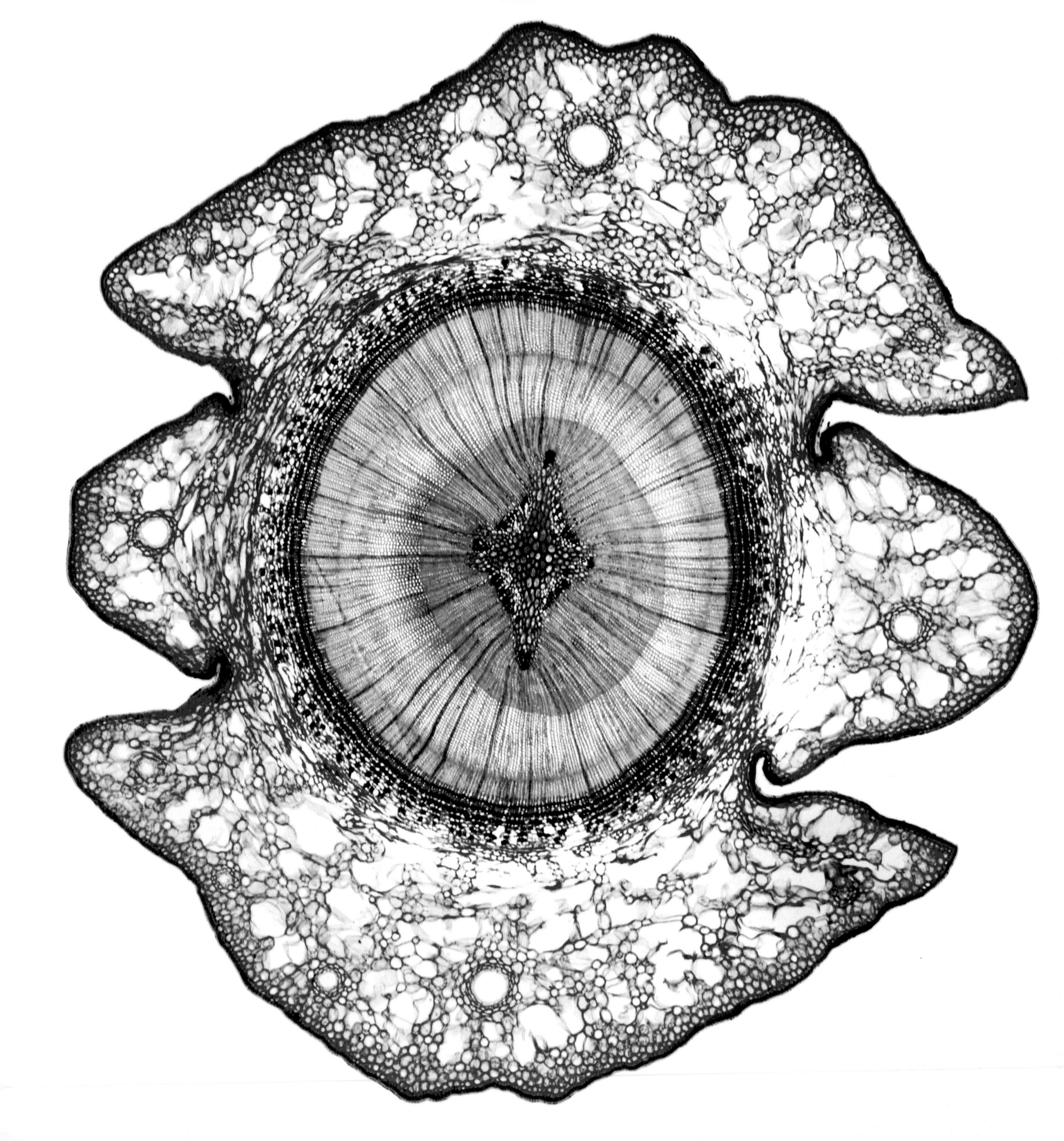

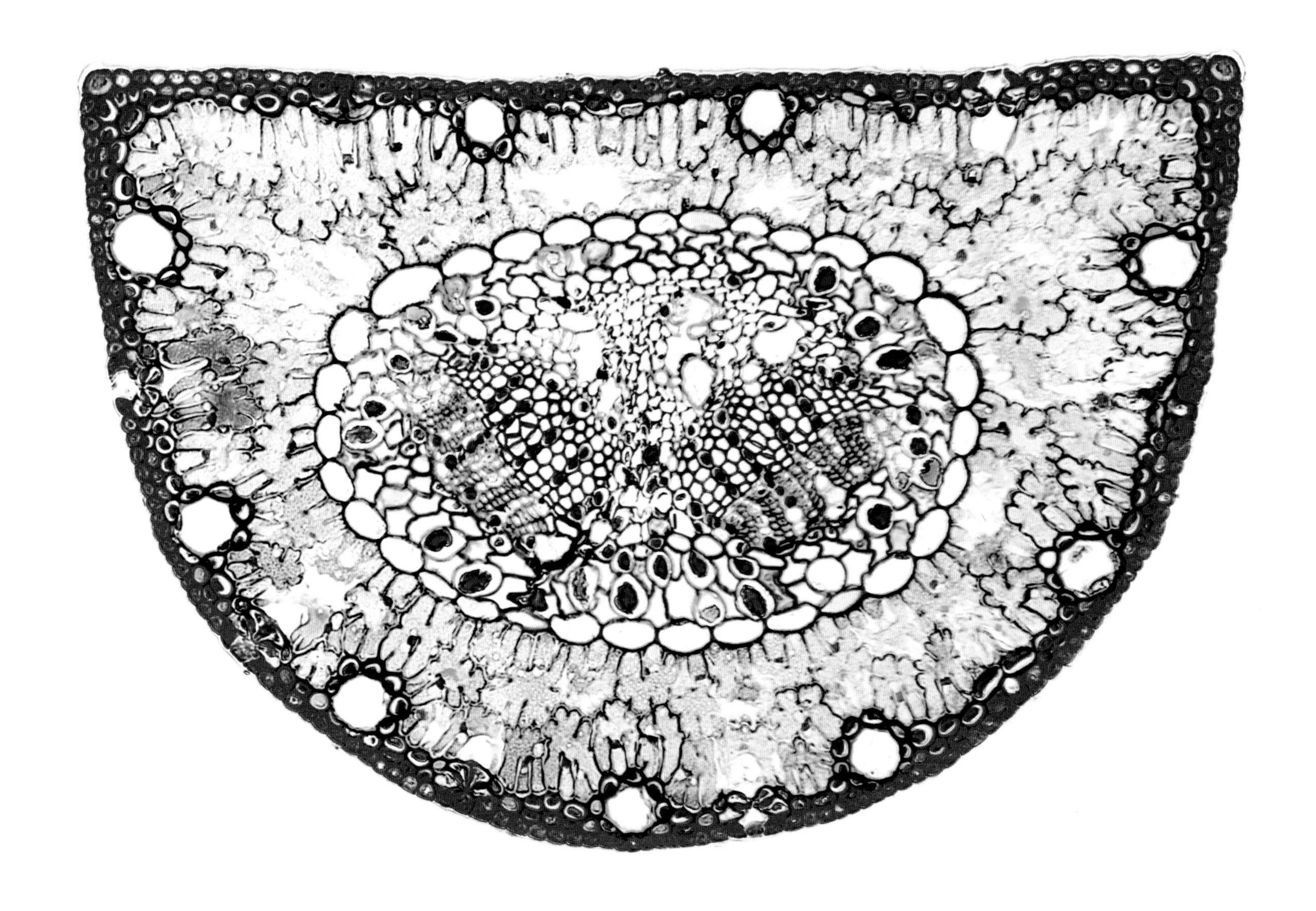

왼쪽: 편백 Japanese cypress **나무의 줄기 (광학현미경 사진)**
편백나무 싹의 횡단면에서 방사형으로 뻗어 있는 주황색 물질이 목재(물관 세포)이다. 그 위에 있는 검정과 분홍색 고리는 내피inner bark의 체관 세포이다. 물관과 체관 사이에 연속적인 빨간색 고리는 형성층cambium이다. 형성층 안쪽은 물관 세포로, 바깥쪽은 체관 세포로 성장한다. 줄기 주변의 네 개의 판lobe은 희귀한 형태의 잎으로, 오직 하나의 잎맥(각 판의 원)을 가지며 싹의 표면과 융합되어 있다.
(배율: 10cm 너비에서 14배)

오른쪽: 솔잎pine needle **(광학현미경 사진)**
솔잎은 건조한 기후에서 수분 증발을 최소화하기 위해 진화한 형태의 나뭇잎이다. 소나무는 솔잎에 의존해 광합성을 하는데, 두꺼운 세포로 이루어진 주황색 껍질(표피epidermis) 안에 있는 초록색 세포(잎살mesophyll)에 의해 광합성이 일어난다. 표피 안쪽에 있는 흰색 고리는 레진 채널resin channel이다. 이 커다란 흰색 세포(내피endodermis) 고리는 나무와 솔잎 간에 물과 영양분을 운반한다. 레진 채널은 파란색 체관 세포와 빨간색 물관 세포를 둘러싸고 있다.
(배율: 10cm 너비에서 46배)

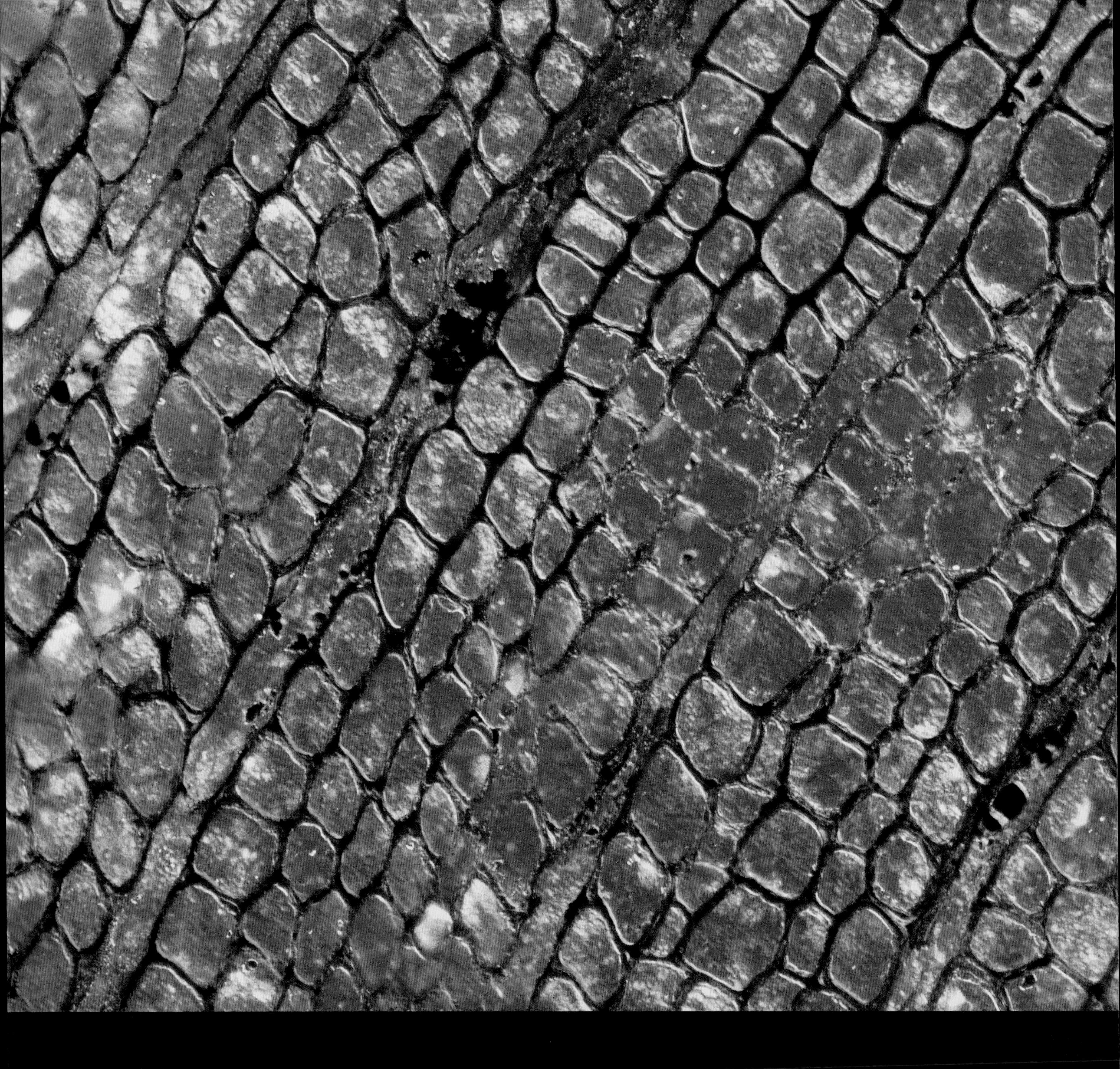

왼쪽: 화석목 Fossil wood **(광학현미경 사진)**
사진은 3억 7천 5백만 년이나 된 칼릭실론 뉴베리Callixylon newberryi라는 목재 화석의 조각이다. 이 종은 큰 숲에서 자란 종 중 하나이다. 그 시기(데본기Devonian age 후반)의 날씨는 지금보다 더 따뜻하고 건조했으며, 이 칼릭실론 뉴베리가 오늘날 침엽수conifers의 조상이다. 데본기 동안 산림이 확장되며 대기 중의 이산화탄소가 감소하였다. 식물들이 탄소를 자기 안에 가두었고, 이어지는 석탄기Carboniferous에 전 세계의 석탄층coal deposits 다수가 형성되었다.
(배율: 7cm 너비에서 80배)

오른쪽: 개버즘단풍나무sycamore maple
줄기(광학현미경 사진)
사진 속 줄기의 빨간색 바깥층에 코르크층이 포함되어 있고, 이 층은 혹독한 겨울 날씨 속에서 개버즘단풍나무(그리고 다른 나무들)를 보호하기 위해 가을 동안 자란다. 겨울이 지나고 봄에는 새싹이 나타나는데(오른쪽, 줄기의 위아래) 이 싹에서 처음 잎이 나고, 늘어지는 옅은 녹색의 꽃들이 핀다. 가을에 떨어지는 날개 달린 씨앗(익과samaras)은 회전하며 바람을 타고 더 멀리 날아간다.
(배율: 알 수 없음)

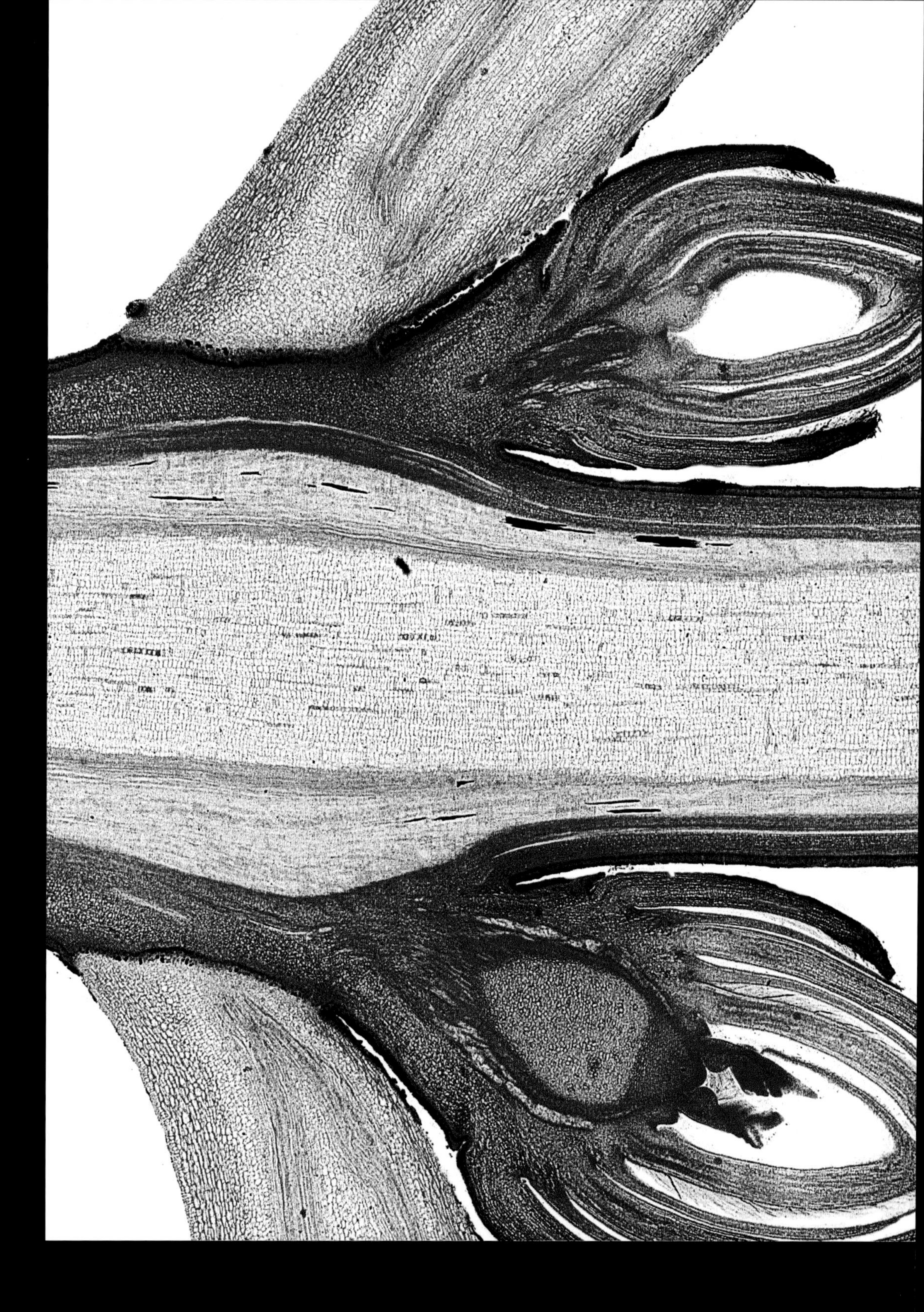

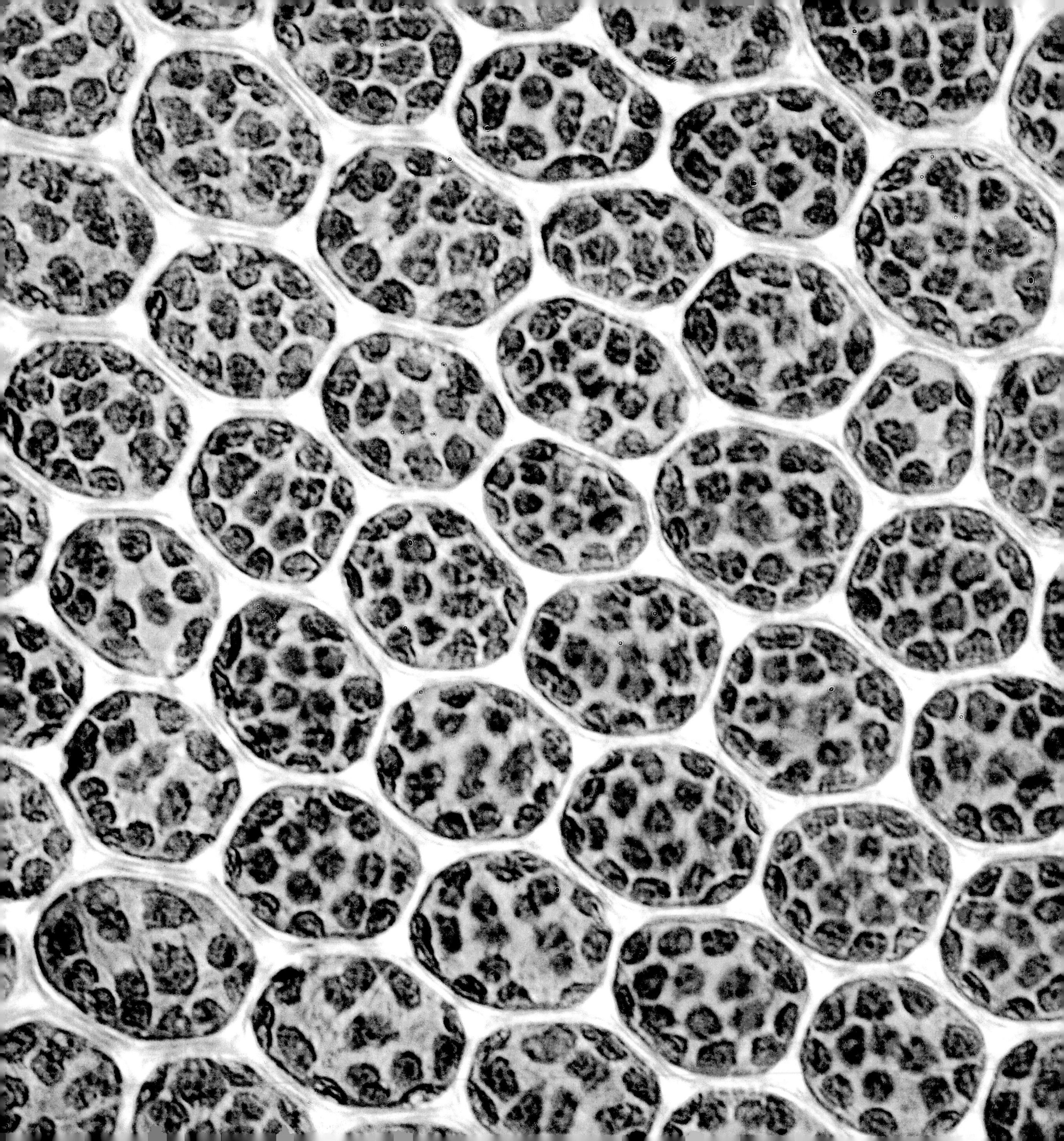

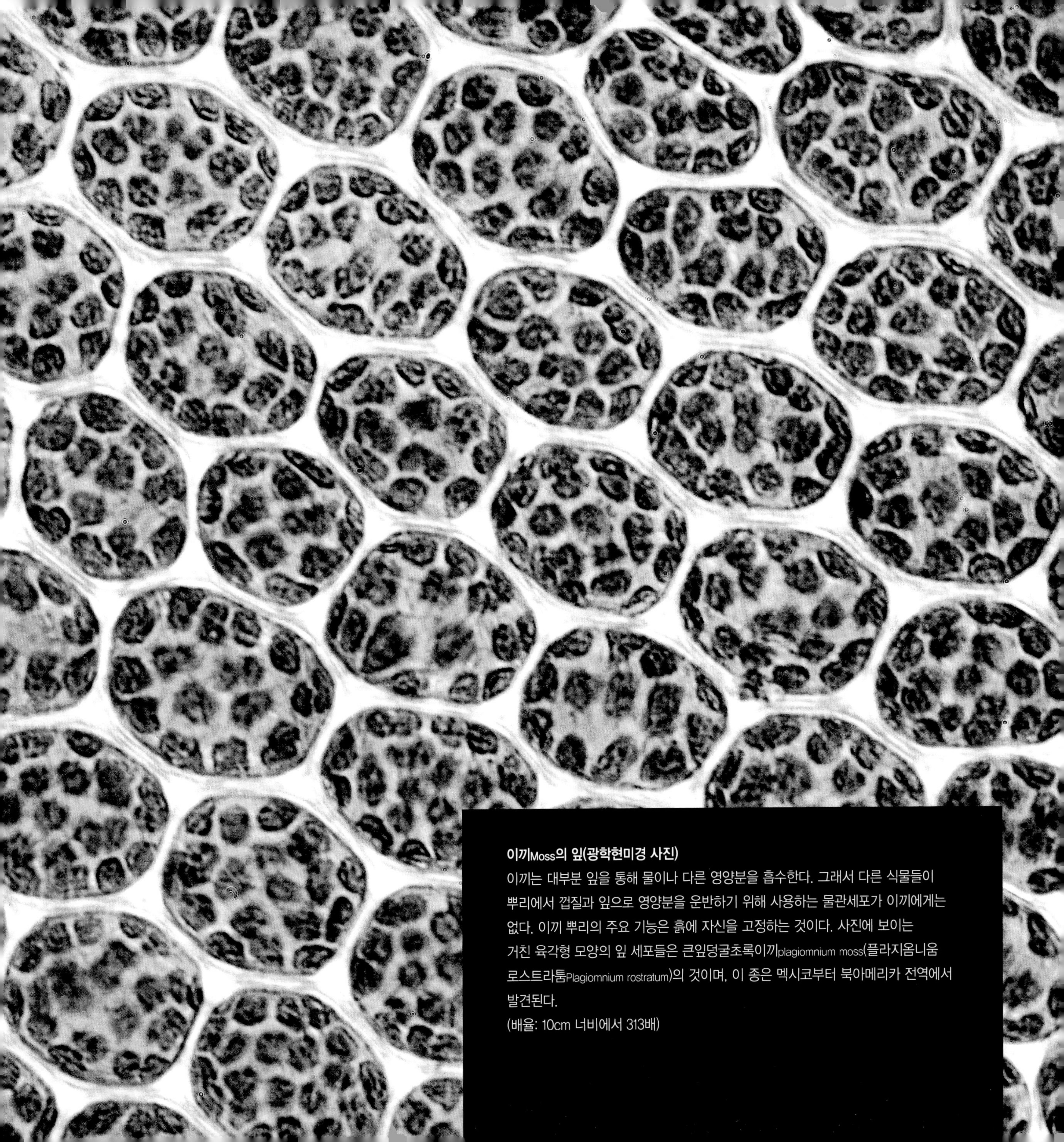

이끼Moss의 잎(광학현미경 사진)

이끼는 대부분 잎을 통해 물이나 다른 영양분을 흡수한다. 그래서 다른 식물들이 뿌리에서 껍질과 잎으로 영양분을 운반하기 위해 사용하는 물관세포가 이끼에게는 없다. 이끼 뿌리의 주요 기능은 흙에 자신을 고정하는 것이다. 사진에 보이는 거친 육각형 모양의 잎 세포들은 큰잎덩굴초록이끼plagiomnium moss(플라지옴니움 로스트라툼Plagiomnium rostratum)의 것이며, 이 종은 멕시코부터 북아메리카 전역에서 발견된다.

(배율: 10cm 너비에서 313배)

왼쪽: 물이끼Sphagnum moss (광학현미경 사진)
사진은 380종의 물이끼 중 하나의 줄기 주변에 모여 있는 잎들이다. 다른 이끼들처럼 물이끼는 물에서 자기 무게의 20배가량을 지탱할 수 있다. 이는 두 종류의 잎 세포를 가지고 있기에 가능한 것이다. 즉, 녹색을 띤 작고 살아 있는 세포는 광합성을 하고, 선명하고 더 큰 죽은 세포는 물을 잡는 것이다. 토탄이끼peat moss라고도 알려진 물이끼는 다른 특별한 식물들의 서식지인 습지 형성에 매우 중요하다. 습지bogs 이전의 땅은 토탄의 주요 원천지이다.
(배율: 10cm에서 100배)

오른쪽: 유럽모래사초(암포필라 아레나리아Ammophila arenaria)의 잎 (광학현미경 사진)
유럽모래사초나 물대 풀Marram grass(여기서는 횡단면)은 북유럽 해안 사구costal dunes를 안정화하는 원천stabilizing native이다. 이것이 없다면 사구가 들판과 건물 등 인간이 사용하는 공간 위를 떠다닐 것이다. 건조한 바람과 빠르게 배수되는 모래 위에서 긴 잎은 털(왼쪽 하단)에 늘어서 있는 뾰족한 보호관을 자체적으로 형성하여 수분을 보존한다. 외부 표면(오른쪽 위)은 왁스를 입혀서 두꺼운 벽과 같다. 물관 세포(사진 속 빨간색)의 기둥이 잎 전체에 영양분을 공급한다.
(배율: 10cm 너비에서 138배)

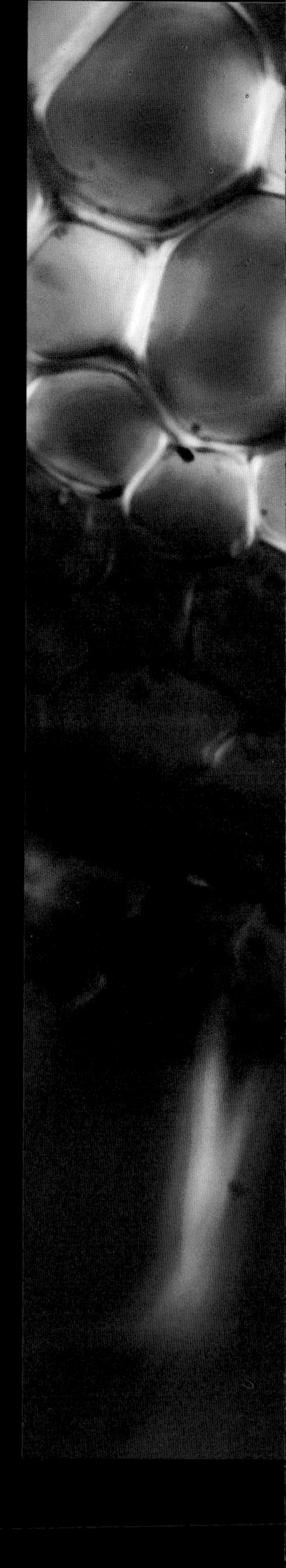

모용Trichomes **(주사전자현미경 사진)**

사진은 멕시코와 미국 남서부에서 유래한 모용으로, 그 부드러운 털과 같은 재질 때문에 플란넬부시flannelbush(촉감이 부드러운 덤불이라는 뜻)라 불린다. 식물들은 혹독한 환경에서 자신을 보호하거나 필수적인 유분 분비 등 다양한 기능을 위해 모용을 발달시켜 왔다. 몇몇 모용은 맛, 질감, 쐐기풀 같은 털 등을 통해 동물들에게 먹히지 않도록 스스로를 보호한다. 모용은 유사한 종을 구별하는 데 매우 중요하며, 모용과 관련해 식물학적으로 많은 용어가 있다. 예를 들어, 강모의hispid(뻣뻣한 털이 많은), 짧고 부드러운 털puberulent(세밀하고 보송보송한), 강모가 있는strigose(모든 같은 방향을 가리키고 있음) 등이 있다.

(배율: 10cm 너비에서 100배)

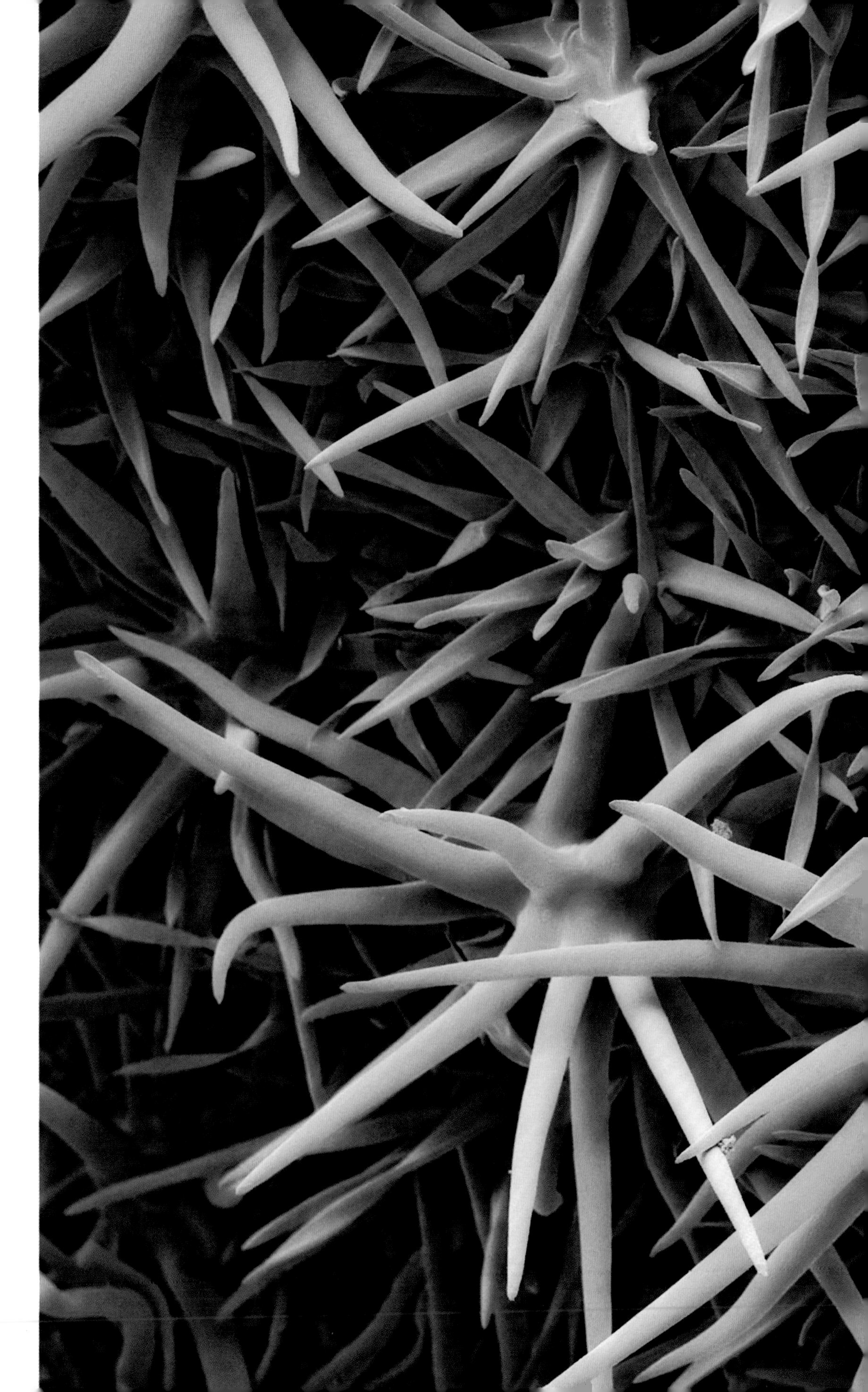

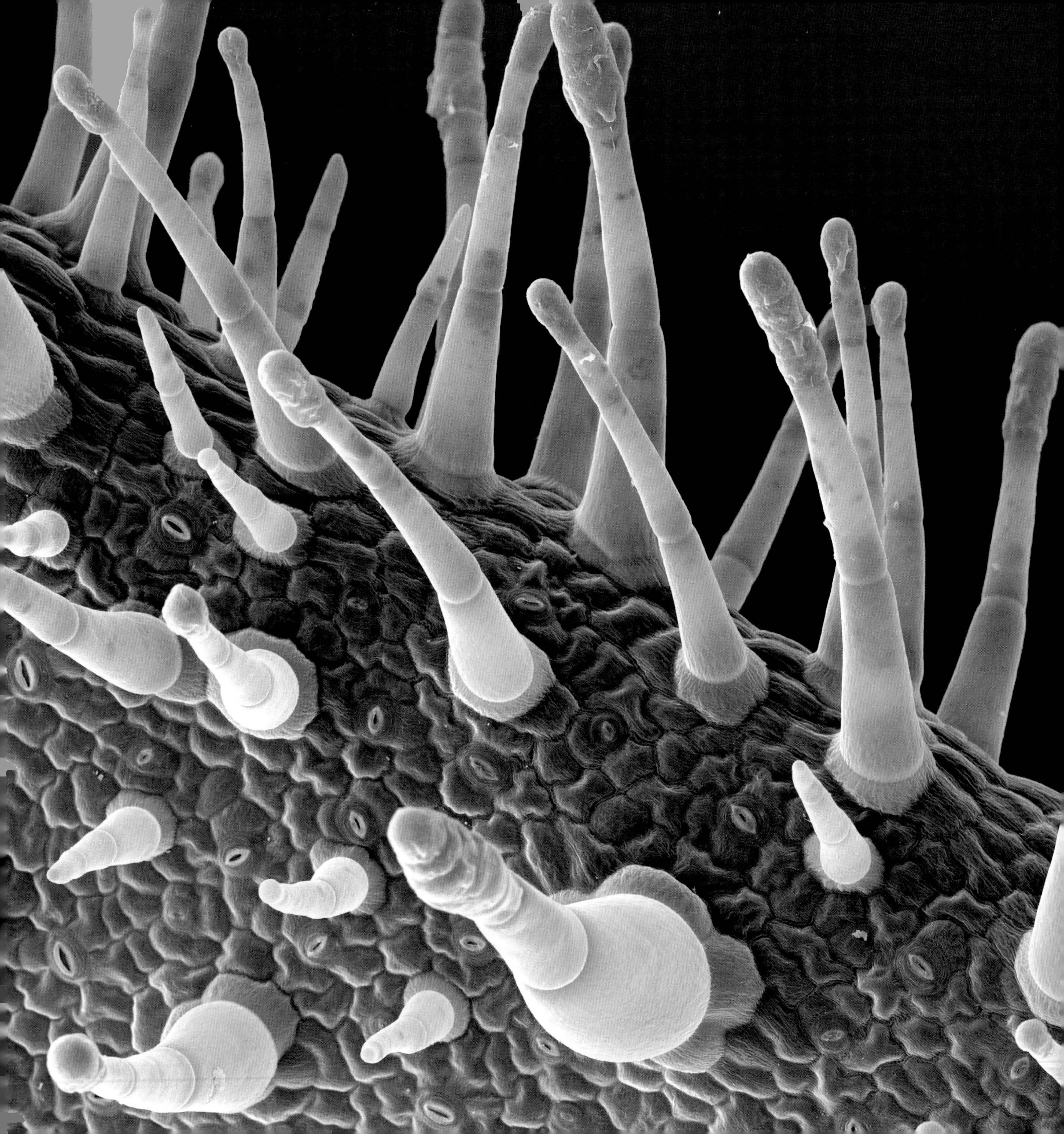

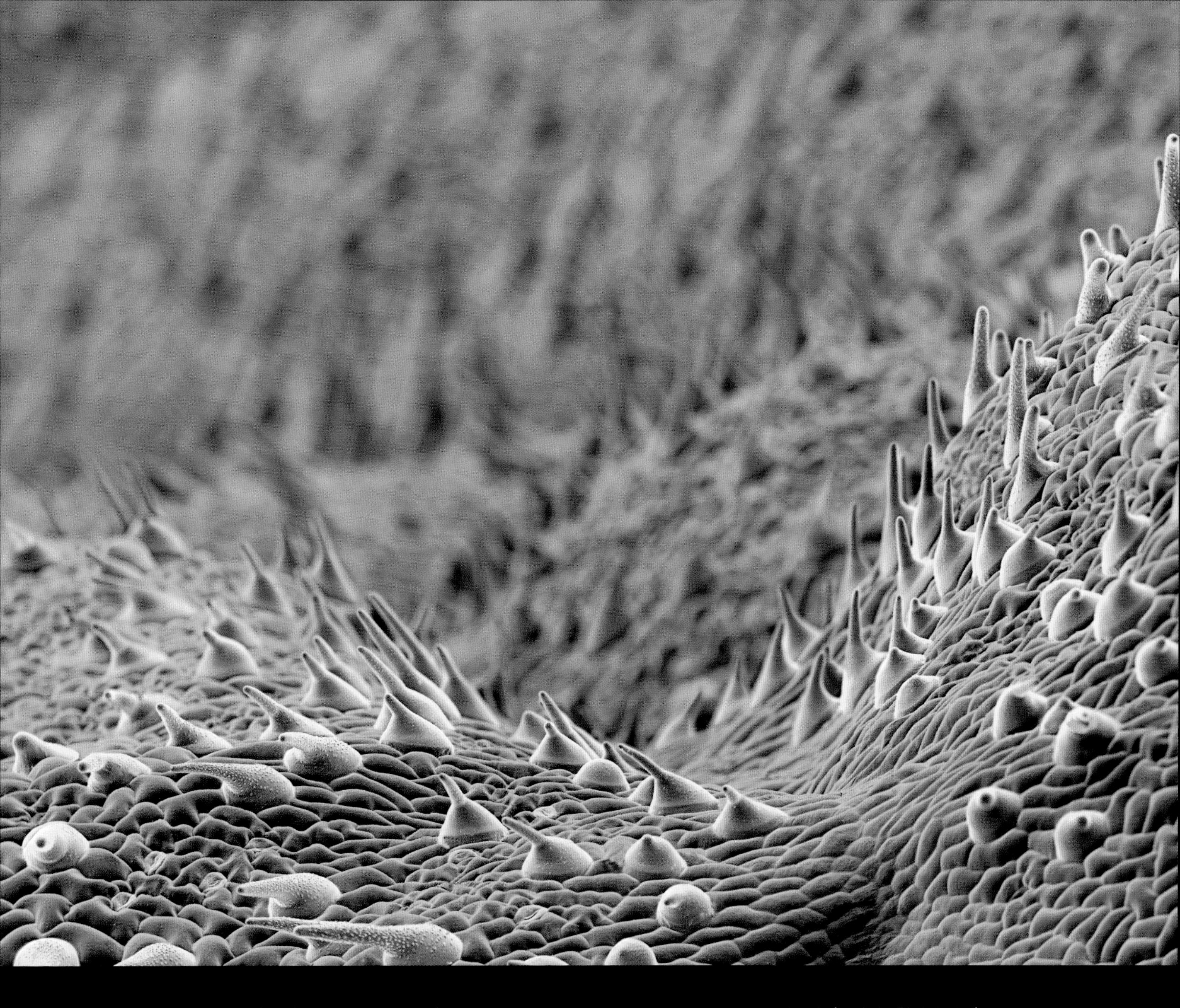

왼쪽: 담배Tobacco(꽃담배Nicotiana alata) 잎 (주사전자현미경 사진)
담뱃잎의 윗부분에 있는 털(모용)은 해충을 막기 위해 역겨운 맛이 나는 화학물질을 분비하는 분비샘gland이다. 이 분비샘을 통해 방출된 화학물질은 테르페노이드terpenoids라고 불리며, 좋은 향이 나는 것은 아로마테라피aromatherapy에 사용된다. 냄새scent 외에도 테르페노이드는 풍미flavor와 색감color을 불러일으킬 수 있다. 이 물질은 모든 생물에서 발견된다. 담배과Tabocco-family의 모용은 많은 양의 디테르페노이드deterpenoids를 방출하는데, 이는 식품과 비타민 산업에 종사하는 생물공학자bio-engineers의 주목을 받는 복잡한 화합물이다.
(배율: 알 수 없음)

위쪽: 대마초Cannabis 잎의 모용 (주사전자현미경 사진)
대마 수지Cannabis resin(대마의 암꽃 끝에서 분비되는 점액, 테트라히드로칸나비놀tetrahydrocannabinol)는 대마Cannabis sativa 잎의 샘털glandular hairs(모용, 여기서 노란색)에서 생성되며, 사진의 초록색 세포가 그것이다. 기분 전환을 위해 대마를 사용하는 사람들은 해시hash가 수지에서 오며 마리화나marihuana는 잎과 꽃에서 만들어진다는 것을 알 것이다. 최초로 대마hemp(다양한 종류의 대마)가 사용된 것은 약 1만 년 전이라고 알려져 있고, AD 900년경에는 아라비아까지 뻗쳤다. 하시시hashish는 풀grass을 뜻하는 아라비아어이다.
(배율: 10cm 너비에서 40배)

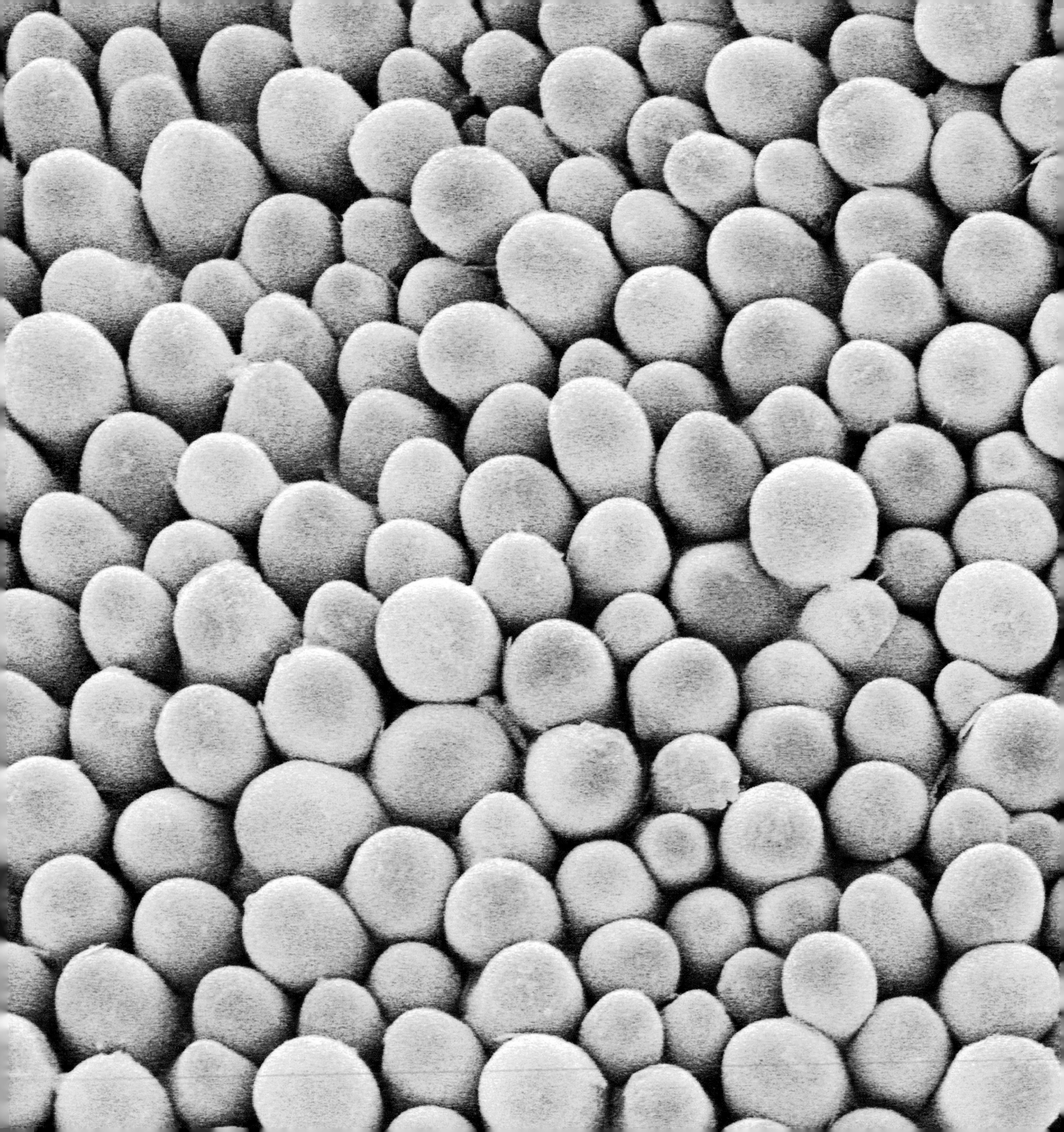

Flowers 꽃

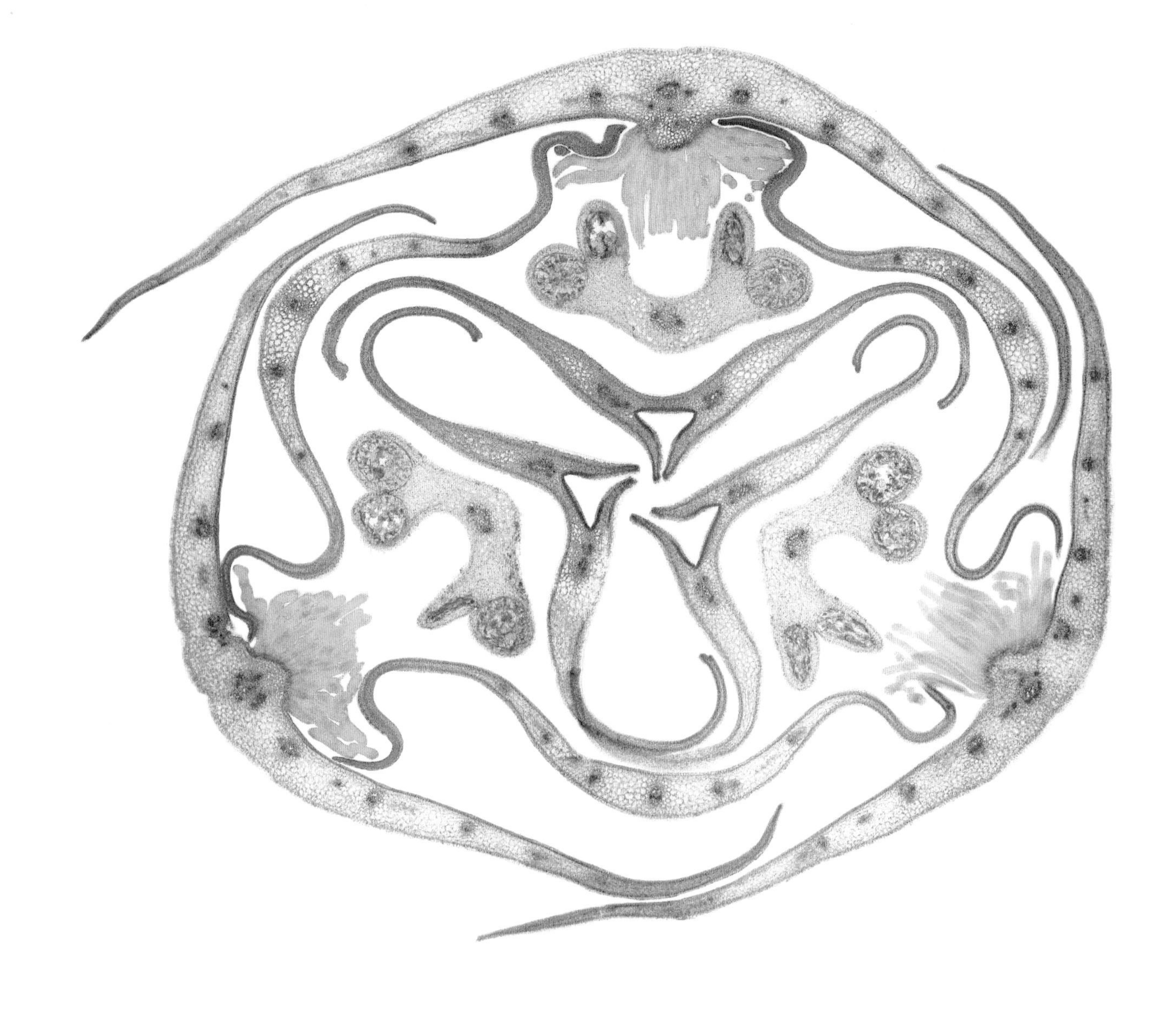

이전 쪽: 유채꽃Rape flower 꽃잎 (주사전자현미경 사진)
식물은 잎과 뿌리에서 영양분을 얻고 있지만, 다음 세대를 위해 성공적으로 씨를 뿌리는 것이야말로 종의 미래를 위해 아주 중요하다. 이를 위해서는 수분pollinate을 해야 한다. 꽃의 무한한 다양성은 벌, 새, 동물 등 꽃가루 매개자를 유인하기 위해 경쟁해온 자연의 법칙이다. 사진은 유채꽃(유채꽃을 의미하는 rape라는 단어는 순무turnip를 뜻하는 라틴어 rapum에서 온 것)의 꽃잎을 자세히 들여다본 것이다. 유채꽃은 씨에서 기름을 얻기 위해 상업적으로 재배하기에 시골 곳곳에서 노란색 담요를 덮어 놓은 듯한 풍경을 볼 수 있다.
(배율: 알 수 없음)

위쪽: 아이리스Iris 싹bud (광학현미경 사진)
꽃받침sepals은 꽃 하단부에 있는 잎이지만, 일부 꽃받침은 위에 있는 꽃잎을 닮아가거나 더 커진 형태로 진화해 왔다. 세 개의 꽃받침 중 가장 바깥쪽 고리는 '수염(사진 속 노란색)'에 유인되어 수분을 돕는 곤충이 내려앉을 수 있게 착륙장의 역할을 한다. 꽃에 도착한 곤충은 꽃가루를 생성하는 꽃밥(갈색)에 닿게 되고, 다음 아이리스로 이동하면서 꽃가루를 전달한다.
(배율: 10cm 너비에서 22배)

오른쪽: 시계꽃Passion flower 싹 (광학현미경 사진)
스페인의 기독교 선교사들은 예수의 고통을 설명하기 위해 시계꽃(영어명인 passion flower의 passion이 예수의 수난을 의미함)을 사용했다. 이 횡단면 이미지에서 다섯 개의 꽃잎 안 작은 원반의 이중 고리가 방사형으로 뻗어가는 수술대filament가 되는데, 이것이 가시관crown of thorns을 상징한다고 말한다. 다섯 개의 꽃밥(4개의 판 모양 구조)은 예수가 당한 다섯 가지 상처이며, 중심에 있는 세 쌍의 암술머리는 십자가에 박은 세 개의 못이라고 했다.
(배율: 10cm 너비에서 8배)

왼쪽: 들갓Wild mustard의 꽃잎 (주사전자현미경 사진)
이 이미지는 들갓 꽃잎 표면의 복잡한 구조를 잘 보여 준다. 이 부분은 작은 돌기papillae라고 하며, 꽃잎이 시드는 원인인 수분 손실을 막아 준다. 꽃은 수분을 도울 벌과 파리를 유인하기 위해 꽃잎 표면을 이용한다. 수분이 끝난 후, 꽃은 가늘고 긴 꼬투리seed pod를 생성하는데, 이는 동물에게만 유독하고 새에게는 해가 없어 새가 식물의 1차 배포자가 된다. (배율: 2.5cm 높이에서 470배)

위쪽: 계시등Chinese fever vine 꽃 (주사전자현미경 사진)
꽃은 꽃가루 매개자를 유인하기 위해 외형과 향기 모두를 사용한다. 사진 속 아름다운 꽃은 이중 접근법을 사용해 파리를 유인하는데, 이는 사람에게는 그다지 매력적이지 않다. 꽃의 이름은 라틴어로 파에데리아 포에티다Paederia foetida이며, 파에데리아과Paederia family는 하수구라는 별명이 있다. 이 꽃의 줄기와 잎은 부서지면 유해한 유황 냄새를 풍긴다. 그런데도 인도의 북동부 지역에서는 향신료로 사용하고, 이름(Chinese fever vine)에서도 볼 수 있듯이 중국 민간에서는 약초로 쓰인다. 이 식물의 다른 이름은 스컹크 덩굴skunk vine이다.
(배율: 알 수 없음)

오른쪽: 애기노랑토끼풀Suckling clover (주사전자현미경 사진)
화피perianth는 꽃잎petals(화관corolla)과 꽃받침sepals(꽃받침calyx)으로 이루어져 있다. 꽃잎과 꽃받침은 잎이 변형되어 만들어진 것이다. 이 사진은 애기노랑토끼풀(트리포리움 두비움Trifolium dubium)의 두상화flower head인데, 작은 꽃florets이라 불리는 수많은 꽃들로 꽃 하나가 이루어진 모습을 확인할 수 있다. 날렵해 보이는 크림색 꽃잎의 화관은 각각 초록색 꽃받침으로 싸여 있다. 트리포리움Trifolium은 세 개의 잎을 의미하며, 이 종은 세 개의 잎을 가진 아일랜드 토끼풀Irish shamrock의 모델이다. 돌연변이를 일으킨 트리포리움은 종종 네 개의 잎을 생산하는데, 이는 행운을 상징한다는 속설이 있다.
(배율: 알 수 없음)

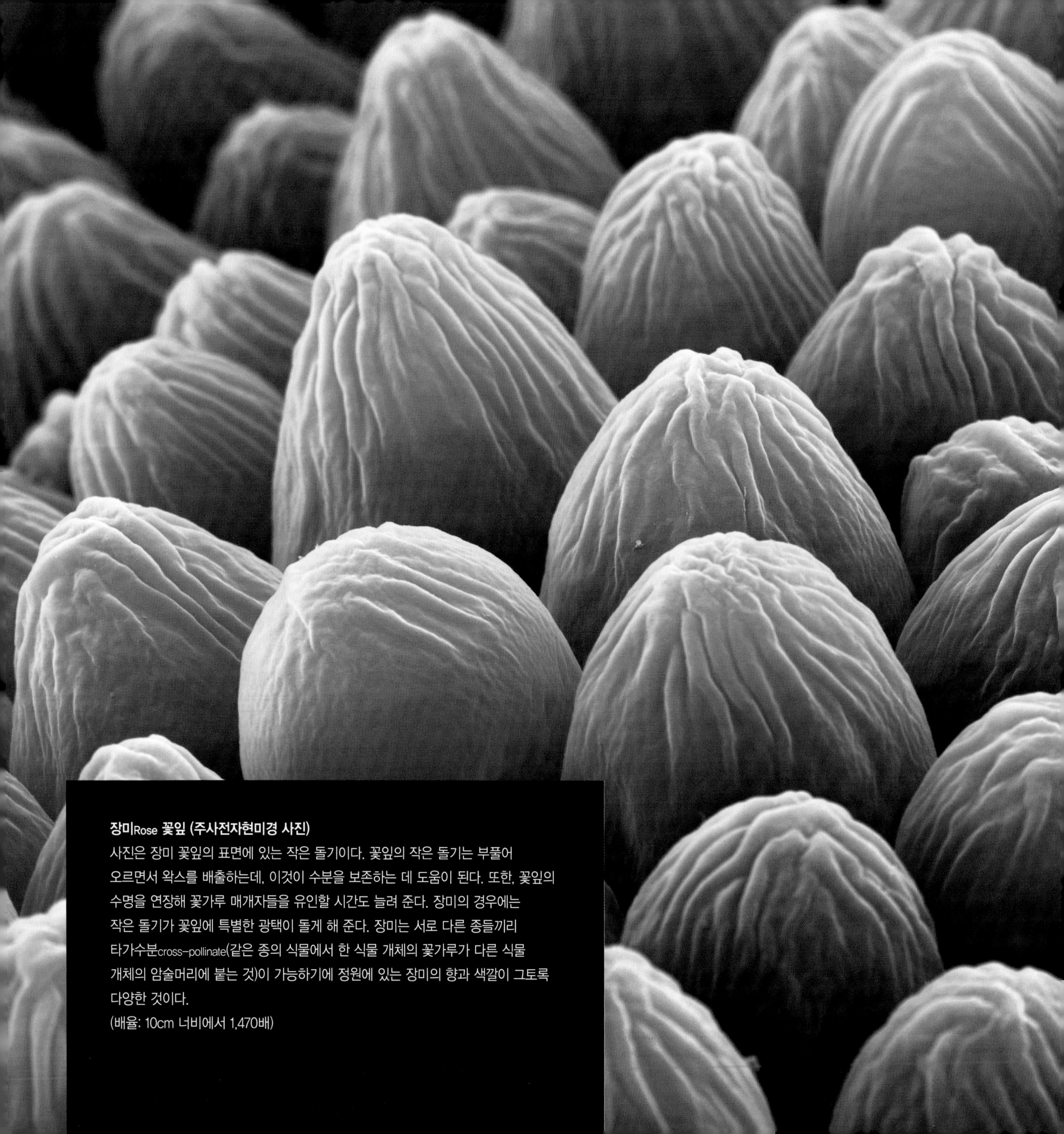

장미Rose 꽃잎 (주사전자현미경 사진)
사진은 장미 꽃잎의 표면에 있는 작은 돌기이다. 꽃잎의 작은 돌기는 부풀어 오르면서 왁스를 배출하는데, 이것이 수분을 보존하는 데 도움이 된다. 또한, 꽃잎의 수명을 연장해 꽃가루 매개자들을 유인할 시간도 늘려 준다. 장미의 경우에는 작은 돌기가 꽃잎에 특별한 광택이 돌게 해 준다. 장미는 서로 다른 종들끼리 타가수분cross-pollinate(같은 종의 식물에서 한 식물 개체의 꽃가루가 다른 식물 개체의 암술머리에 붙는 것)이 가능하기에 정원에 있는 장미의 향과 색깔이 그토록 다양한 것이다.
(배율: 10cm 너비에서 1,470배)

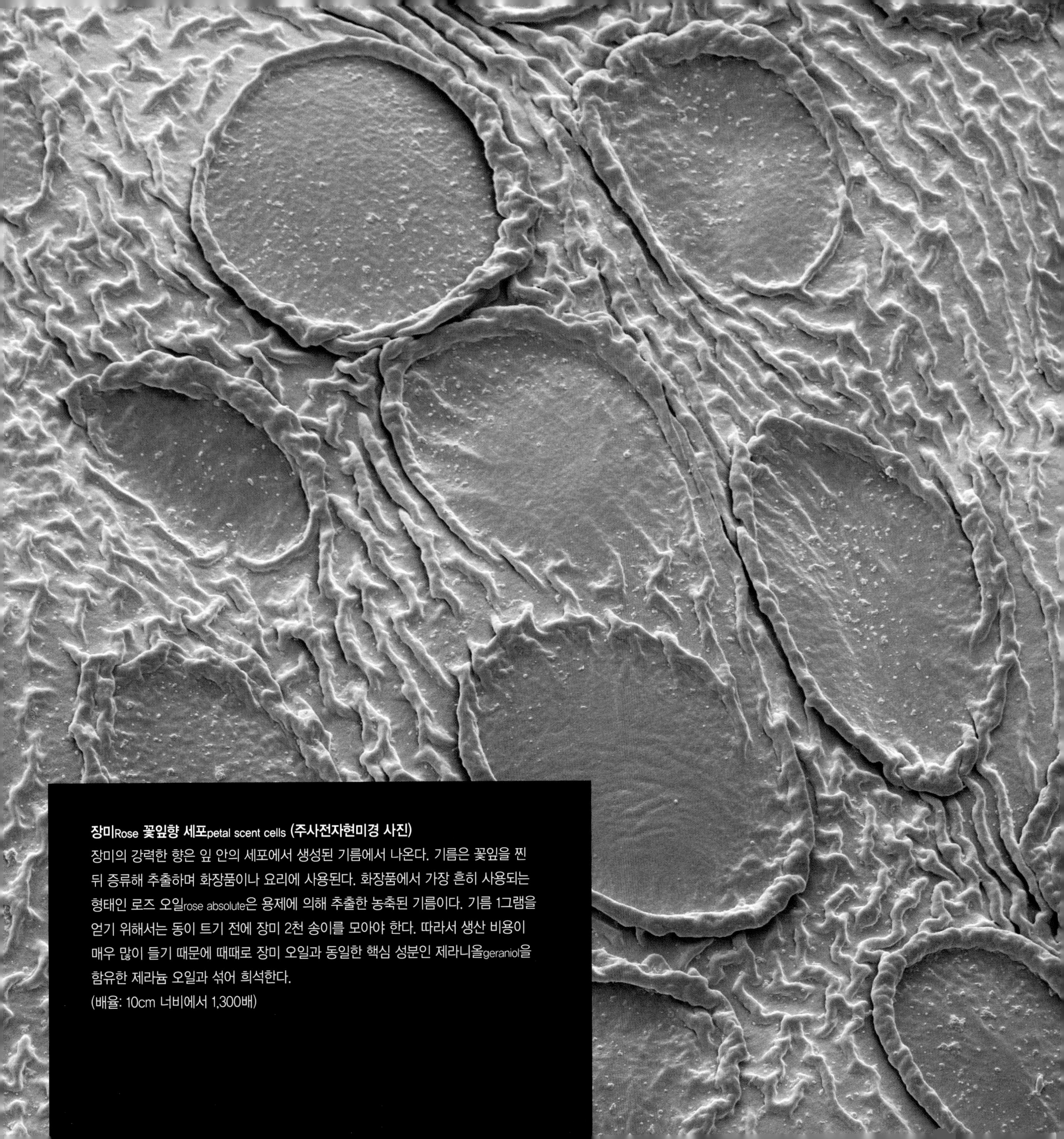

장미Rose 꽃잎향 세포petal scent cells (주사전자현미경 사진)
장미의 강력한 향은 잎 안의 세포에서 생성된 기름에서 나온다. 기름은 꽃잎을 찐 뒤 증류해 추출하며 화장품이나 요리에 사용된다. 화장품에서 가장 흔히 사용되는 형태인 로즈 오일rose absolute은 용제에 의해 추출한 농축된 기름이다. 기름 1그램을 얻기 위해서는 동이 트기 전에 장미 2천 송이를 모아야 한다. 따라서 생산 비용이 매우 많이 들기 때문에 때때로 장미 오일과 동일한 핵심 성분인 제라니올geraniol을 함유한 제라늄 오일과 섞어 희석한다.
(배율: 10cm 너비에서 1,300배)

난초Orchid 꽃잎(주사전자현미경 사진)

난초 중 팔레노프시스Phalaenopsis 과에 속하는 이 꽃은 날아다니는 나방과 닮아 이름이 나비란moth orchid(그대로 풀이하면 나방 난초)이며, 라틴어 이름은 '나방과 닮은moth-like'이라는 의미를 담고 있다. 꽃잎의 세부 이미지에서 왼쪽에 보이는 것(기공stomata)이 꽃 내부의 물과 기체를 조절하는 구멍이다. 기공은 잎에서도 비슷한 구조를 가지고 동일한 목적을 수행하는데, 이 사실은 꽃잎이 광합성 대신에 번식을 지원하기 위해 진화한 잎의 변형이라는 증거이다.
(배율: 7cm 너비에서 425배)

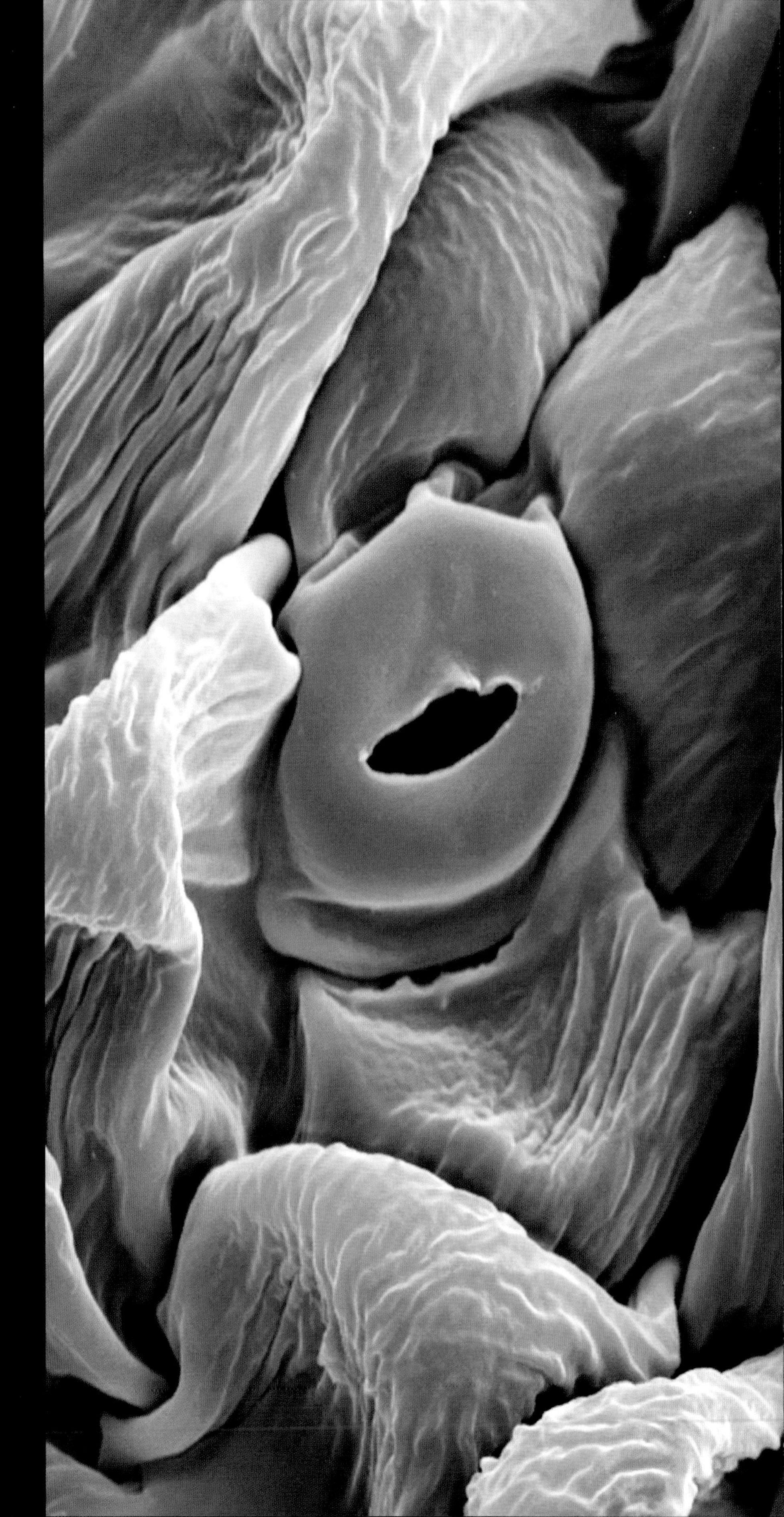

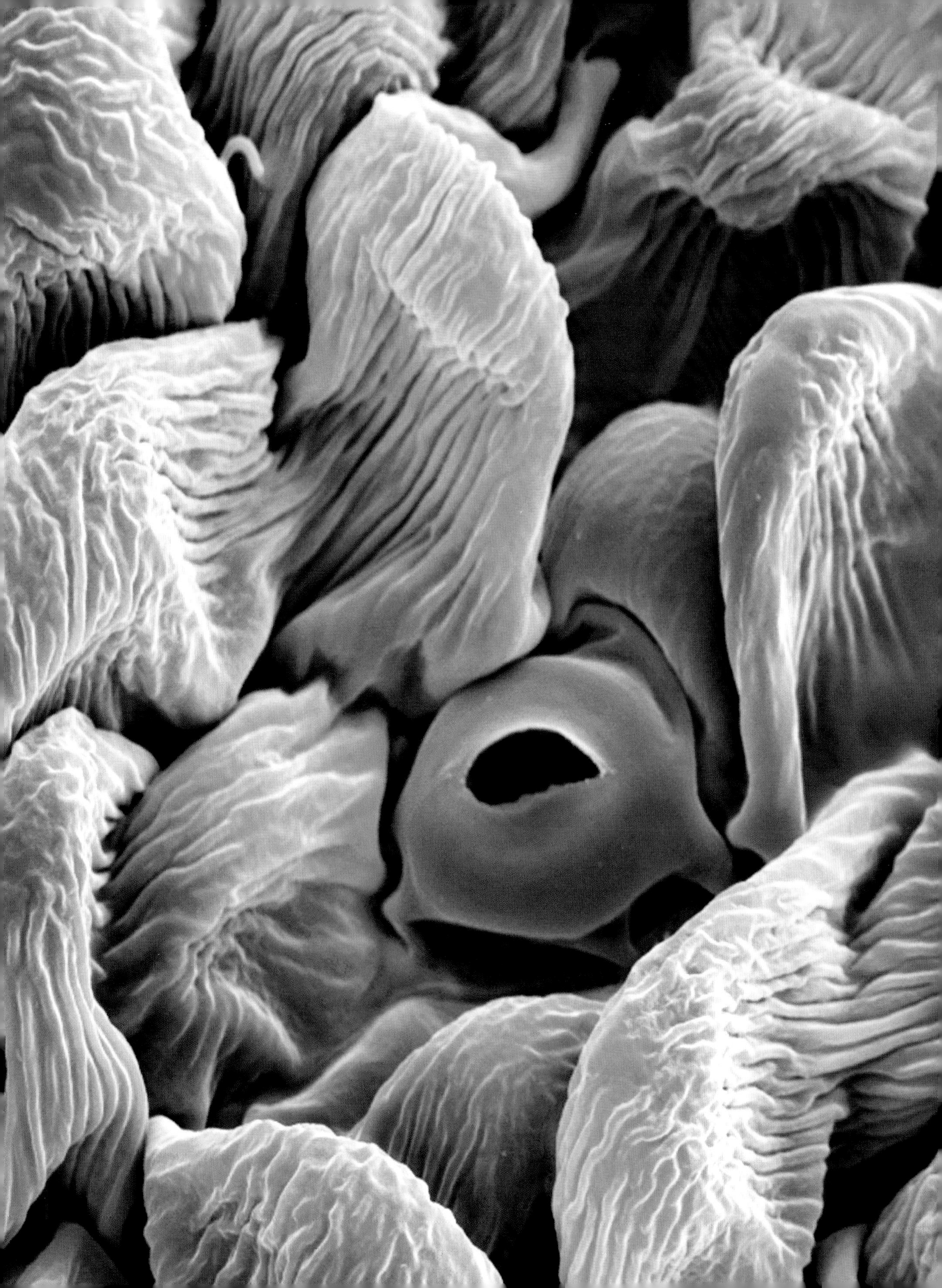

왼쪽: 워터민트Water mint 꽃 세포 (주사전자현미경 사진)

사진은 작은 꽃으로 꽉 차 반구형의 두상화를 이루는 꽃 중 하나인 워터민트 꽃잎의 표면이다. 많은 식물은 특별히 특정 꽃가루 매개자를 유인하기 위해 적응해 왔지만, 워터민트는 다양한 곤충에 의해 수분이 이루어진다. 여러 종류의 곤충에 의해 수분이 이루어지기 때문에 곤충의 개별 종이 개체수의 변화에 많은 영향을 받는 지역 생태local ecology에는 유리하다. 그러나 한 종의 매개자에 의존하는 식물은 꽃가루 매개자가 감소하면 수년 안에 위험에 처하게 된다.
(배율: 10cm 너비에서 680배)

오른쪽: 바레리안Valerian 꽃잎 (주사전자현미경 사진)

이 불규칙한 육각형의 세포는 바레리안 꽃잎 표면에 있는 뾰루지(작은 돌기papiliae)이다. 바레리안은 야생에서 분홍색이나 흰색 꽃을 피우며, 빨간색의 원예품종garden variety과는 먼 친척 관계이다. 이 꽃은 적어도 2천 5백 년 동안 진정제로 사용됐으며, 수면 치료제에 들어가는 약초 성분으로도 쓰인다. 치료제는 뿌리로 만든다. 꽃은 달콤한 향을 가지고 있어서 예로부터 향수로 사용되고 있다.
(배율: 10cm 너비에서 300배)

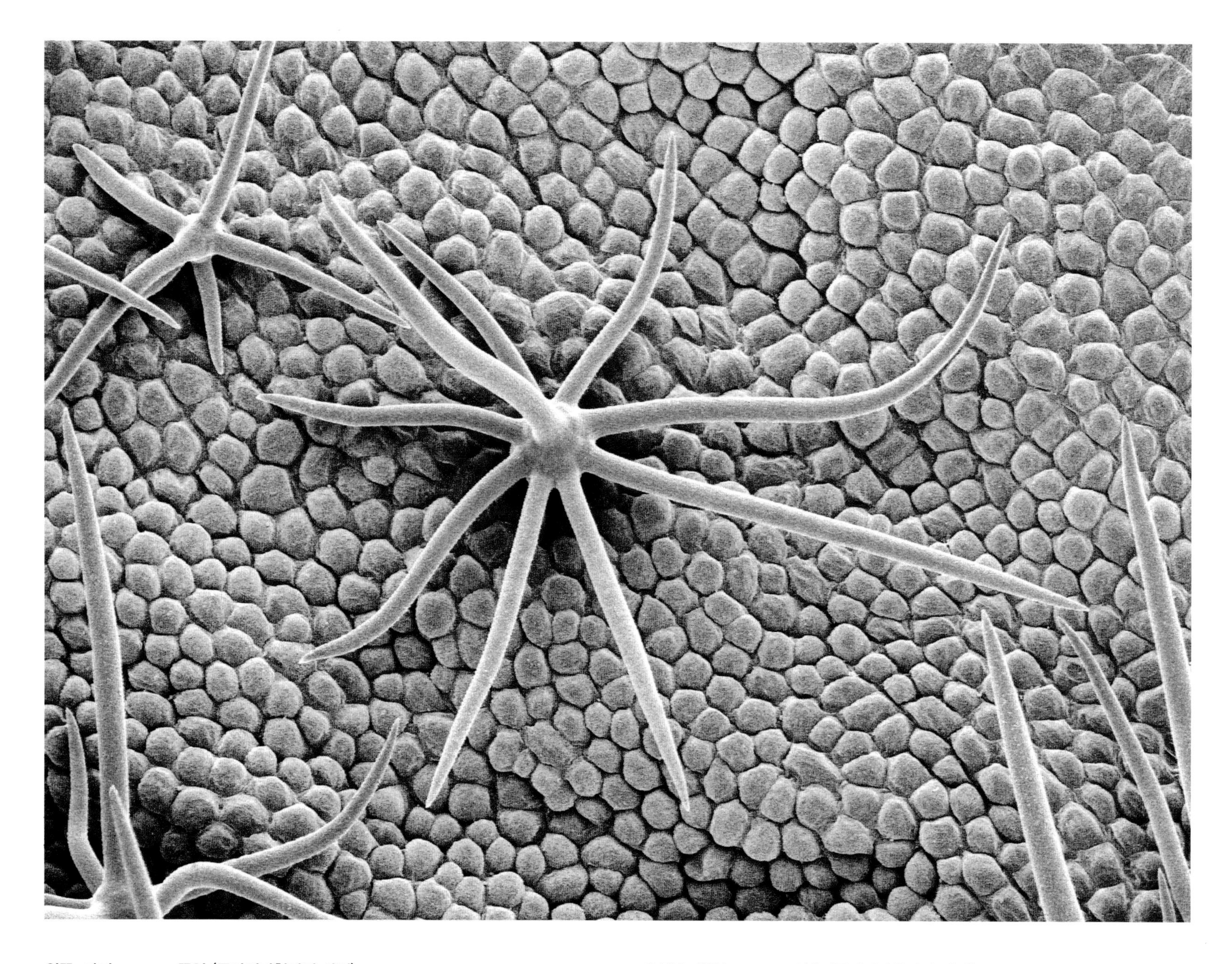

위쪽: 가지Aubergine 꽃잎 (주사전자현미경 사진)
가지 꽃잎의 표면에 있는 머리카락을 닮은 무리(모용)는 따뜻한 날씨 속에 수분 손실을 줄이는 데 도움이 되는 그늘을 제공하고, 가지가 자라는 데 영향을 미치는 서리를 막아 주는 역할을 한다. 꽃, 잎, 뿌리는 포식자에 대항하기 위해 자연적 살충제pesticide인 솔라닌solanine이 함유되어 있는데, 이는 사람의 생명을 위협할 수 있다. 가지의 열매는 엄밀히 말해서 장과berry류이고 씨를 가지고 있다. 이 씨들은 가지와도 연관이 있는 담배의 맛이 난다.
(배율: 알 수 없음)

오른쪽: 별꽃Chickweed 암술 (주사전자현미경 사진)
사진은 별꽃 속 암컷 생식기관(암술)의 기둥(암술대style)으로 둘러싸인 암술머리를 컴퓨터로 뽑아낸 것이다. 암술머리는 별꽃의 꽃가루를 잡아채, 암술대로 들어가 난자의 방(씨방)으로 향하는 길을 만든다. 씨방에는 난자(밑씨)가 줄지어 있고, 수정하면 이들은 꽃이 지자마자 생성되는 씨로 성장한다. 이러한 씨는 늦은 가을이나 겨울에 발아한다. 별꽃의 잎은 먹을 수 있어서 샐러드에 사용된다.
(배율: 알 수 없음)

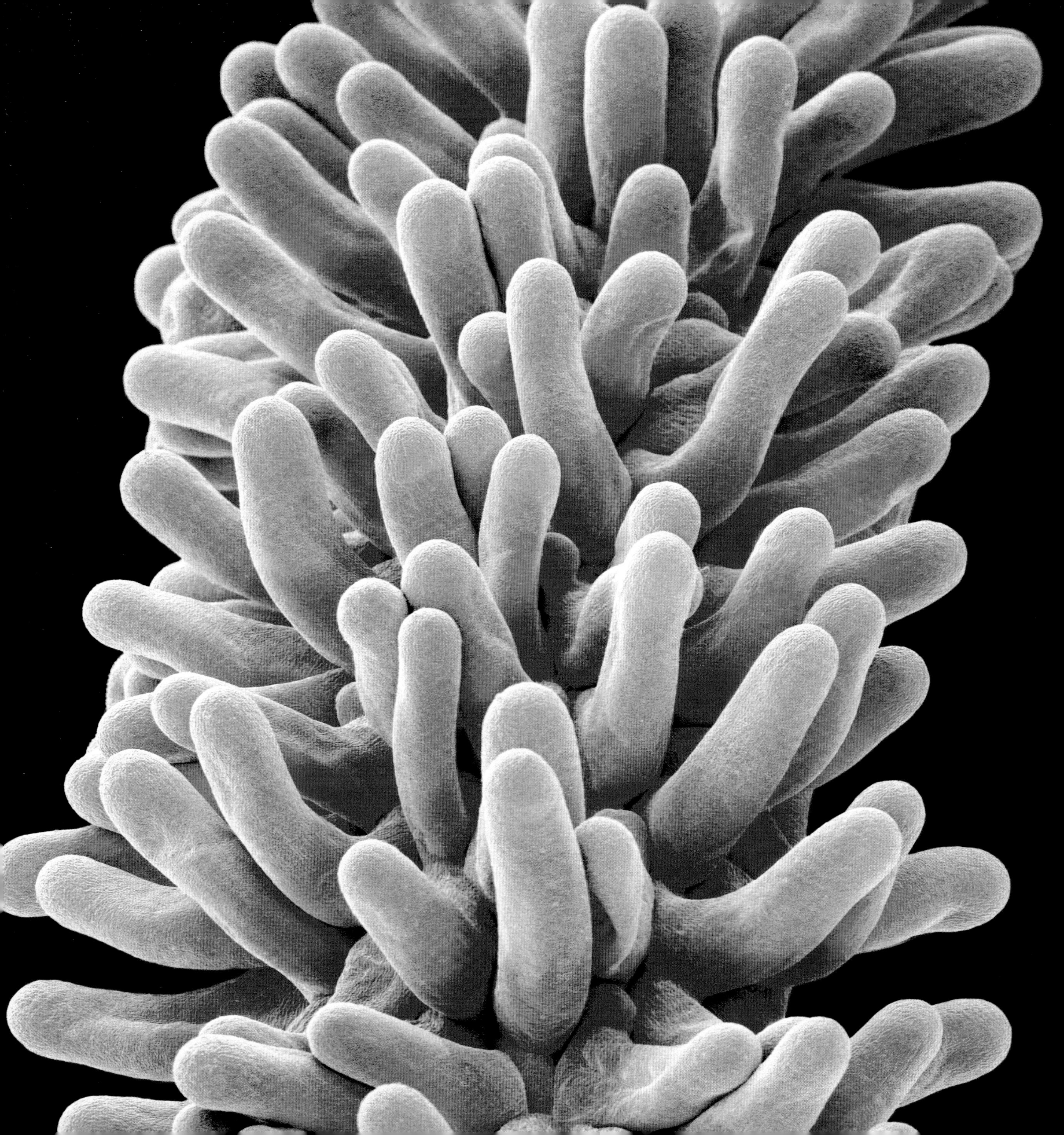

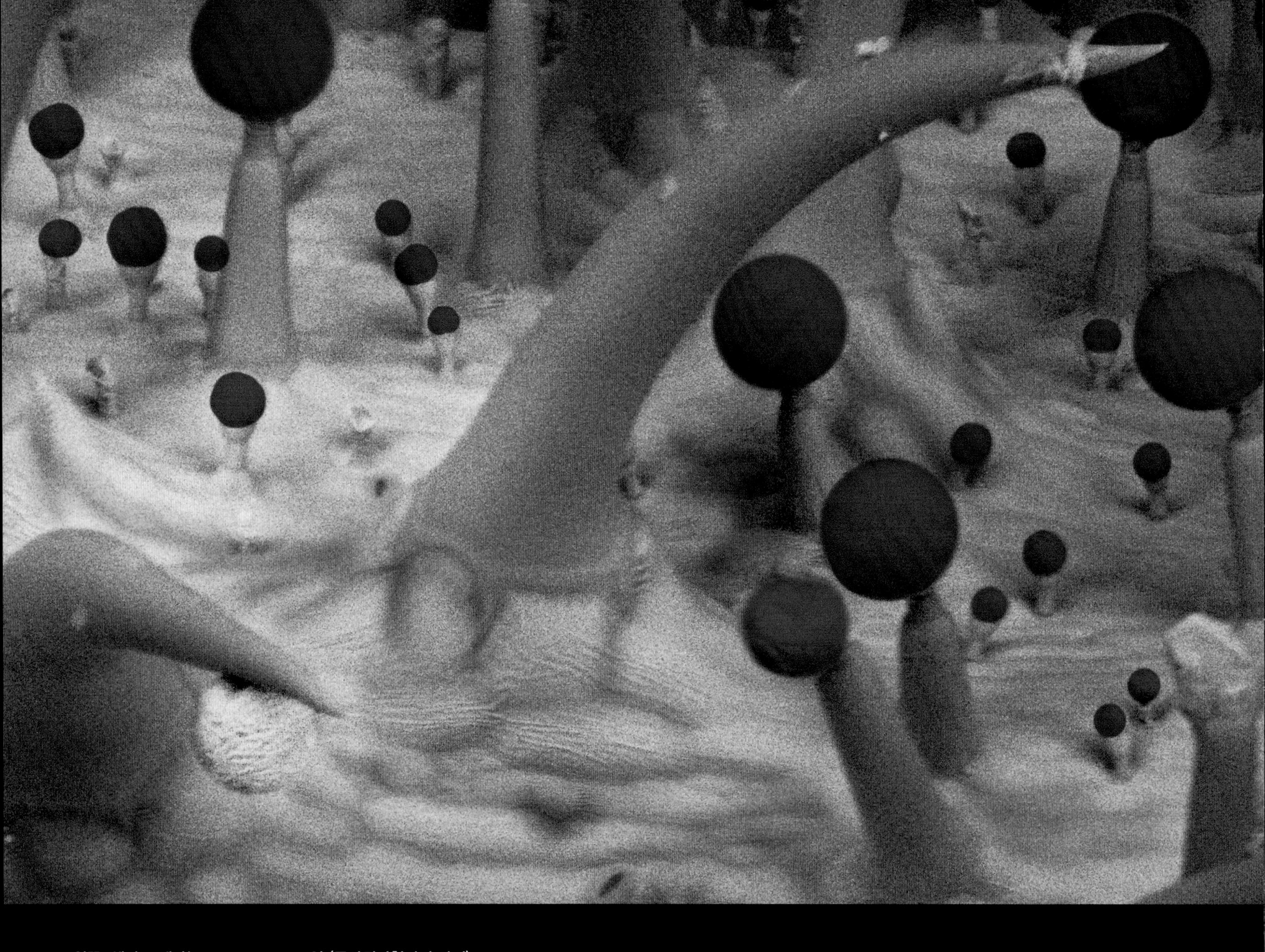

위쪽: 센티드 제라늄 Scented geranium **잎 (주사전자현미경 사진)**
다른 종들 사이에서 타가수분이 가능한 것이 오늘날 센티드 제라늄이 더욱 넓은
지역에서 자라게 된 원인이다. 센티드 제라늄은 제라늄geraniums에 속하지 않고
펠라고니움pelargoniums에 속한다. 두 과는 원래 제라늄으로 분류되었는데, 18세기에

위쪽: 다이아스시아 비질리스 Diascia vigilis **(주사전자현미경 사진)**

다이아시스과는 정원에서 볼 수 있다. 낮게 자라는 이 식물은 다양한 그늘을 만들어 분홍색 꽃을 위한 쿠션을 형성한다. 꽃은 두 가지 색처럼 보일 수 있는데, 꽃잎에 기름을 생성하는 구 모양의 분비샘이 있기 때문이다. 더 많은 기름은 꽃 뒤에 있는

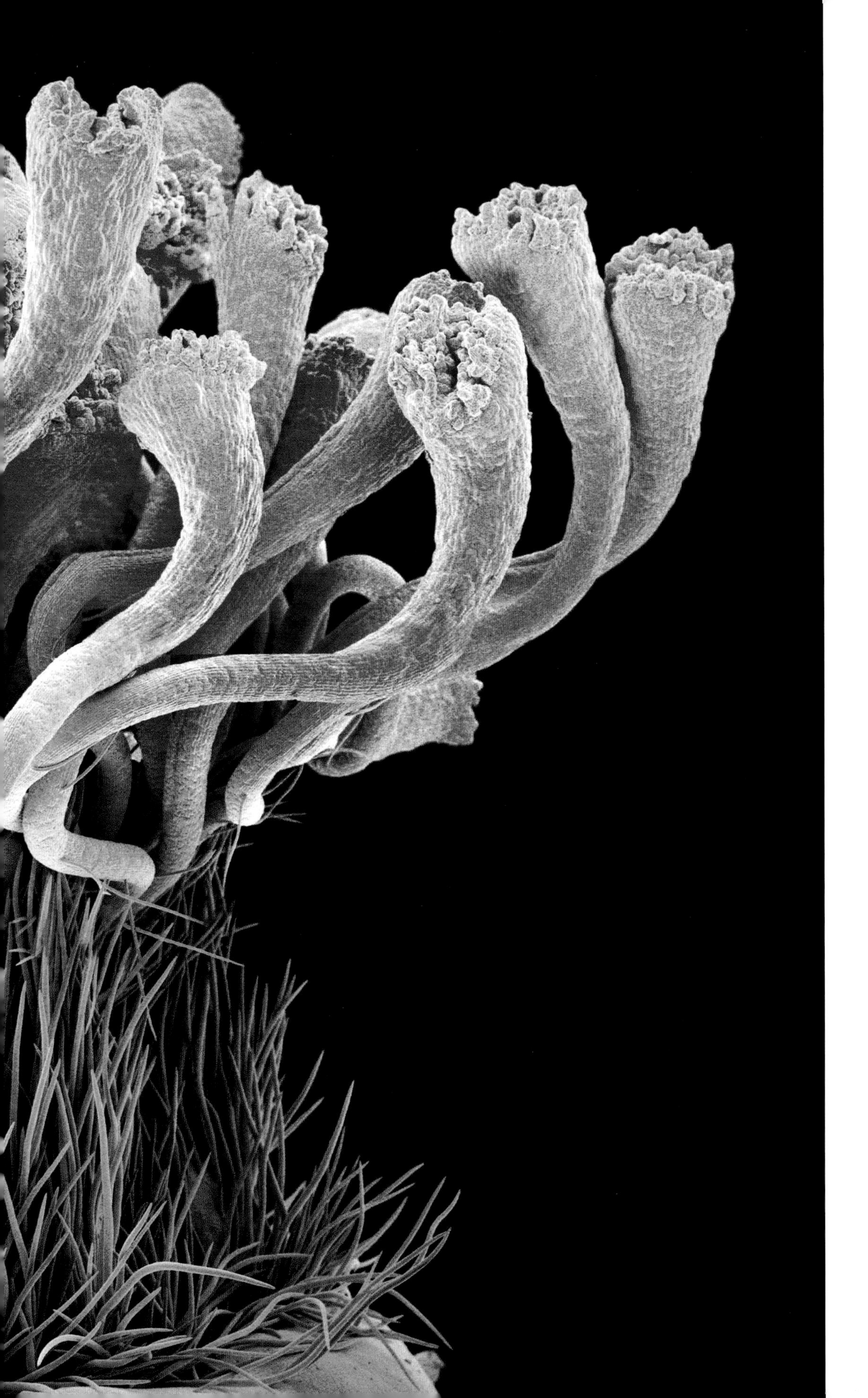

장미Rose의 암술 (주사전자현미경 사진)
장미 꽃잎과 이를 둘러싼 수컷 생식기관(수술)의 고리를 벗겨내면, 사진처럼 놀랍도록 아름다운 장미의 암컷 생식기관(암술)을 볼 수 있다. 정자 생성을 위해 꽃가루를 받고자 기다리는 장미의 암술머리 관 밑으로 많은 씨방이 있다. 수정 후 씨방은 장미열매rosehips가 되기 위해 부풀어 올라 새의 먹이가 되고, 열매 속 씨는 새의 배설물을 통해 퍼진다. 대부분의 정원 장미는 교배로 인해 너무 많은 꽃잎을 갖고 있어서 곤충들이 수분을 도와줄 공간이 없기 때문에 장미열매를 맺지 못한다.
(배율: 알 수 없음)

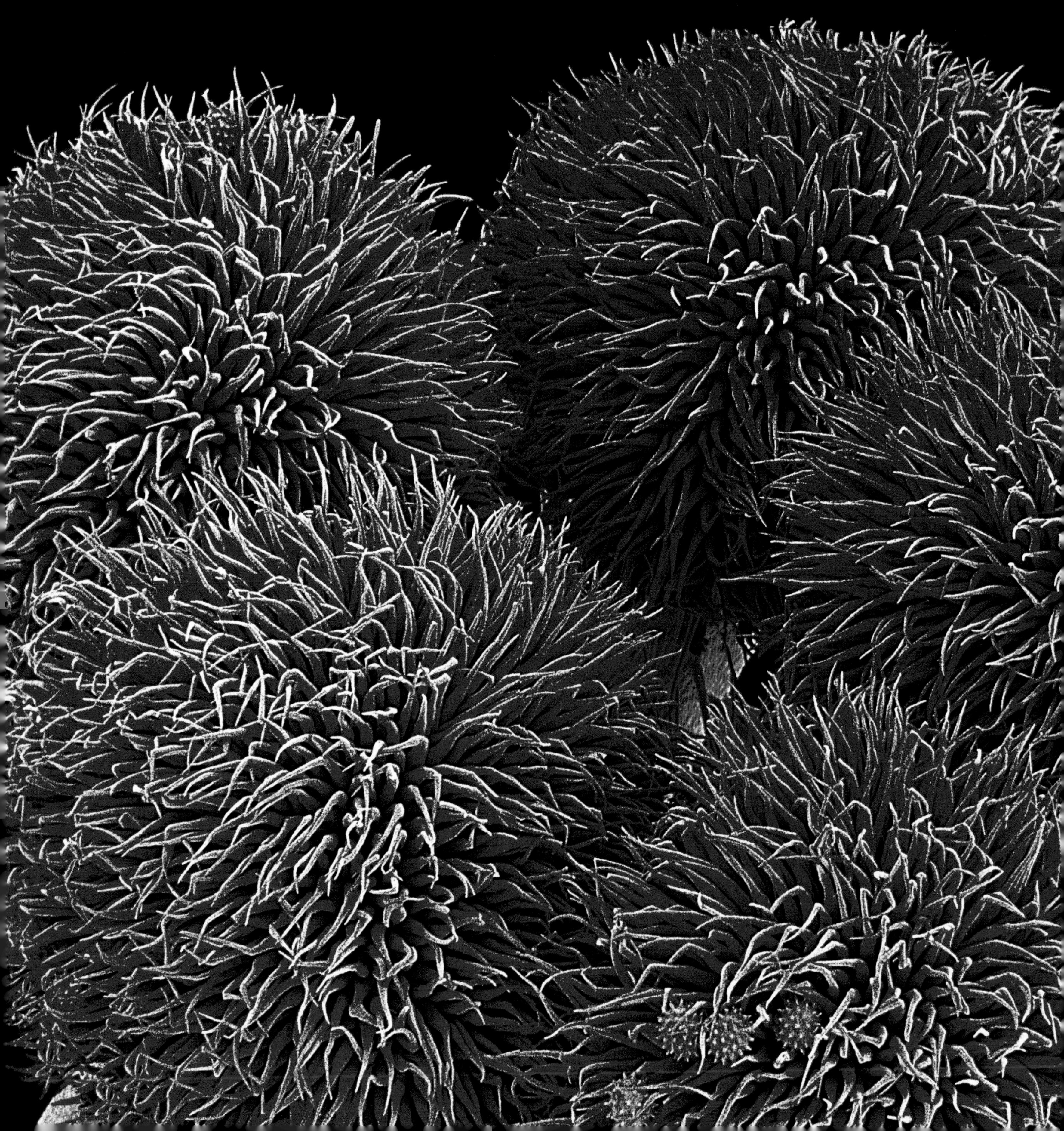

왼쪽: 히비스커스Hibiscus 꽃의 수분 (주사전자현미경 사진)
멋진 장관을 이루고 있는 방울들은 히비스커스 꽃 속 다섯 세트의 암술머리이다. 오른쪽 아래에 있는 암술머리는 성공적으로 꽃가루 몇 개를 잡았고, 이 꽃가루는 암술머리 아래 씨방egg chamber에서 수정될 것이다. 씨방은 다섯 개의 구획으로 나뉜 꼬투리seed pod로 성장하며, 말라서 갈라지면 씨가 방출된다. 히비스커스 꽃은 톡 쏘는 맛이 나는 차를 만들거나 많은 요리에서 소스 재료로도 사용된다. 필리핀 아이들은 꽃잎과 잎을 빻아서 빨대로 방울을 불어 날릴 수 있는 액체를 만든다.
(배율: 알 수 없음)

위쪽: 미나리아재비uttercup 꽃의 암술 (주사전자현미경 사진)
미나리아재비 꽃 중앙에 위치한 작은 노란색 '빵'이 채워진 것처럼 보이는 부분은 난자의 방(씨방)이다. 각 끝부분에 있는 털은 꽃가루가 지나갈 때 낚아챌 준비가 되어 있는 암술머리이다. 미나리아재비 과에 속하는 화석화된 씨앗이 있는데 이는 약 4억 년 전의 것이다. 라틴어 이름인 라눈쿨루스Ranunculus는 '작은 개구리'라는 뜻이다. 이 식물은 가축에게 독성이 있어서 입과 목구멍에 물집을 일으킨다.
(배율: 7cm 너비에서 21배)

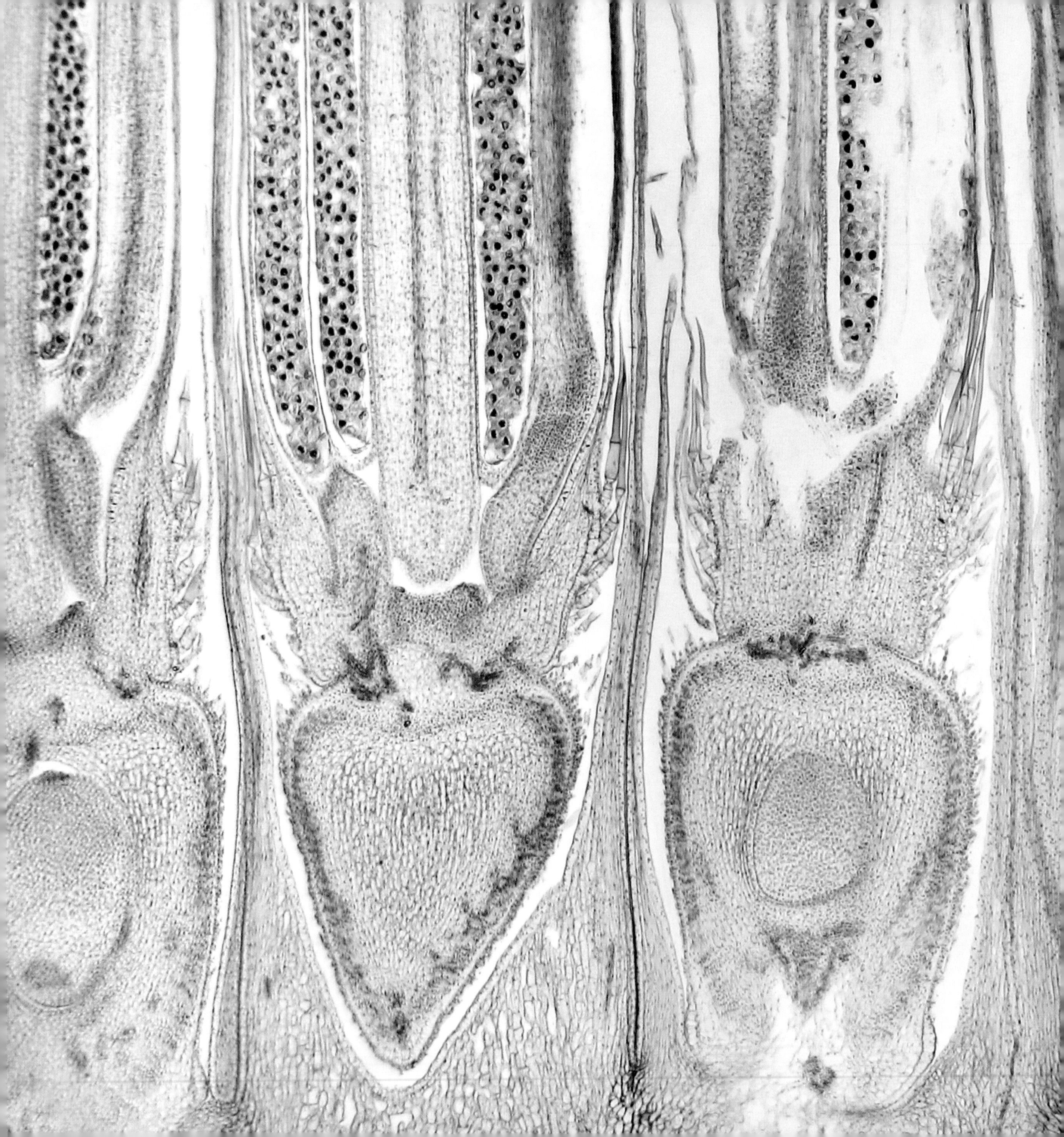

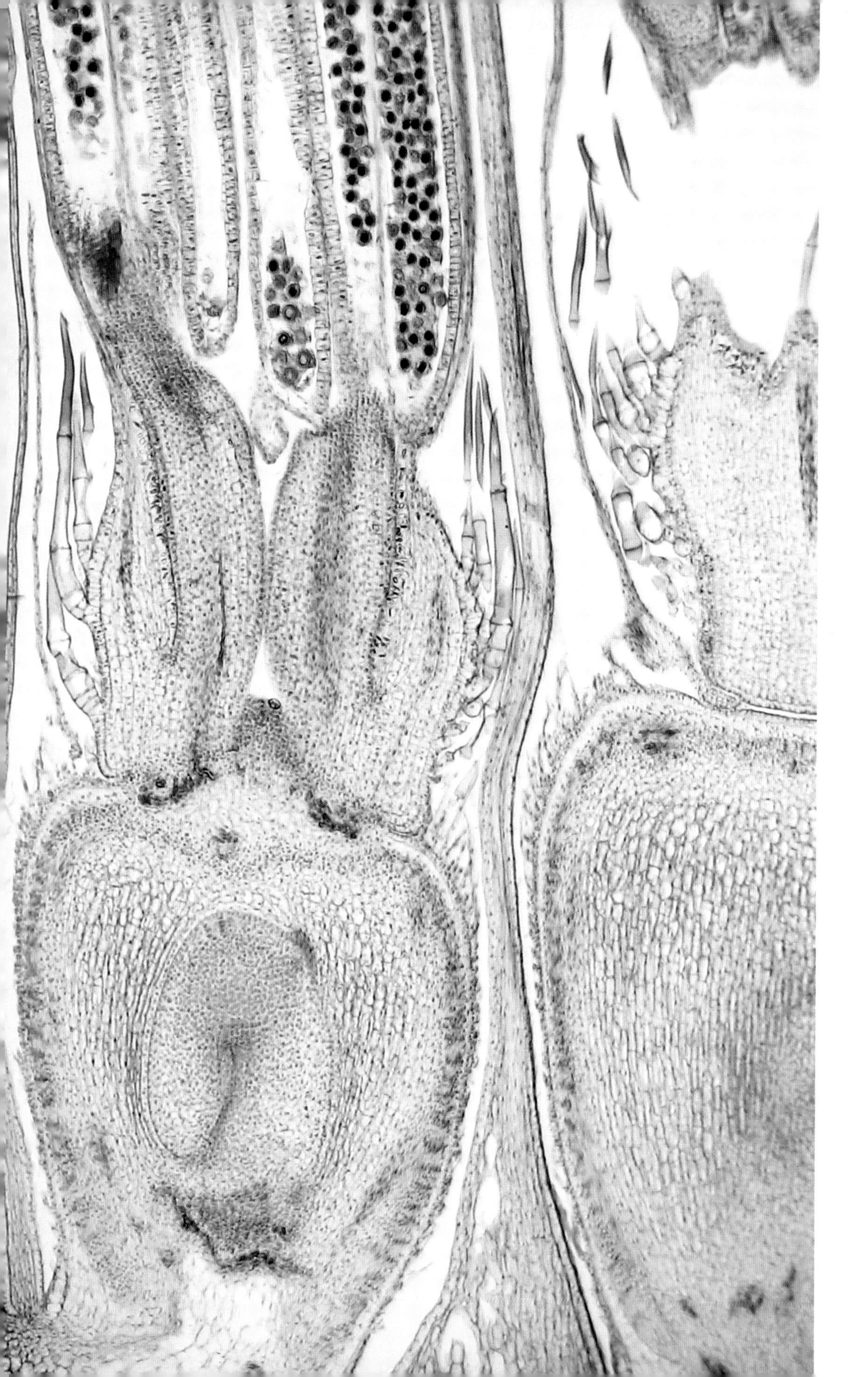

해바라기 밑씨ovules (광학현미경 사진)
이 사진의 아랫부분에 있는 투박한 삼각형 모양 방은 각각이 해바라기의 난자(밑씨)이며, 난자 대부분에서 해바라기 씨가 자라는 모습을 볼 수 있다. 각 밑씨 위에 있는 것은 줄기(암술대)로 꽃가루를 모으는 암술을 지지해 준다. 그리고 각 암술대 주변에 있는 다발은 꽃의 기다란 꽃가루 생성자(꽃밥)인데, 그 안에 꽃가루가 있는 것을 확실하게 볼 수 있다. 해바라기의 두상화가 온종일 해가 움직이는 방향을 따라 돈다는 것은 안타깝게도 사실이 아니다.
(배율: 10cm 너비에서 60배)

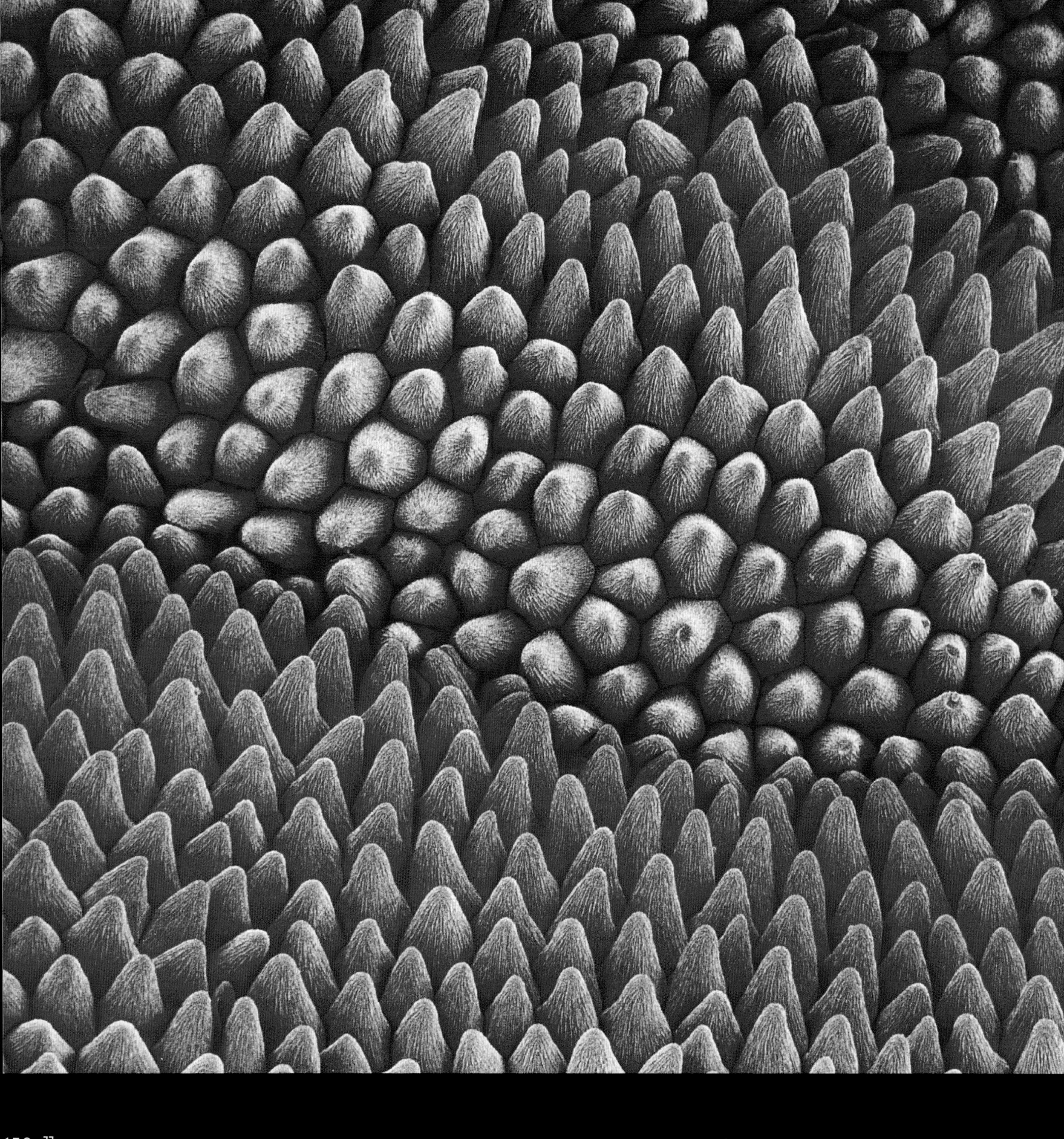

왼쪽: 팬지Pansy 꽃잎 (주사전자현미경 사진)
사진은 팬지 꽃잎 표면에 있는 털(모용)이다. 전통적으로 팬지는 추억을 의미하고, 이 꽃의 영어 이름은 '생각'이라는 뜻을 가진 프랑스어 pensée에서 따왔다. 이탈리아어로는 '작은 불꽃'이라는 뜻이고, 헝가리에서는 '꼬마 고아'라고 부른다. 팬지는 뾰족한 별처럼 중앙에서 만나는 세 개의 선 모양 주머니로 구성된 독특한 씨앗 머리seed head를 만든다. 각 주머니는 둥근 씨가 성장하면 터져서 열린다.
(배율: 7cm 너비에서 360배)

오른쪽: 페리윙클Periwinkle 꽃잎 표면 (주사전자현미경 사진)
페리윙클 꽃잎에 있는 미세한 털(모용)은 빽빽하게 성장하는데, 이는 부드럽고 매끈한 잎과 대조적이다. 페리윙클에 속하는 두 가지 종은 원예사에게 매우 인기가 좋다. 빈카 메이저Vinca major와 빈카 마이너Vinca minor는 생기 있는 다섯 개의 꽃잎이 달린 보라색 꽃이 제철에 피었다 지면, 상록수 잎foliage을 형성한다. 이 잎은 토지나 콘크리트의 표면을 덮기 위한 식재인 그라운드 커버ground cover로 유용하다. 줄기는 토양에 닿는다면 어디서든지 뿌리를 내리며, 다른 식물을 공격해 질식시킬 수 있다.
(배율: 6cm 너비에서 80배)

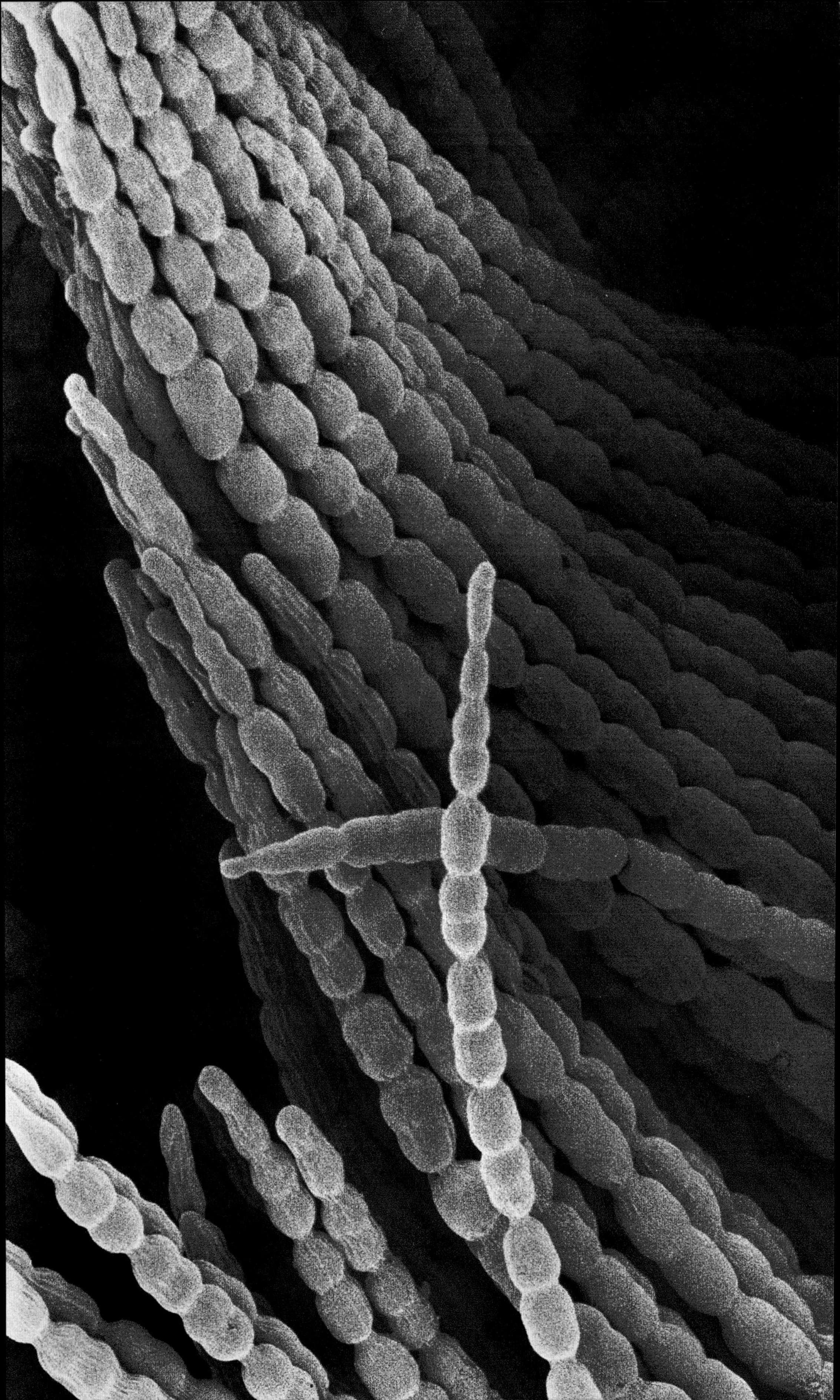

꽃의 심피carpels (주사전자현미경 사진)
꽃의 암컷 생식기관 단위는 암술이라고 한다. 하나의 암술은 하나의 심피를 구성한다. 암술머리는 보통 가장 위에 있으며 꽃가루를 잡아챈다. 암술대는 암술과 씨방을 연결해 주는 기둥이며, 밑씨가 들어 있는 씨방은 꽃가루에 의해 수정되어 씨가 된다. 종종 수많은 심피가 일부 암술대와 암술에 함께 융합되어 하단부에서 씨방이 된다. 이를 복자예compound pistil라고 한다.
(배율: 알 수 없음)

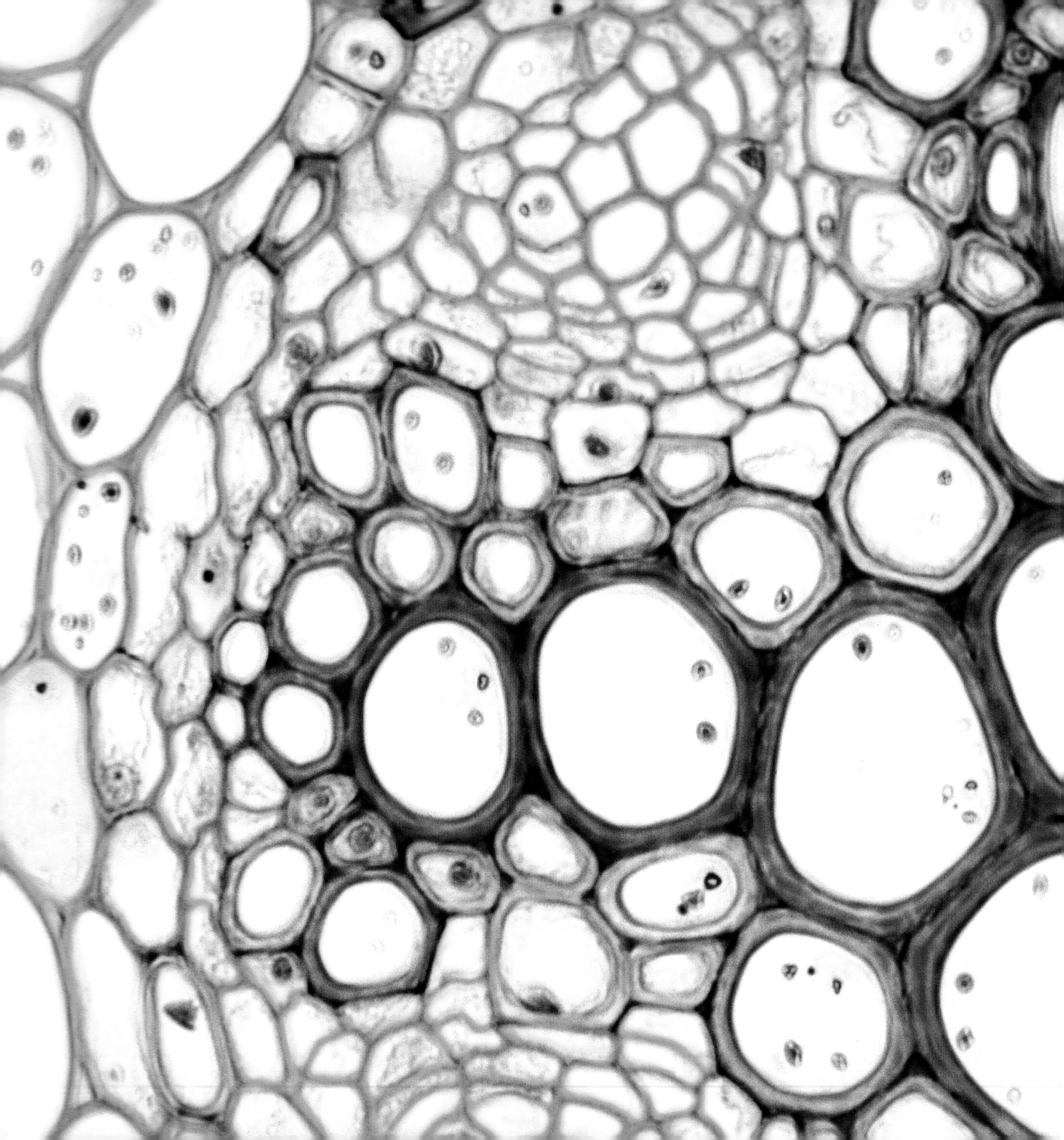

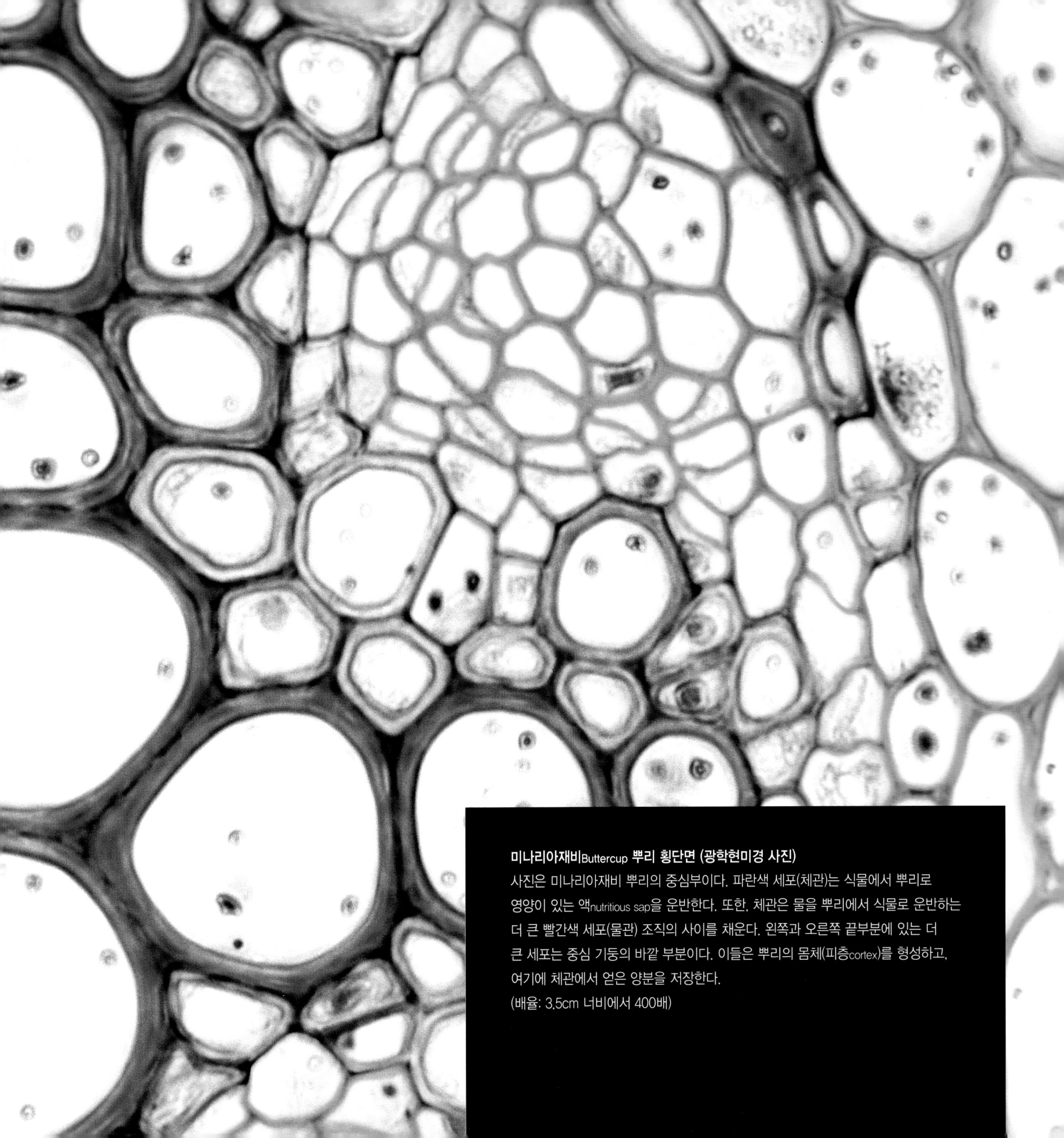

미나리아재비Buttercup 뿌리 횡단면 (광학현미경 사진)
사진은 미나리아재비 뿌리의 중심부이다. 파란색 세포(체관)는 식물에서 뿌리로 영양이 있는 액nutritious sap을 운반한다. 또한, 체관은 물을 뿌리에서 식물로 운반하는 더 큰 빨간색 세포(물관) 조직의 사이를 채운다. 왼쪽과 오른쪽 끝부분에 있는 더 큰 세포는 중심 기둥의 바깥 부분이다. 이들은 뿌리의 몸체(피층cortex)를 형성하고, 여기에 체관에서 얻은 양분을 저장한다.
(배율: 3.5cm 너비에서 400배)

왼쪽: 디기탈리스Foxgloves 생식 기관 (광학현미경 사진)

디기탈리스 대부분은 2년생이고, 자줏빛 꽃은 오직 성장한 후 두 번째 해에만 나타난다. 꽃의 내부에 있는 것은 식물의 생식기관이다. 중심 줄기는 끝에 암술머리가 달린 암술대이고, (아래쪽의 안 보이는 부분에는) 씨가 자라는 씨방이 있다. 암술대의 한쪽으로 줄기(수술대filaments라고 함)에 있는 한 쌍의 수컷 꽃밥이 있다. 꽃밥은 꽃가루로 성장하는 포자를 담고 있다.
(배율: 10cm 너비에서 44배)

오른쪽: 계란풀Wallflower 싹 (광학현미경 사진)

어린 계란풀 싹의 횡단면은 이른 시기부터 식물의 생식기관이 존재한다는 것을 보여 준다. 중심에 있는 커다란 분홍색 원반은 암술이고, 암컷기관은 암술머리, 암술대, 씨방으로 이루어져 있다. 이 기관은 네 개의 엽lobes으로 이루어진 여섯 개의 수컷 꽃밥으로 둘러싸여 있다. 그 엽들은 꽃밥 안에 소포낭자microsporangia라고 하는 네 개의 주머니를 가지고 있으며, 여기에서 포자들이 쪼개지고 꽃가루 알갱이가 된다. 이 기관들을 둘러싼 촘촘한 층은 싹으로 싸여 있는 계란풀의 꽃잎과 꽃받침이다.
(배율: 10cm 너비에서 2.5배)

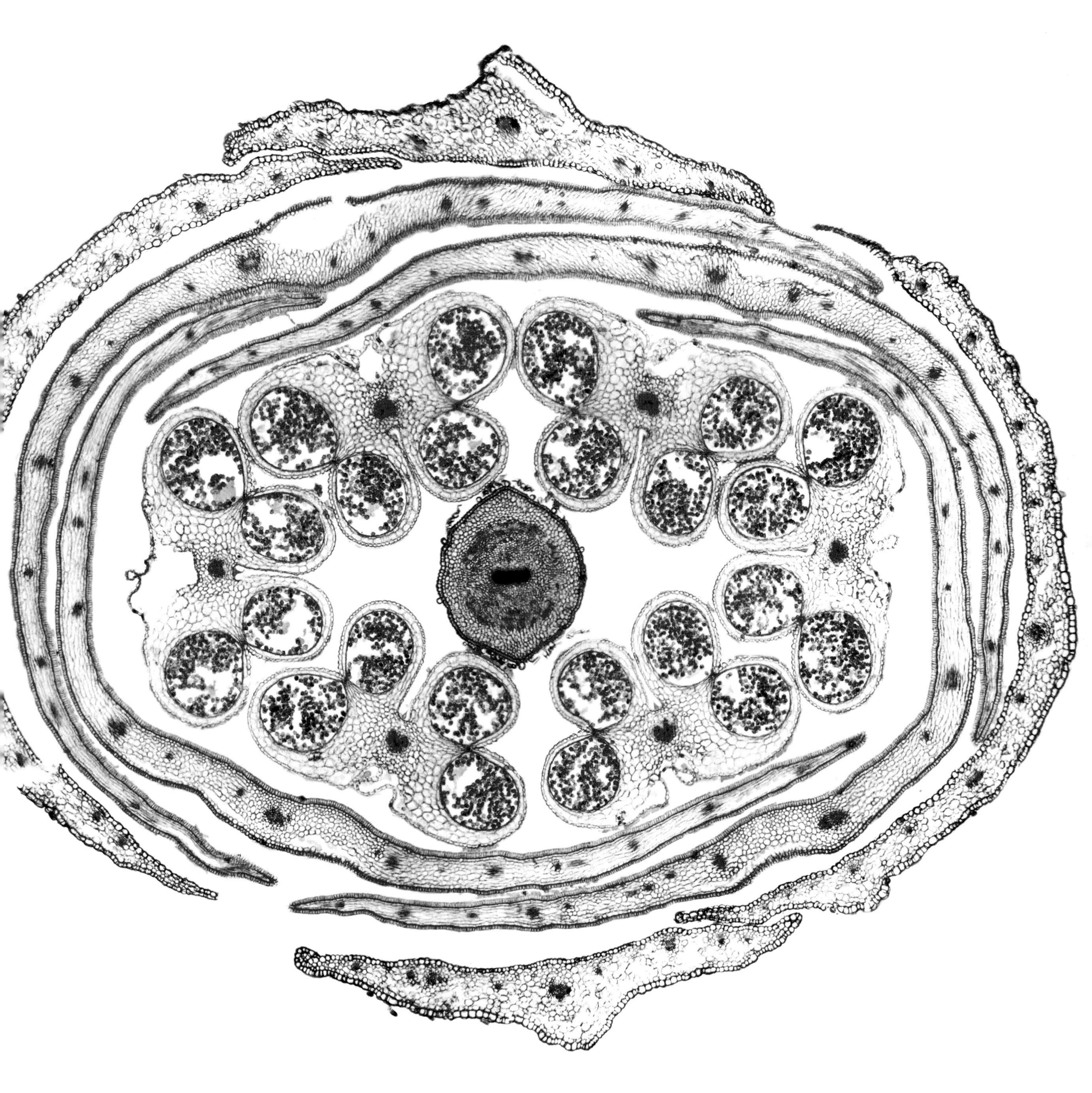

Vegetables

채소

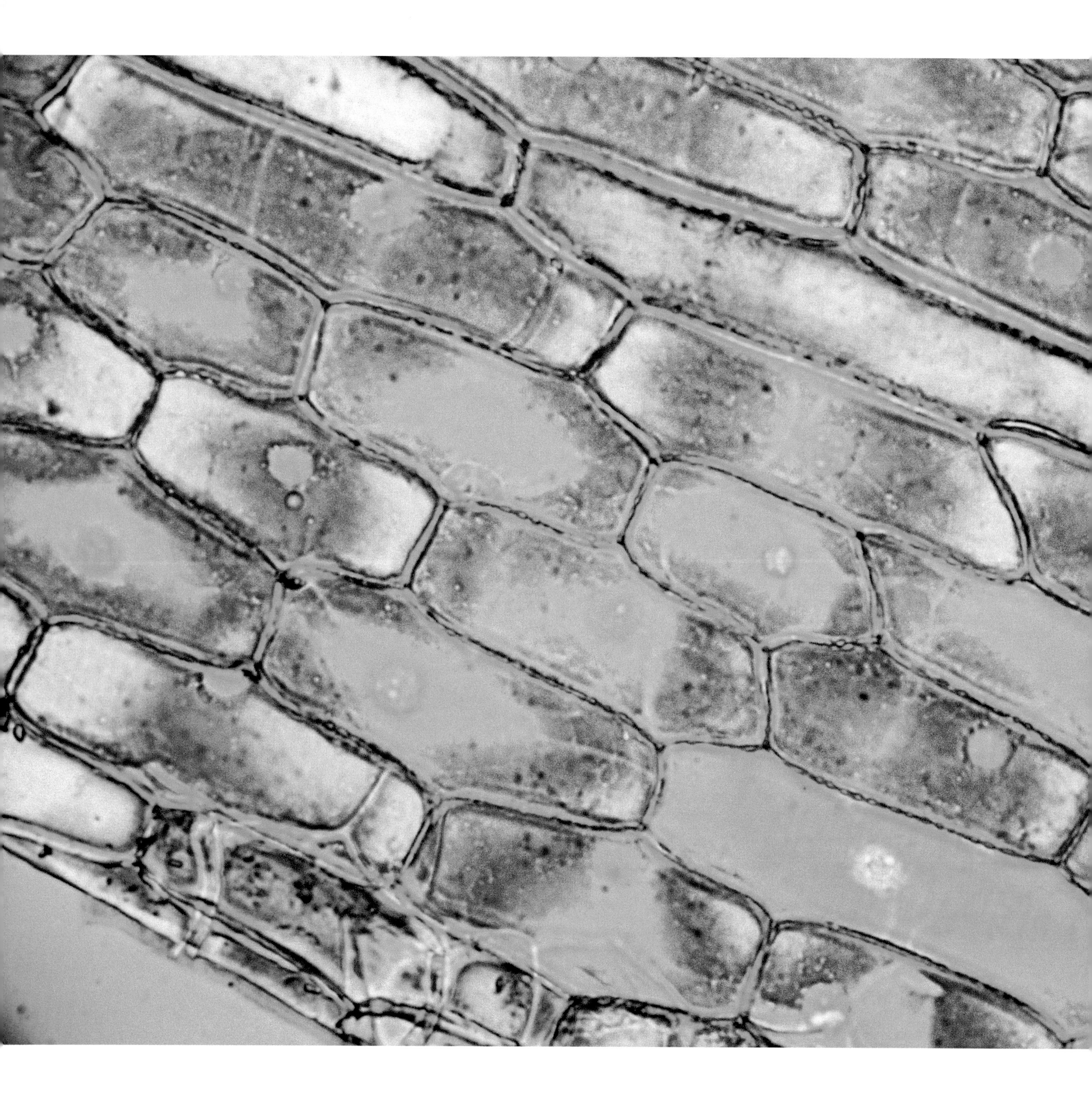

이전 쪽: 감자Potato 녹말립starch grain (광학현미경 사진)
감자는 페루와 볼리비아가 원산지로, 그곳에서 1만 년 동안 경작됐다. 이후 16세기 말쯤에 스페인이 남아메리카를 정복한 이후에 유럽으로 건너갔다. 그때부터 감자는 유럽 요리의 주재료가 되었기에 흉작이 곧 재앙이 될 만큼 아주 중요한 식재료로 자리 잡았다. 감자의 녹말립은 음식을 조리하는 과정에서뿐만 아니라 도배용 풀과 초기 컬러 사진의 성분으로 사용되었다.
(배율: 10cm 너비에서 120배)

왼쪽: 양파 구근onion bulb의 표피세포Epidermal cells (광학현미경 사진)
양파는 수선화과Allium family이고, 이 과에는 리크leeks, 마늘garluc, 쪽파chives가 속한다. 비늘scale로 알려진 양파의 층은 잎이 변형된 것이다. 사진에서 각 양파 세포의 중심에 작은 점으로 보이는 것이 핵nucleus이다. 양파의 야생적 기원은 알려지지 않았지만, 중앙아시아에서 최초로 경작되었으며 적어도 7천 년 동안 재배되었다고 본다. 양파를 썰면 신프로페일사이올–S–옥사이드(syn–Propanethial–S–oxide) 가스가 방출되어 눈이 따갑고 눈물이 흐른다.
(배율: 알 수 없음)

오른쪽: 후추Bell pepper 잎 (주사전자현미경 사진)
크리스토퍼 콜럼버스가 1493년에 미대륙에서 돌아오며 유럽에 후추를 소개했다고 알려져 있다. 후추를 영어로 '페퍼pepper'라 부르는 것은 유럽 사람에게 후추 열매peppercorn를 소개하면서 매운 향신료를 모두 후추라 불렀기 때문이다. 후추는 그 종류에 따라 여러 색을 띠지만, 빨간색은 보통 초록색이 익어서 된 것이다. 잎을 자세히 들여다본 사진에서 눈처럼 생긴 세 개의 잎 구멍을 볼 수 있는데, 이것은 식물과 대기 간의 기체 교환을 조절한다.
(배율: 10cm 너비에서 757배)

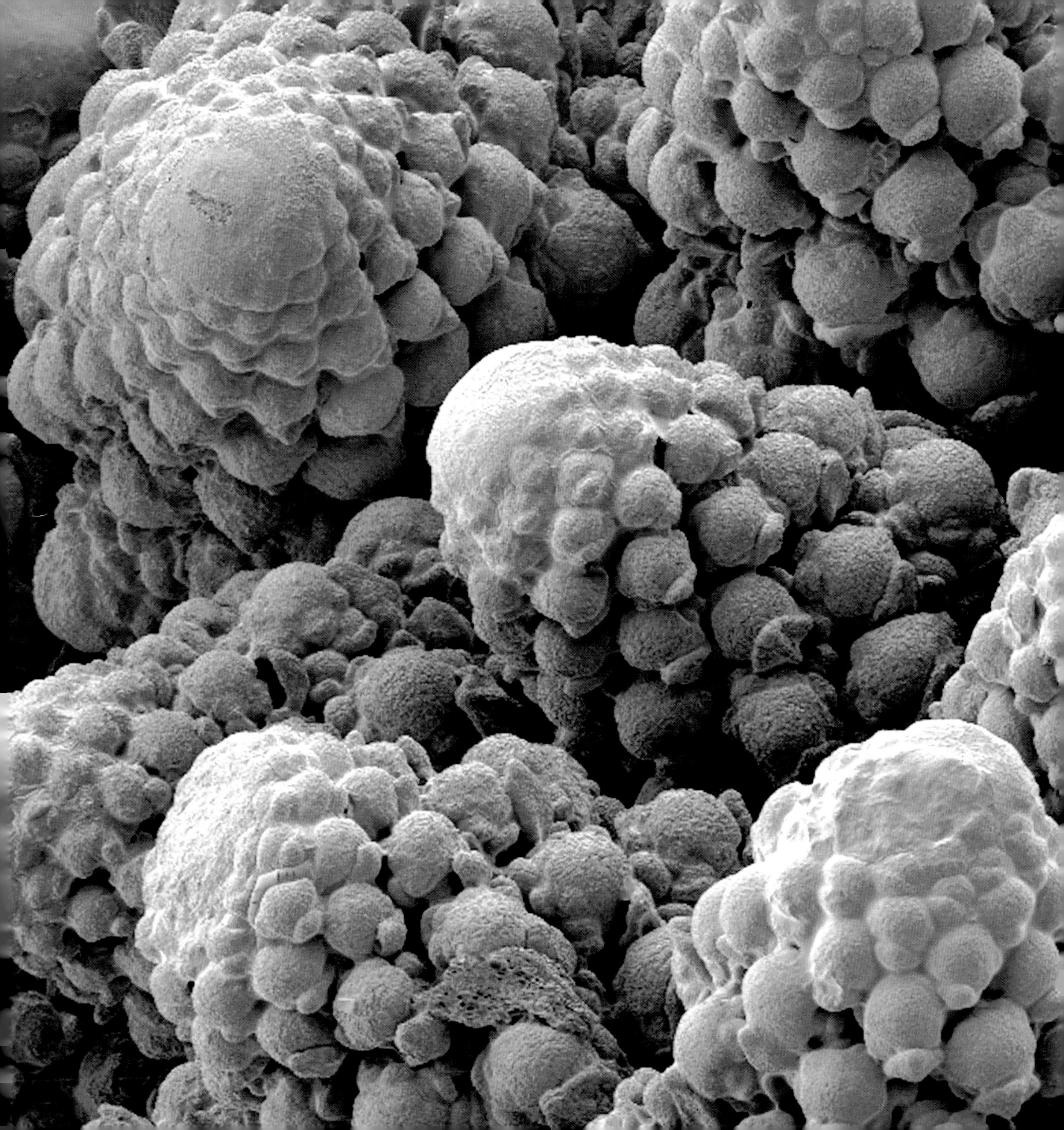

콜리플라워Cauliflower 머리 (주사전자현미경 사진)
콜리플라워는 일반 양배추인 브라시카 올러레이스Brassica olerace와 같은 재배 품종cultivars으로 브로콜리broccoli, 스프라우트sprouts, 케일kale, 콜라비kohlrabi와 친척이다. 콜리플라워는 흰색, 연주황색, 자주색, 초록색 등 다양한 빛깔을 띤다. 사진은 선명한 초록색을 띠는 품종인 로마네스크 콜리플라워Romanesco cauliflower의 머리 부분이다. 사진 속 나선형은 앞에 이어진 두 숫자의 합이 그다음 숫자와 같은 피보나치Fibonacci 수열(0, 1, 1, 2, 3, 5, 8, 13, 21 등)을 따른다. 피보나치는 중세 시대 이탈리아의 수학자이다.
(배율: 10cm 너비에서 20배)

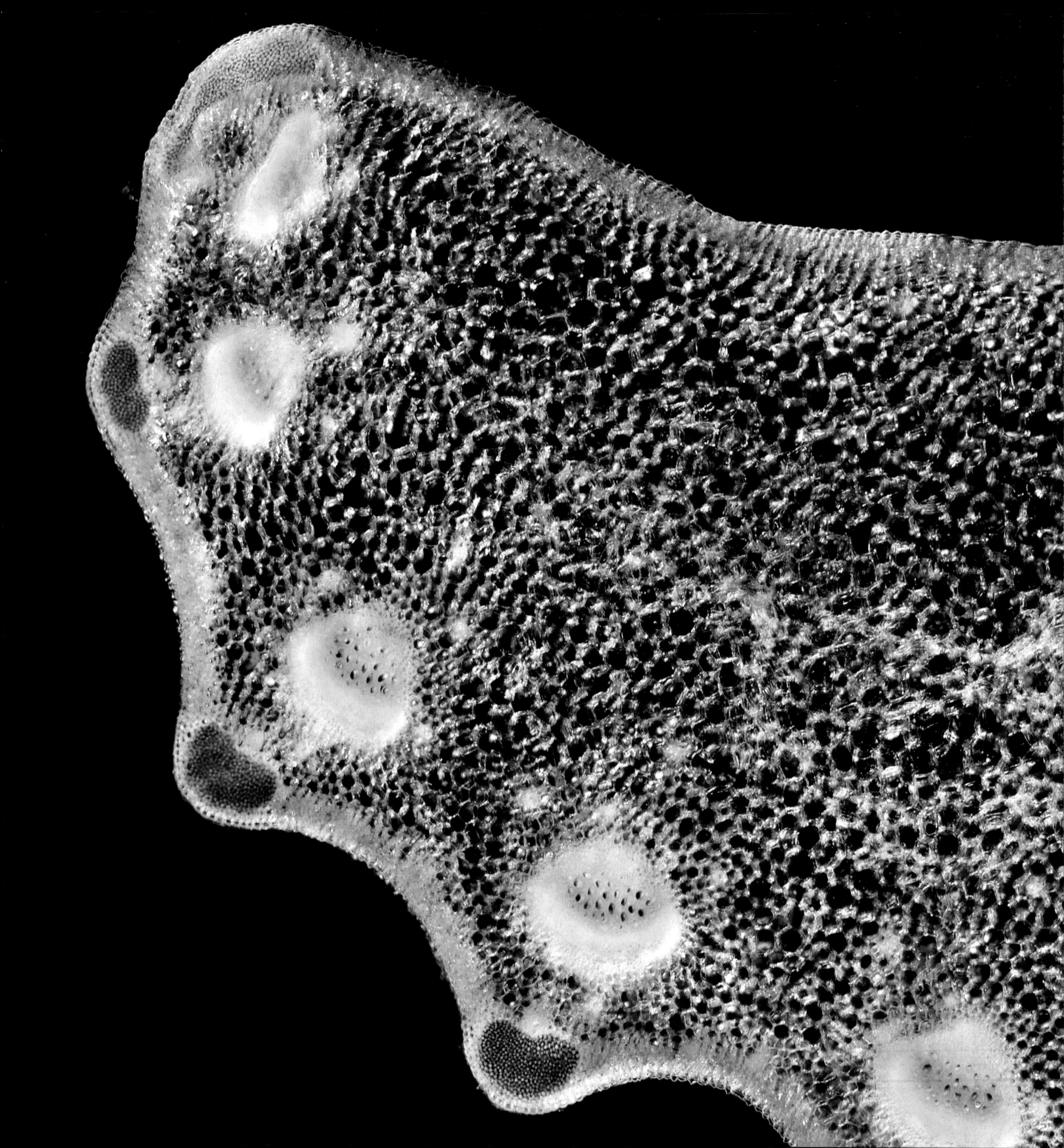

왼쪽: 셀러리Celery 줄기 (광학현미경 사진)
셀러리 줄기의 횡단면에서 견고한 흰색 원은 뿌리와 잎 사이에서 당분sugar을 운반하는 체관 세포의 다발이다. 체관 안쪽에는 물과 미네랄을 운반하는 물관 세포(초록색 조직의 짙은 구멍)가 있다. 체관, 물관, 초록색 바깥 부분(표피)이 섬유질 조직으로 이뤄져 있으며, 이 부분이 우리가 먹는 부분이다. 셀러리는 요리해도 파괴되지 않는 알레르겐allergen(알레르기를 일으키는 물질)을 가지고 있어서, 이에 알레르기 반응을 일으키는 사람은 과민성 쇼크anaphylactic shock를 일으킬 수 있다.
(배율: 6cm 너비에서 22배)

오른쪽: 야생 당근Wild carrot 씨 (주사전자현미경 사진)
우리가 요리할 때 사용하는 당근은 야생 조상 당근의 아종subspecies을 재배한 것으로, 사진에 보이는 것은 재배용 당근의 씨이다. 씨의 날카로운 갈고리는 지나가는 동물의 털을 붙잡을 수 있게 되어 있고, 그와 동시에 동물이 씨를 먹지 못하도록 해준다. 이 때문에 본 식물로부터 멀리 떨어진 곳까지 퍼져 씨가 떨어질 수 있다. 야생 뿌리는 다 자라기 전에는 먹을 수 있지만, 곧 자라나 아주 거칠고 나무처럼 변한다. 또한, 땅 위에서 자라난 부분은 매우 독성이 강한 독당근hemlock과 닮았다.
(배율: 10cm 너비에서 45배)

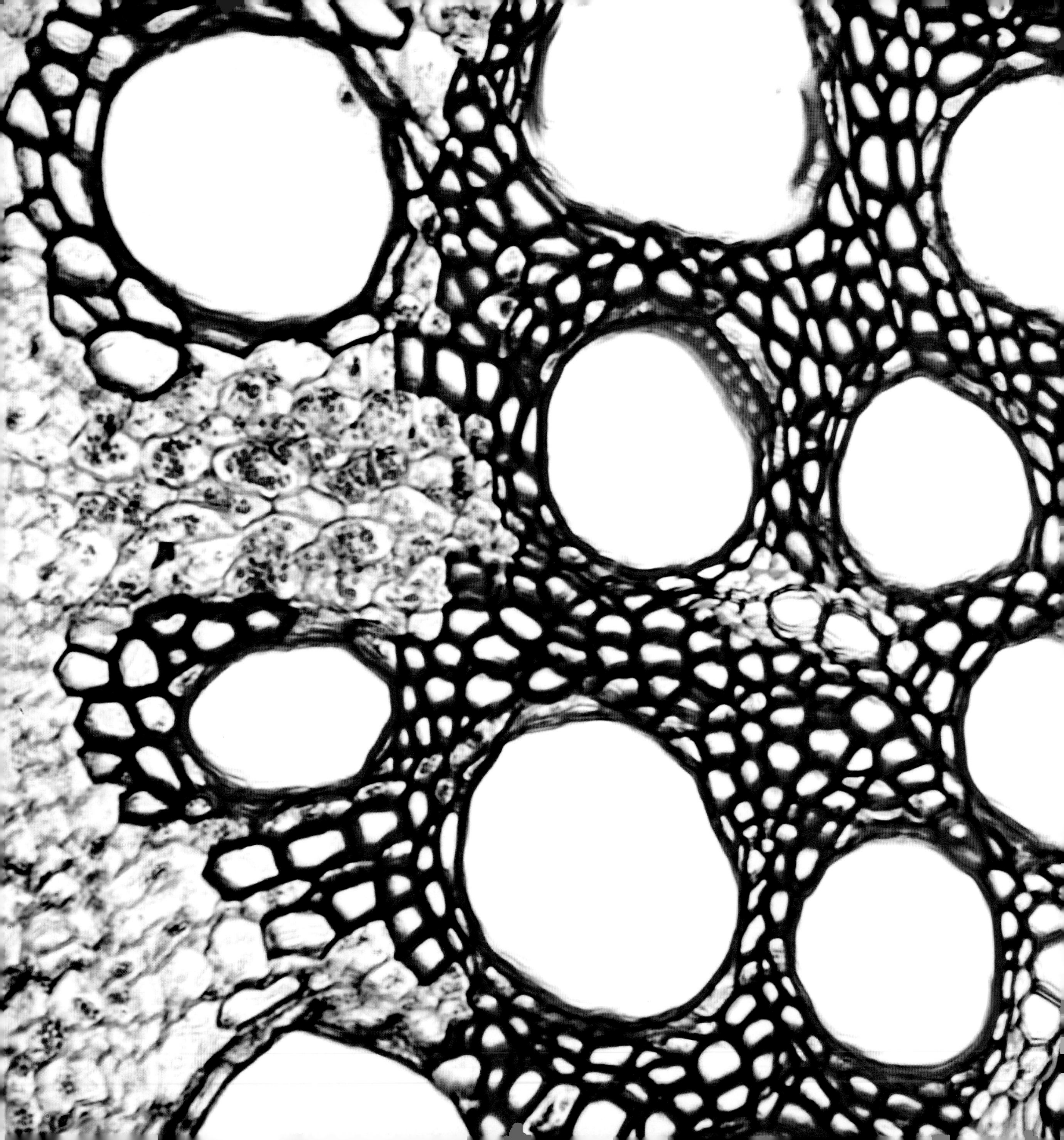

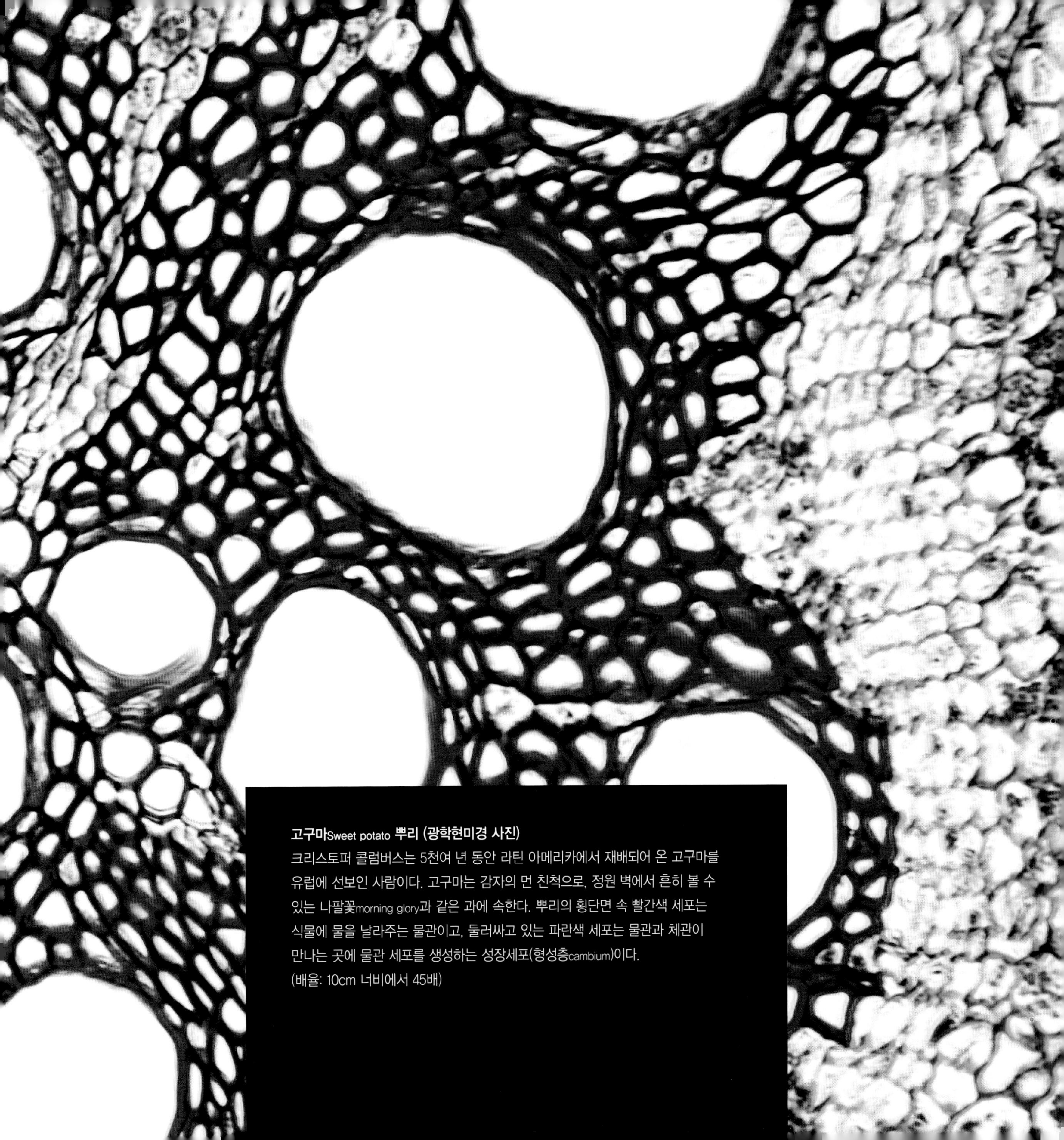

고구마Sweet potato 뿌리 (광학현미경 사진)
크리스토퍼 콜럼버스는 5천여 년 동안 라틴 아메리카에서 재배되어 온 고구마를 유럽에 선보인 사람이다. 고구마는 감자의 먼 친척으로, 정원 벽에서 흔히 볼 수 있는 나팔꽃morning glory과 같은 과에 속한다. 뿌리의 횡단면 속 빨간색 세포는 식물에 물을 날라주는 물관이고, 둘러싸고 있는 파란색 세포는 물관과 체관이 만나는 곳에 물관 세포를 생성하는 성장세포(형성층cambium)이다.
(배율: 10cm 너비에서 45배)

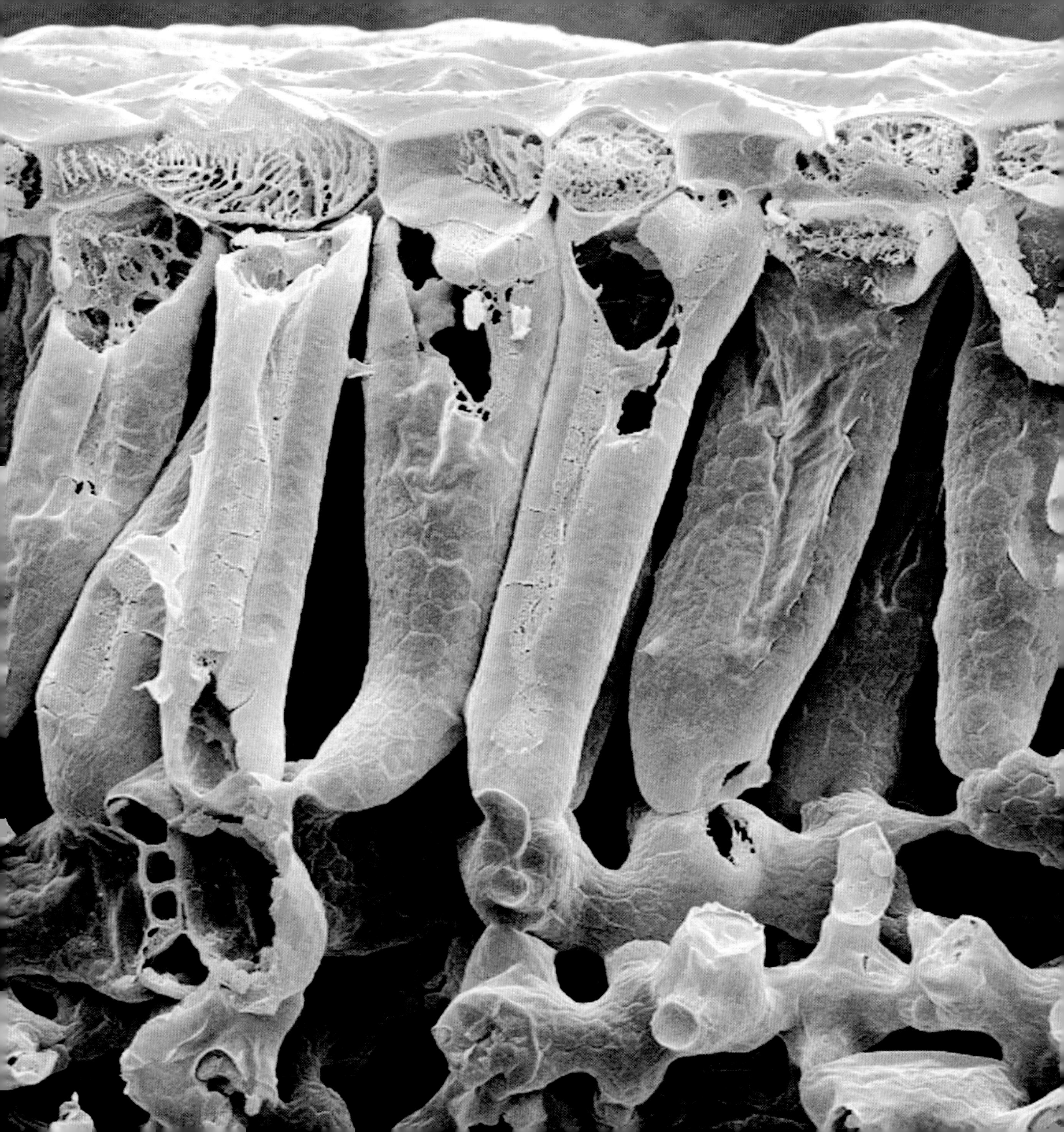

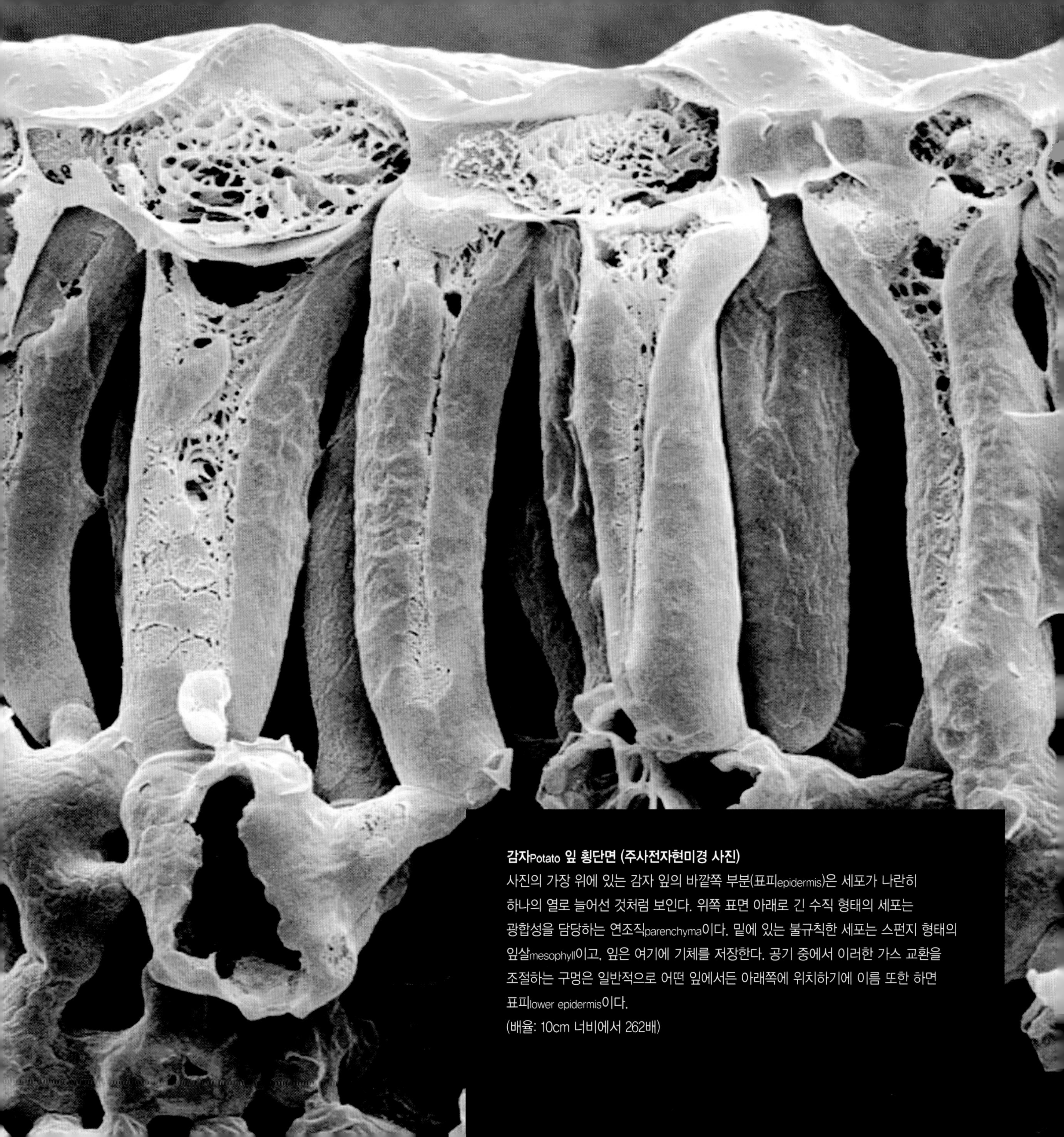

감자Potato 잎 횡단면 (주사전자현미경 사진)
사진의 가장 위에 있는 감자 잎의 바깥쪽 부분(표피epidermis)은 세포가 나란히 하나의 열로 늘어선 것처럼 보인다. 위쪽 표면 아래로 긴 수직 형태의 세포는 광합성을 담당하는 연조직parenchyma이다. 밑에 있는 불규칙한 세포는 스펀지 형태의 잎살mesophyll이고, 잎은 여기에 기체를 저장한다. 공기 중에서 이러한 가스 교환을 조절하는 구멍은 일반적으로 어떤 잎에서든 아래쪽에 위치하기에 이름 또한 하면 표피lower epidermis이다.
(배율: 10cm 너비에서 262배)

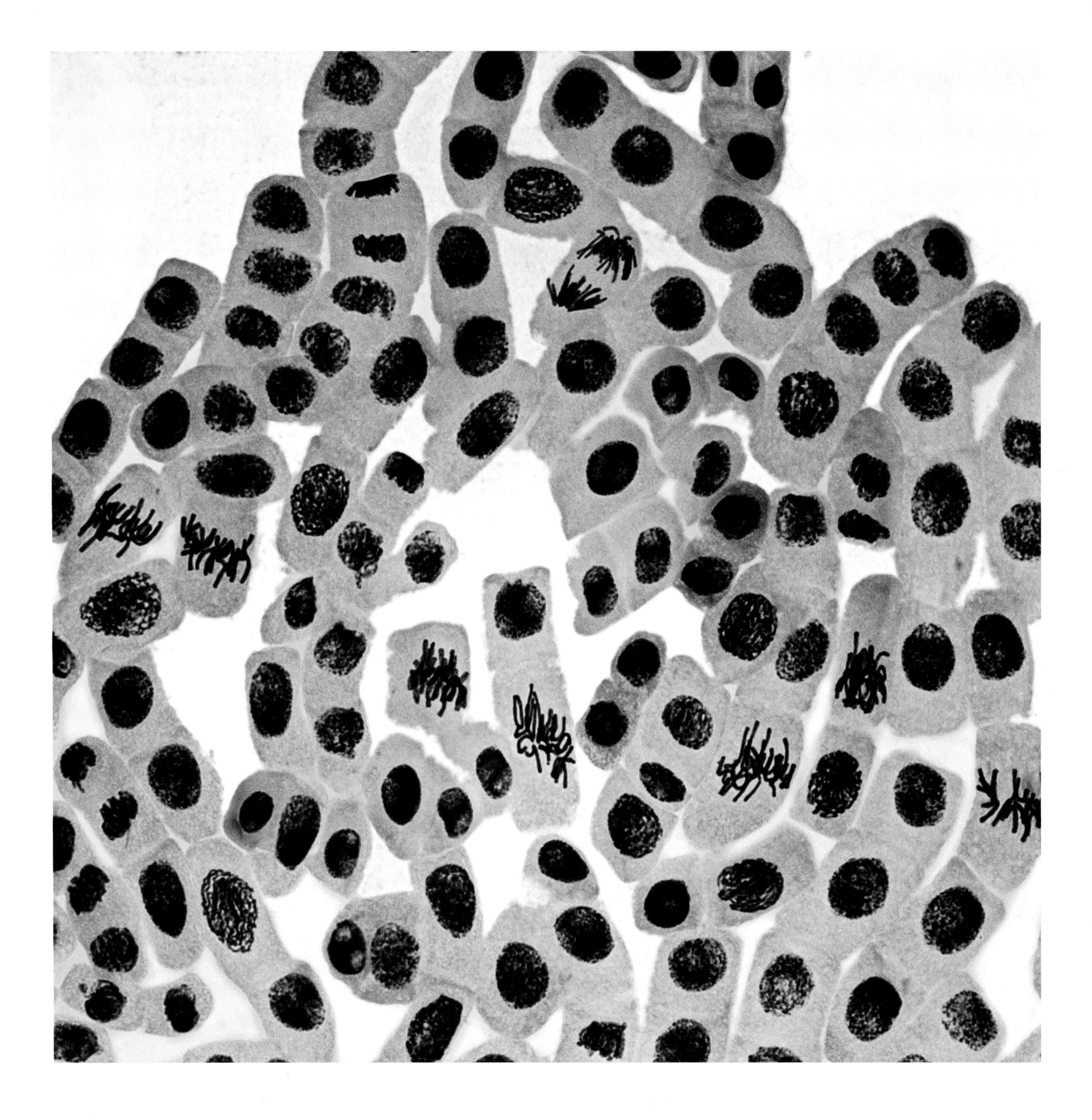

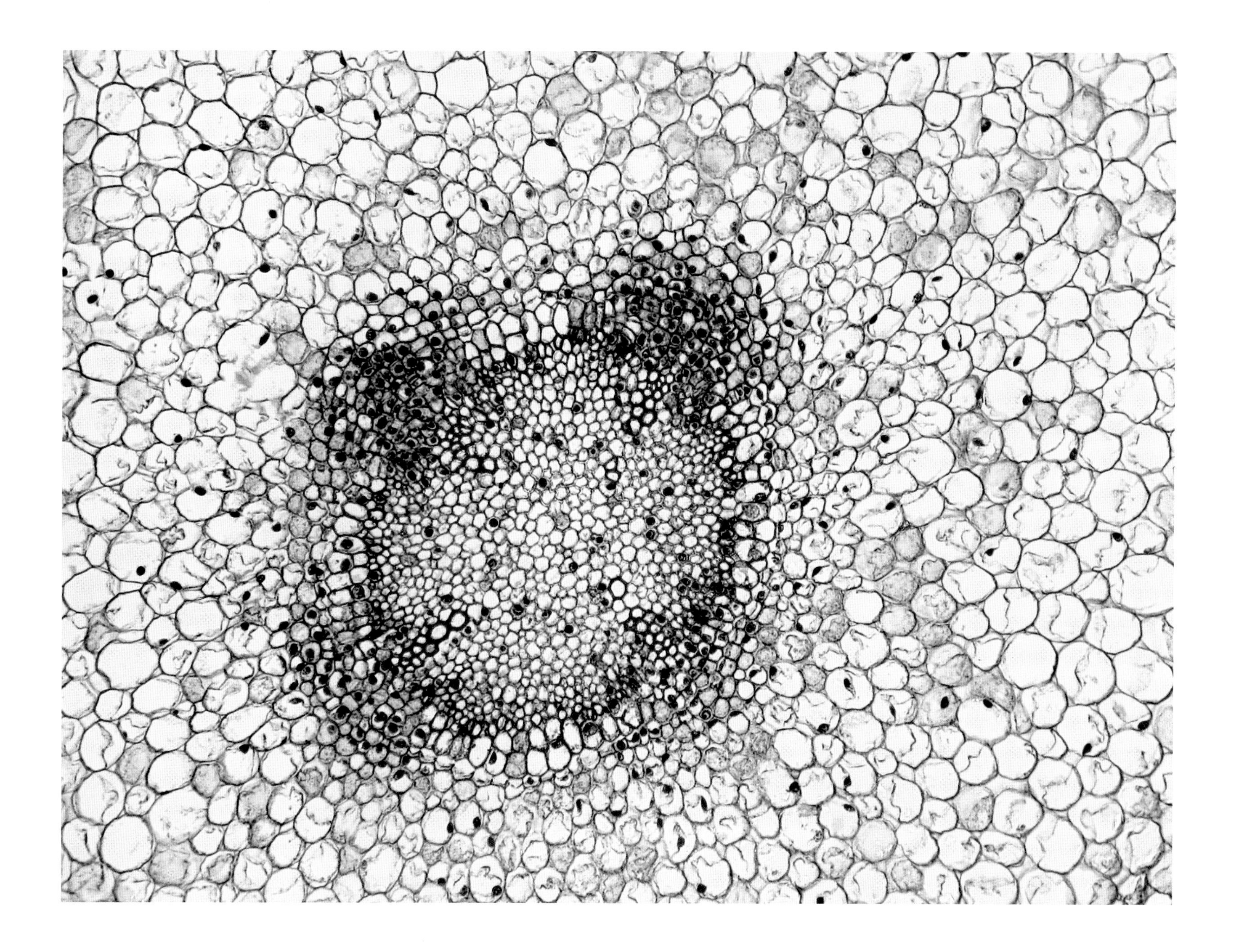

왼쪽: 식물 세포의 유사분열mitosis (광학현미경 사진)

물과 염산hydrochloric acid으로 처리한 양파 뿌리 세포의 현미경 슬라이드를 통해, 분열이 일어나며 새로운 세포가 형성되는 유사분열 과정을 관찰할 수 있다. 단단한 하나의 점(핵nuclei)으로 이루어진 세포는 분열되지 않는다. 핵이 둥근 선의 무리를 이루고 있는 곳이 분열을 준비하고 있는 곳이다. 즉, 선이 원 모양을 무너뜨리고 있는 곳에서 분열이 일어나는 것이다. 두 개의 단단한 점은 유사분열 후에 생긴 한 쌍의 핵인데, 이들은 곧 세포벽에 의해 분리된다.

(배율: 10cm 너비에서 450배)

위쪽: 어린 누에콩broad bean 뿌리 (광학현미경 사진)

누에콩은 적어도 8천 년 동안 재배되었다. 누에콩 뿌리의 심장부에 있는 물관 세포(사진 속 초록색)의 고리는 작은 체관 세포 기둥을 둘러싸고 있다. 체관으로 관입된 것은 물관 세포의 부분적인 격벽partitions(검정색) 네 곳으로, 이것이 뿌리의 조직을 강하게 한다. 물관 바깥쪽의 큰 세포(파란색)는 뿌리의 세포를 저장하는 연조직parenchyma이다. 연조직은 그 크기에 비해 비교적 가느다란 세포벽을 가지고 있다.

(배율: 알 수 없음)

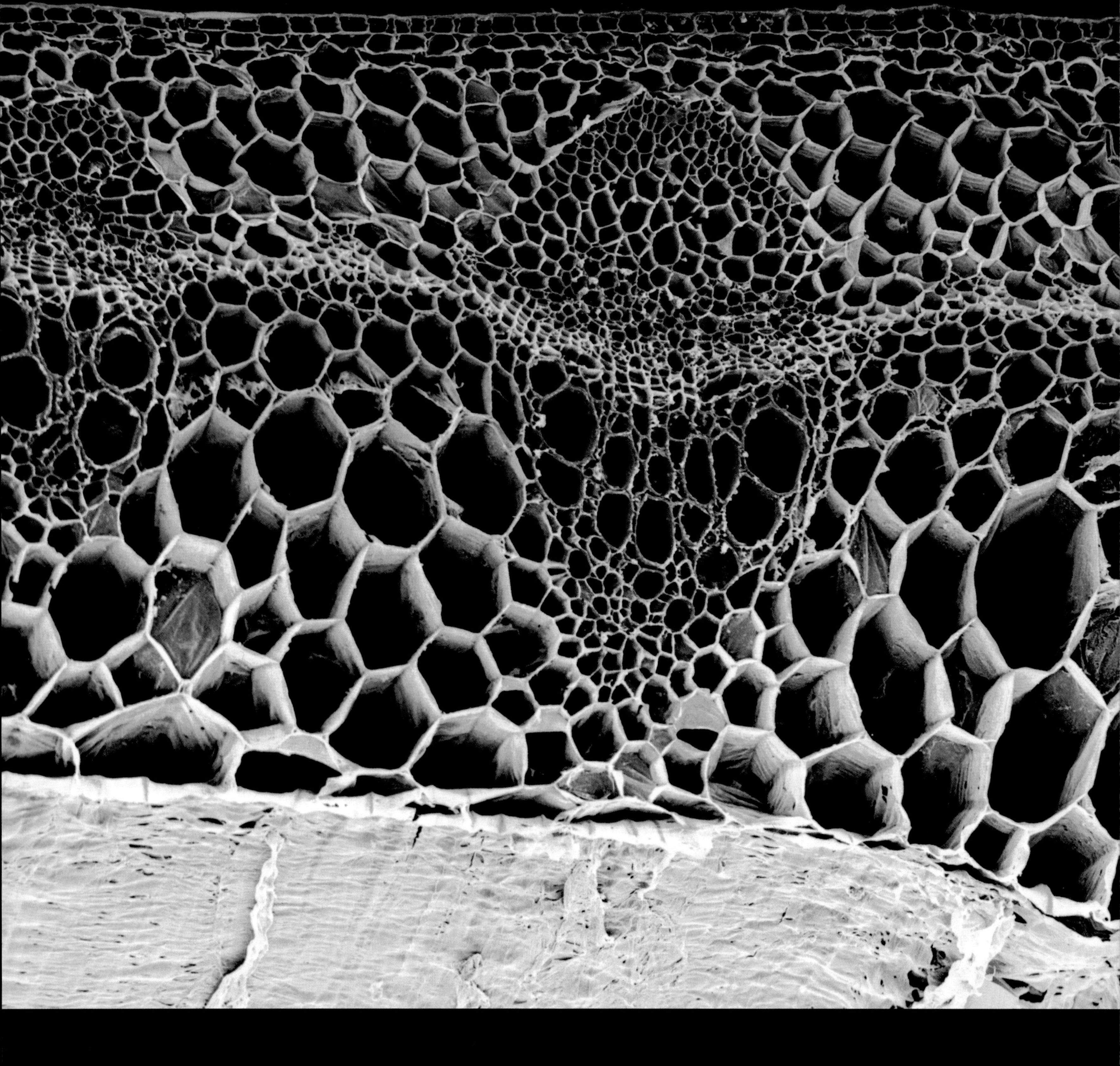

왼쪽: 완두Pea 줄기 (주사전자현미경 사진)

표피outer skin 내 두 개의 세포(사진 상단이 표피epidermis)는 완두 줄기를 둘러싸고 있다. 조직(사진 하단)의 단단한 층은 줄기의 중심core이다. 이 두 개 사이에는 곡선으로 된 더 작은 세포가 줄기의 저장세포(연조직, 곡선 위)와 구조세포(갈탄화된 세포lignified cells, 곡선 아래)를 구분한다. 이 선은 달걀 모양의 공급세포(관 모양의 무리, 주황색)를 표피에 더 가까이 있는 체관과 줄기 중심에 더 가까이 있는 물관으로 구분한다.
(배율: 10cm 너비에서 90배)

오른쪽: 완두의 세포에 있는 엽록체Chloroplast (투과전자현미경 사진)

광합성은 빛을 이용하여 이산화탄소carbon dioxide를 탄수화물carbohydrates로 바꿔 식물에 영양분을 주는 것이다. 엽록체(사진 속 초록색)는 광합성이 일어나는 잎 세포 내 존재하는 특별한 성분이다. 선으로 보이는 것은 평평하며 빛에 반응하는 그라나grana라는 막이다. 그라나는 초록 식물을 초록색으로 만들어 주는 클로로필chlorophyll을 함유하고 있다. 운동성이 좋은 엽록체는 그 스스로 DNA를 함유하고 있고, 번식하기 위해 분열한다. 엽록체는 광합성 세균photosynthetic bacteria에서 내려온 것이다. 식물 세포는 유사분열 동안 엽록체만을 물려받을 수 있고, 만들어 낼 수는 없다.
(배율: 4.5cm 너비에서 1,680배)

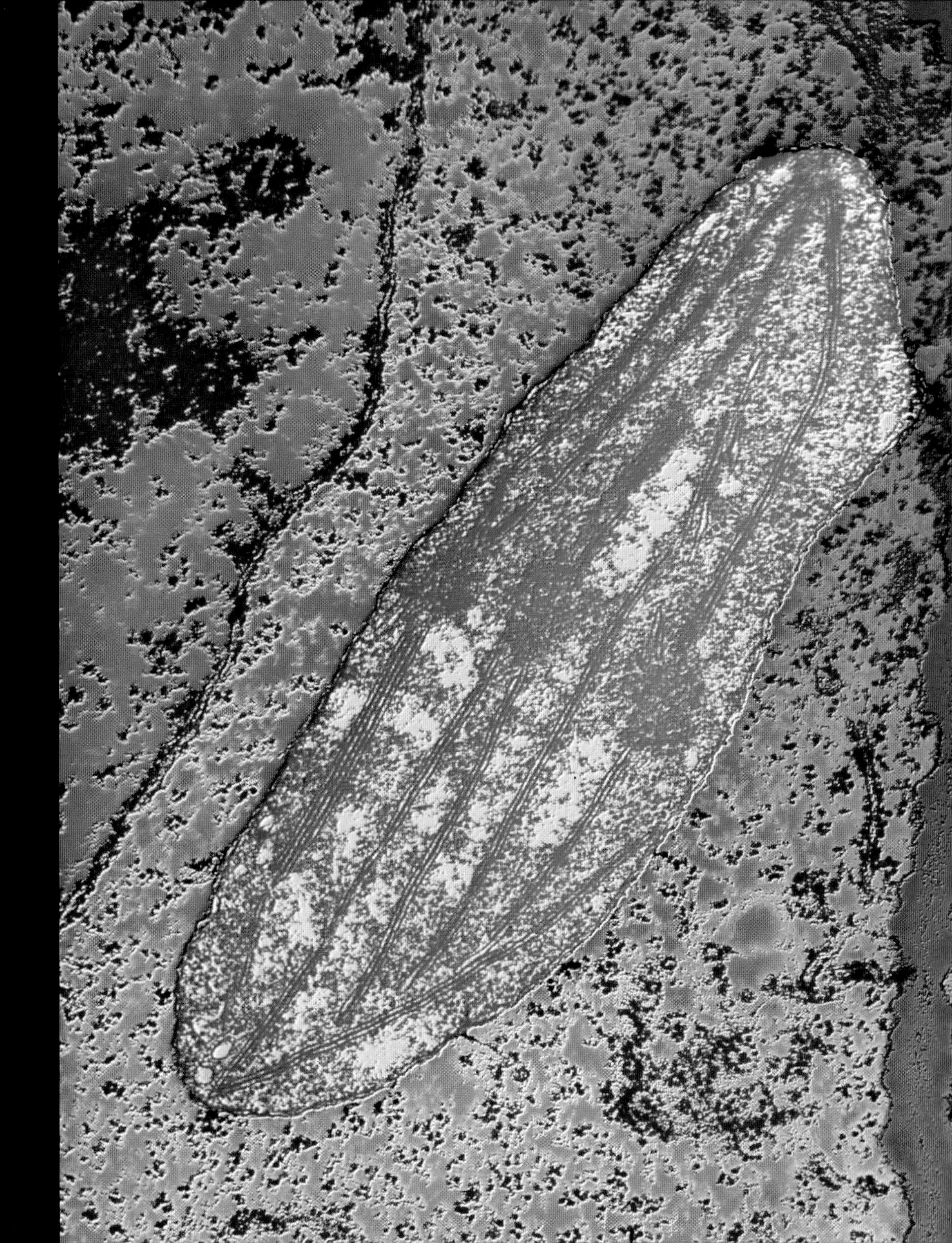

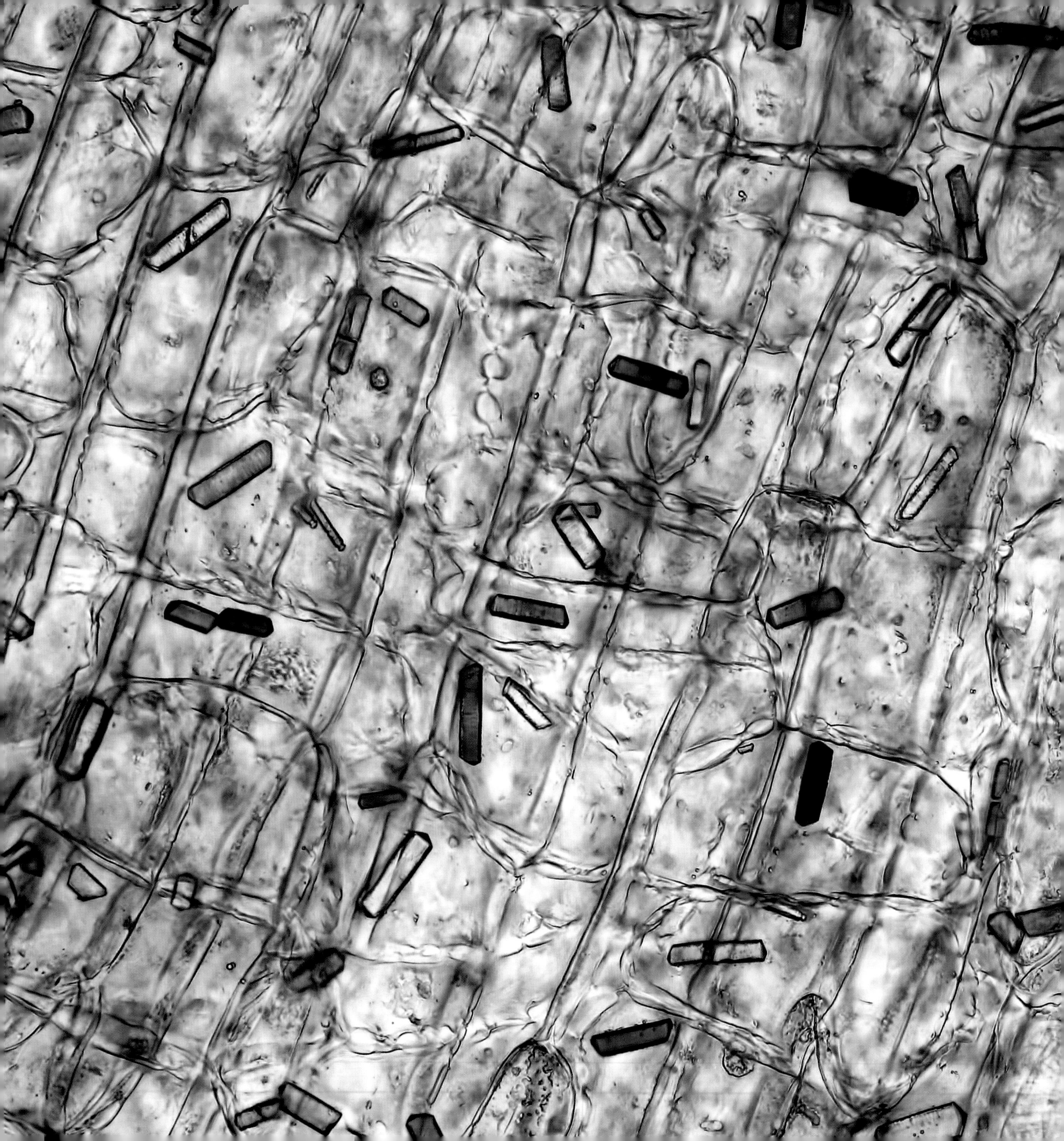

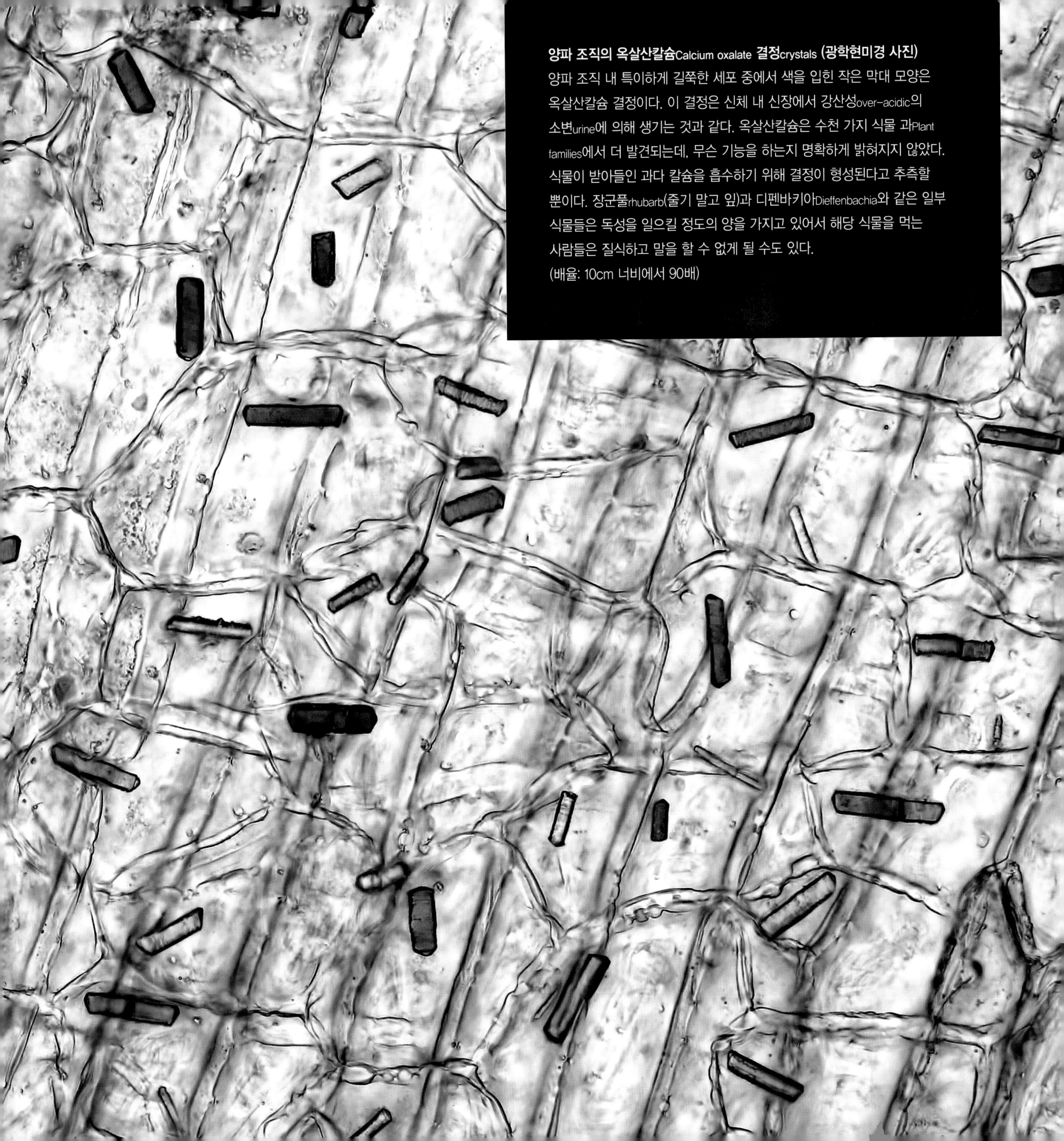

양파 조직의 옥살산칼슘Calcium oxalate 결정crystals (광학현미경 사진)

양파 조직 내 특이하게 길쭉한 세포 중에서 색을 입힌 작은 막대 모양은 옥살산칼슘 결정이다. 이 결정은 신체 내 신장에서 강산성over-acidic의 소변urine에 의해 생기는 것과 같다. 옥살산칼슘은 수천 가지 식물 과Plant families에서 더 발견되는데, 무슨 기능을 하는지 명확하게 밝혀지지 않았다. 식물이 받아들인 과다 칼슘을 흡수하기 위해 결정이 형성된다고 추측할 뿐이다. 장군풀rhubarb(줄기 말고 잎)과 디펜바키아Dieffenbachia와 같은 일부 식물들은 독성을 일으킬 정도의 양을 가지고 있어서 해당 식물을 먹는 사람들은 질식하고 말을 할 수 없게 될 수도 있다.
(배율: 10cm 너비에서 90배)

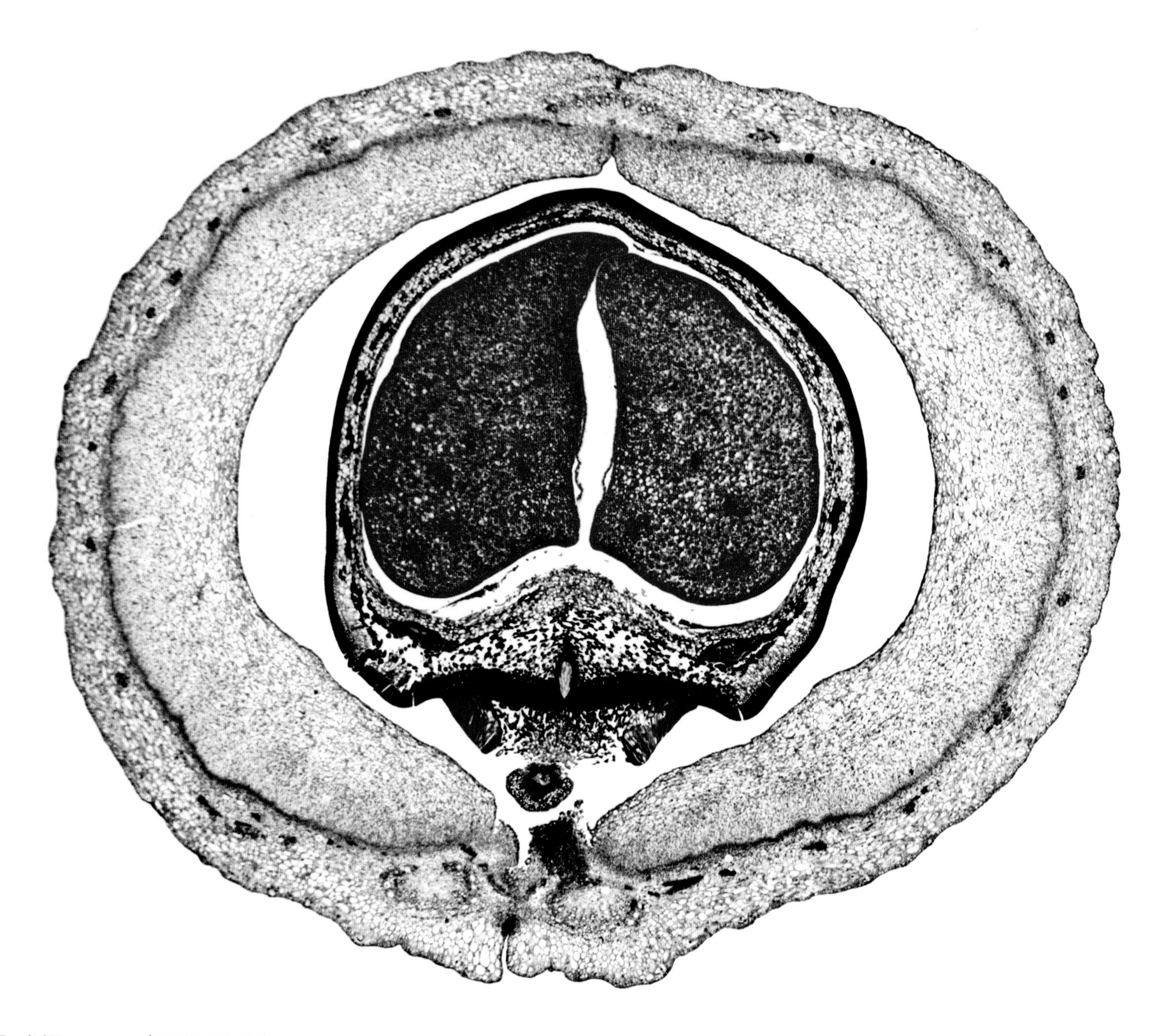

위쪽: 강낭콩Kidney bean (광학현미경 사진)

강낭콩은 엄밀히 말하면 과일이다. 강낭콩 안의 꽃자루stalk(배주병funicle) 하단부를 통해 열매의 벽에 달라붙을 수 있는 씨가 있다. 강낭콩 껍질(외종피testa, 여기서 검정색)은 씨가 발아하면 땅 위로 가장 먼저 올라오는 두 개의 잎(떡잎cotyledon, 빨간색)으로 둘러싸여 있다. 열매를 보호하는 벽은 과피pericarp라 부른다. 과피는 세 개의 층, 다시 말해 바깥층(외과피exocarp), 안쪽층(내과피endocarp, 보라색), 그리고 이들 사이에 구조적인 조직(중과피mesocarp, 분홍색)으로 이루어져 있다.
(배율: 10cm 너비에서 11배)

오른쪽: 대두Soya bean (주사전자현미경 사진)

대두는 적어도 9천 년 동안 재배됐으며, 최초의 경작 기록은 중국에서 발견되었다. 대두는 25% 정도의 녹말starch을 가지고 있고, 사진에서 노란색으로 보이는 부드럽고 둥근 소구체globules에 녹말을 저장한다. 녹말은 씨앗이 발아할 때 에너지원으로 쓰인다. 대두는 단백질과 미네랄 함량이 매우 높고, 식이요법 중에 고기의 훌륭한 대체재가 된다. 또한, 가축의 먹이로도 이용된다.
(배율: 10cm 너비에서 470배)

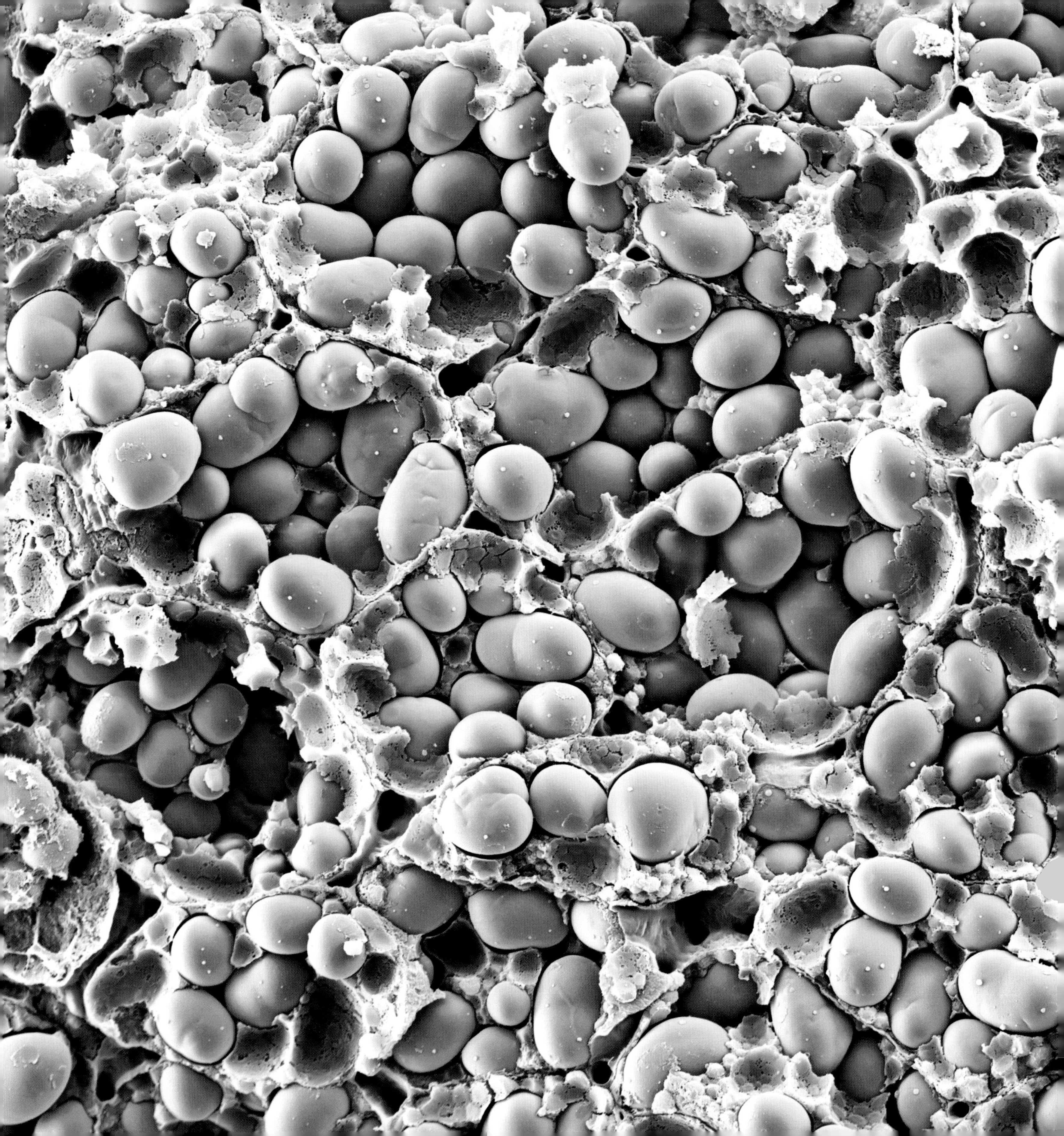

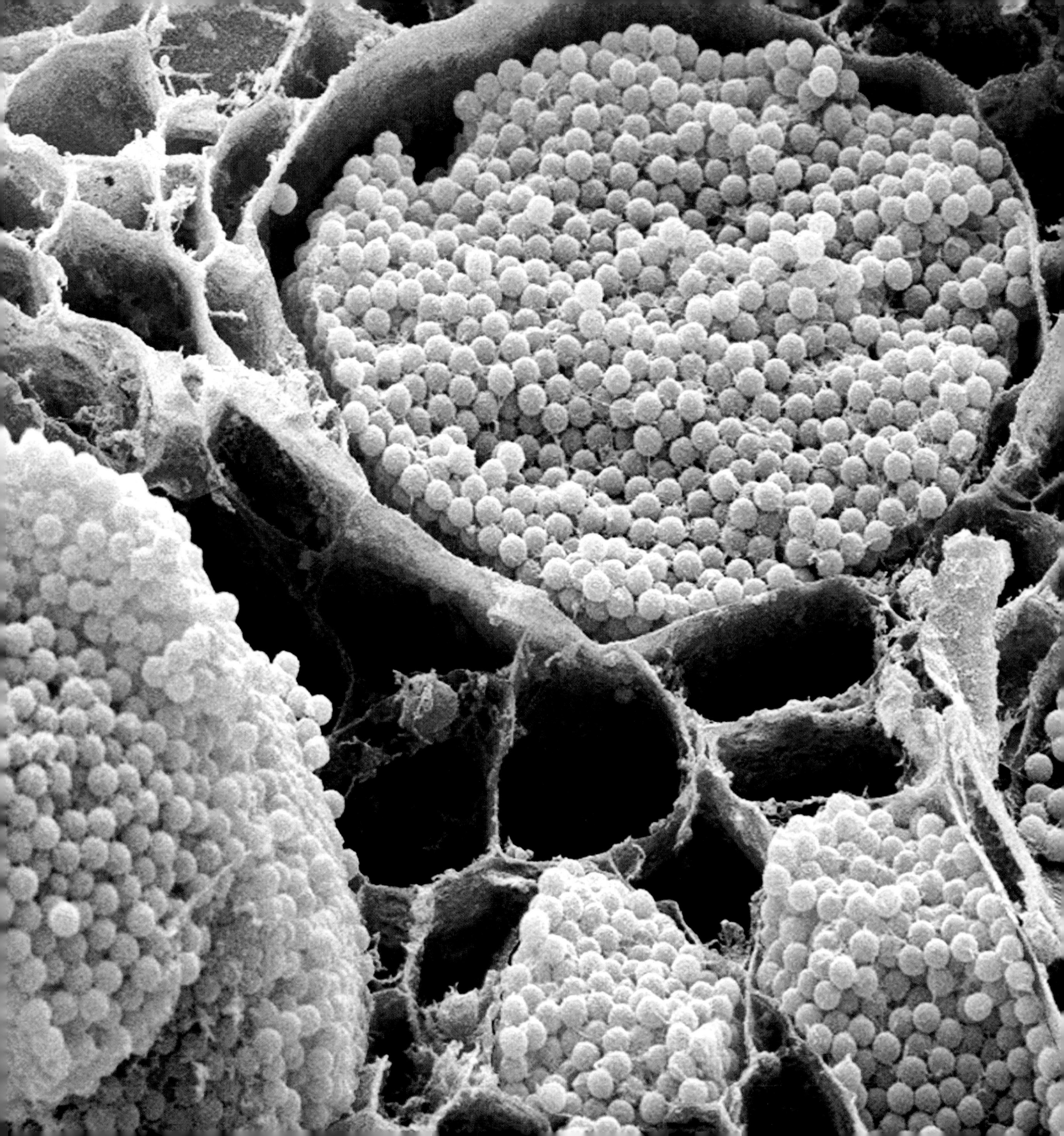

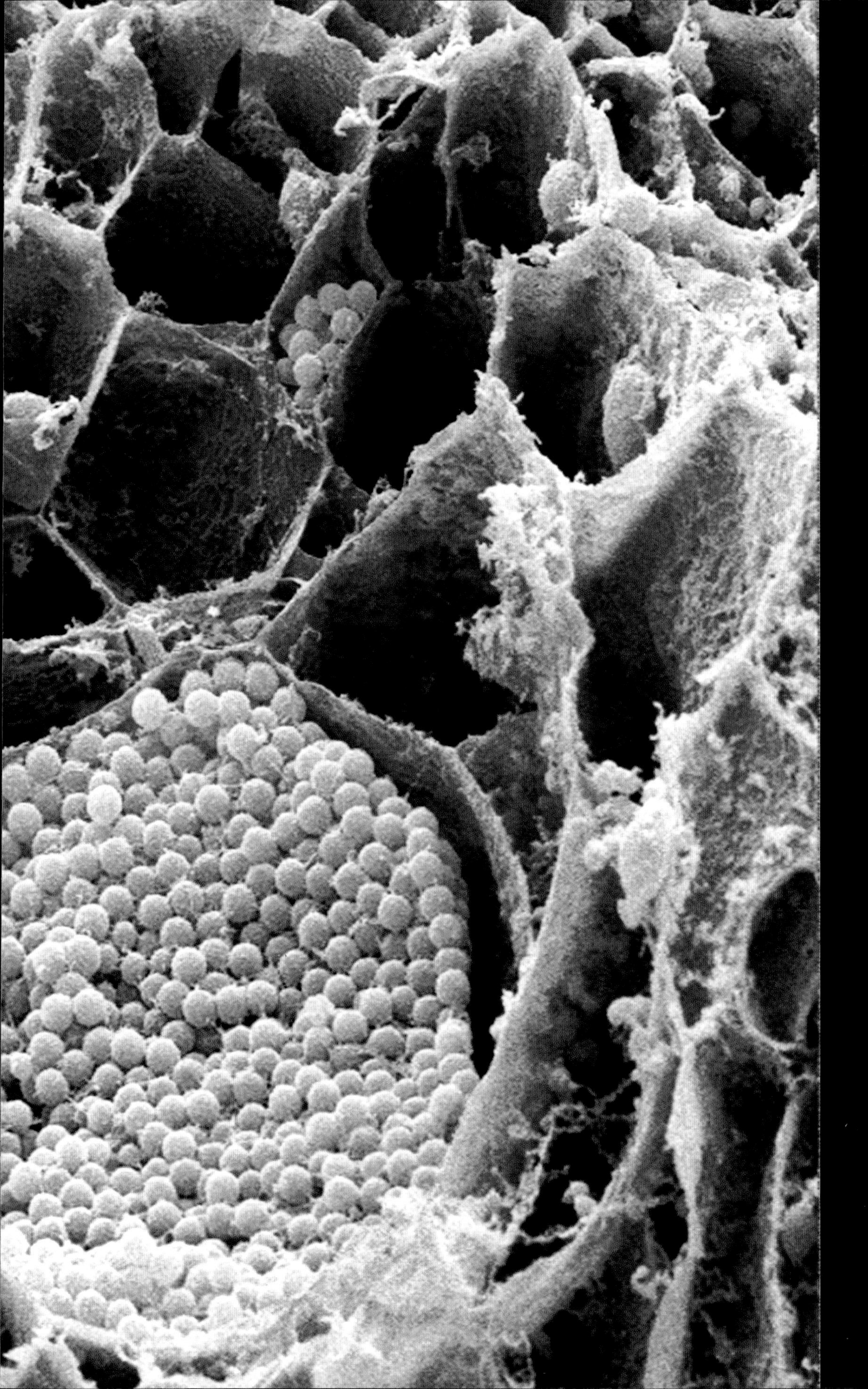

양배추Cabbage 뿌리 감염 (주사전자현미경 사진)
양배추의 뿌리가 감염되면 뿌리혹병club root이 일어나 뿌리에 종양이 자라나고, 양배추 머리에는 영양결핍이 일어난다. 감염을 일으킨 유기체는 배추뿌리혹병Plasmodiophora brassicae이라 하며, 여기서는 물관 세포를 막고 있는 노란색 구 모양으로 보인다. 배추뿌리혹병은 점균류slime moulds와 비슷한 특징이 많이 나타난다. 기생하는 유기체parasitic organism는 뿌리에서 세포 분열을 일으키기 때문에 비정상적 혹병gall으로 발달한다. 숙주식물host plant이 죽으면 포자는 토양으로 돌아가고, 감염시킬 새로운 식물을 또다시 찾아 나선다.
(배율: 10cm 너비에서 510배)

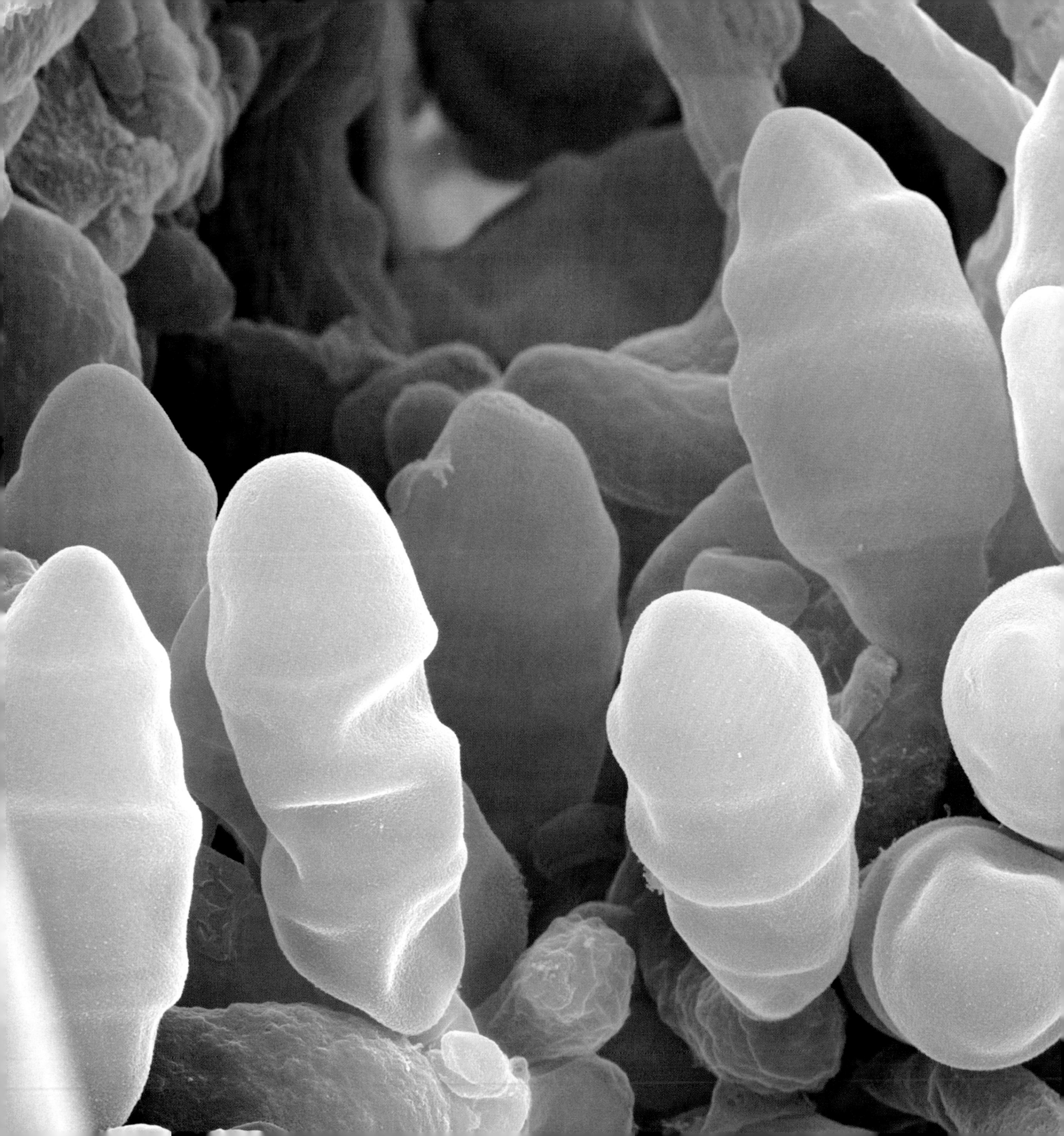

Fruit 과일

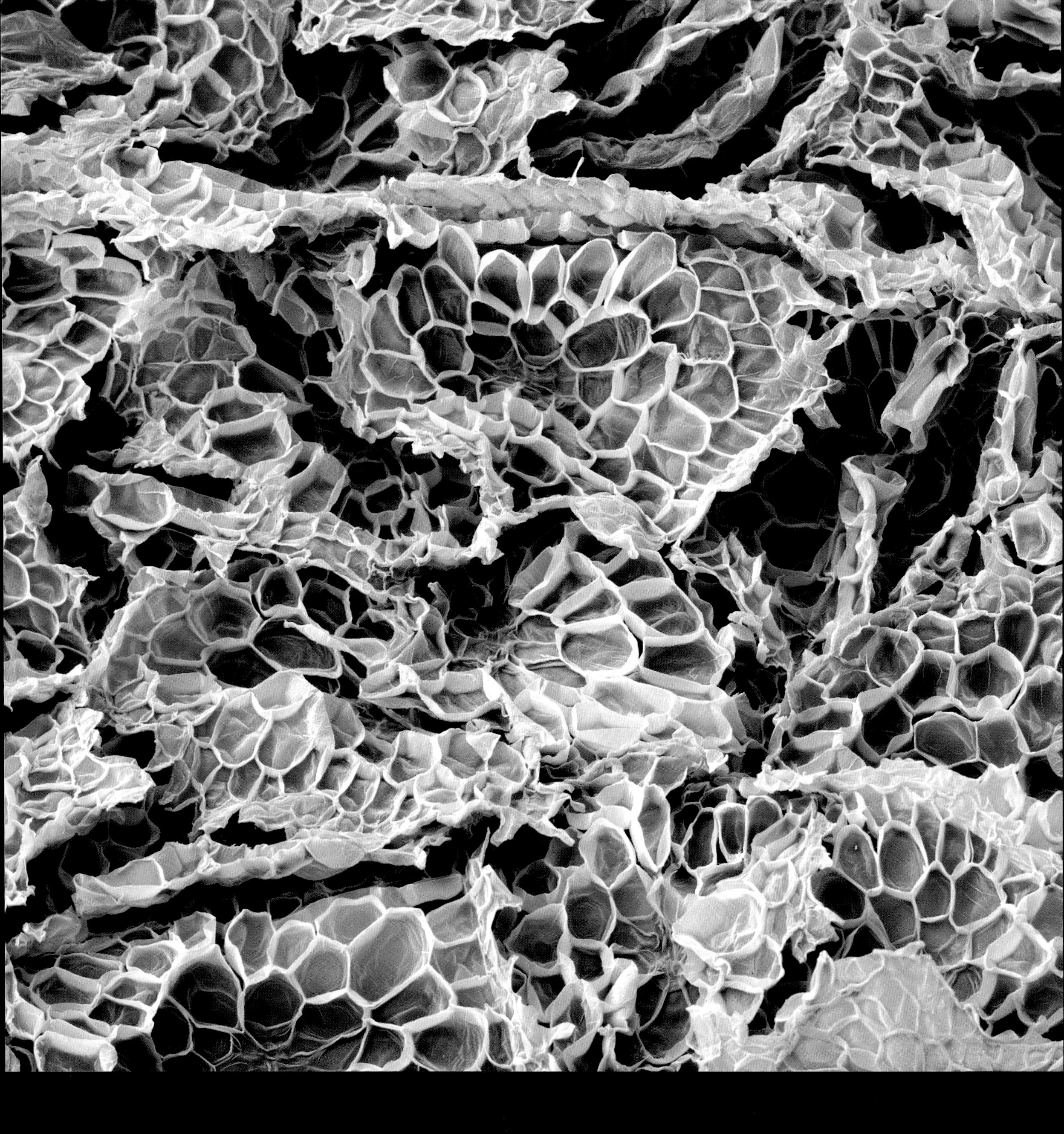

이전 쪽: 사과나무 곰팡이Fungus (주사전자현미경 사진)

세계 인구가 많아질수록, 농작물 생산량을 극대화할 필요가 있다. 생산량은 날씨와 질병에 대한 작물의 저항성에 영향을 많이 받는다. 많은 작물은 사진 속 잎의 표면을 뚫고 나온 사과나무 곰팡이처럼 특정한 식물에 기생하는 감염균을 끌어들인다. 감염된 잎은 광합성 능력이 줄어들어서 나무와 열매의 성장에 직접적이고도 부정적인 영향을 미친다.
(배율: 10cm 너비에서 3200배)

왼쪽: 파인애플 잎 (주사전자현미경 사진)

파인애플이라는 단어는 원래 우리가 지금 솔방울(pine cones)이라고 부르는 이름에서 나온 것이다. 열매를 처음 발견했을 때, 모양이 커다란 솔방울 같다고 생각해서 그렇게 부른 것이다. 사진은 파인애플 잎 아랫부분이다. 어떤 나라에서는 이 수염뿌리fibres를 비단silk이나 폴리에스테르polyester 실과 합성하여 야회복formal clothing, 테이블 천table linen, 그리고 다른 용품을 위한 뻣뻣한 직물stiff fabric을 만든다. 또한, 잎은 종이를 만드는 데 사용할 수도 있다.
(배율: 10cm 너비에서 175배)

오른쪽: 백포도White grape (주사전자현미경 사진)

사진 위쪽에 매우 긴밀하게 층층이 겹쳐진 섬유들은 포도의 껍질이다. 포도 껍질은 와인의 향을 만드는 데 큰 역할을 하고, 와인 양조업자vintners는 보다 두꺼운 껍질의 포도종을 최고로 꼽는다. 두꺼운 껍질 안에서 밀도 높게 압축된 작은 세포들은 탄탄한 과육 조직을 갖게 해 주고, 과즙 또한 유지해 준다. 포도에도 여러 종이 있는데, 섭취의 편이성을 위해서 교배를 통해 씨 없는 포도를 생산하기도 한다. 일반적으로 꺾꽂이로 교배 작업이 이루어지는데, 포도 번식에 문제가 되지는 않는다.
(배율: 알 수 없음)

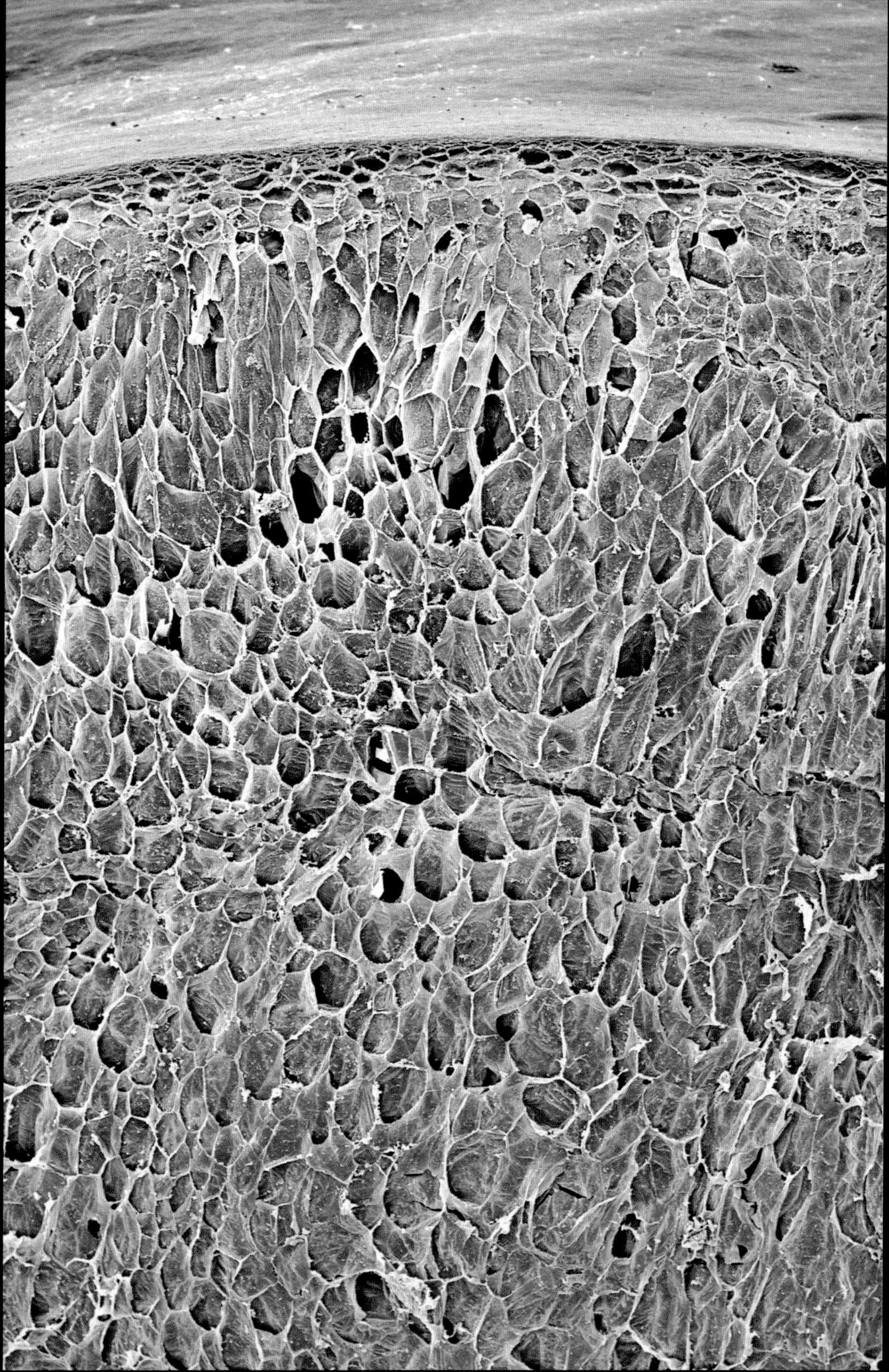

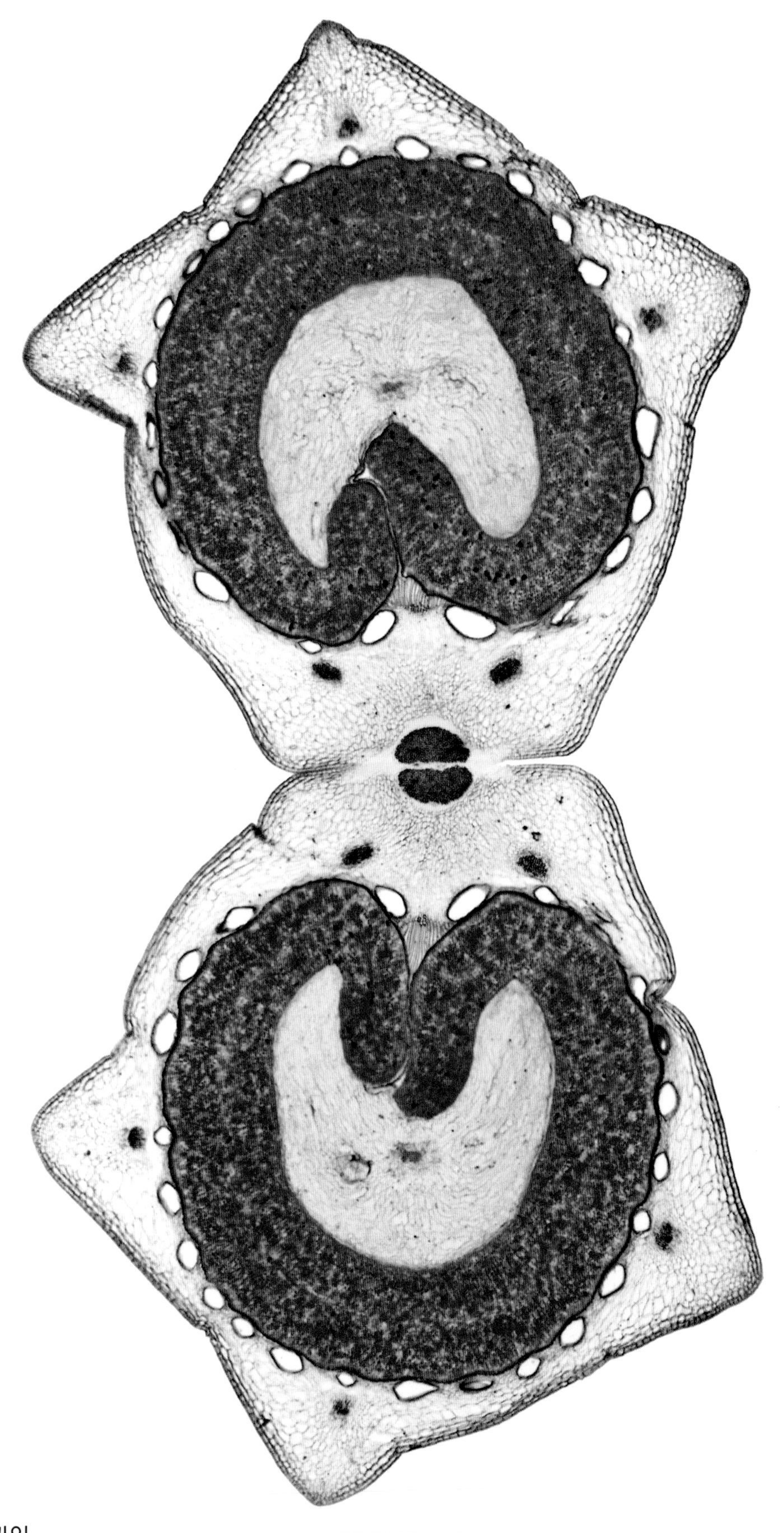

왼쪽: 알렉산더Alexanders(스미르니움 오루사트룸Smyrnium Olusatrum) 열매 (광학현미경 사진)
알렉산더 식물의 옅은 줄기는 고대 로마 요리에서 흔하게 쓰였던 재료이며, 이 때문에 로마 왕국이 확장하는 동시에 이 식물 또한 퍼져 나갔다. 맛이 비슷한 셀러리로 대신하게 된 것은 비교적 최근의 일이다. 잘 익은 열매는 반으로 쪼개면 두 개의 씨앗(사진 속 빨간색)이 나타나지만, 씨앗은 바람이 불어와서 날아갈 때까지 줄기(중심 부분, 갈색)에 붙어서 남아있다. 각 주엽맥rib 안에 있는 다섯 개의 작은 갈색의 점들은 기름 관duct이다.
(배율: 10cm 높이에서 5배)

오른쪽: 배Pear의 돌세포stone cells (광학현미경 사진)
돌세포(식물학적으로 후막세포sclereids)는 사과의 중심부와 배의 과육flesh에 있는 딱딱한 부분(그러나 씨는 아니다)으로, 배를 먹을 때 꺼끌꺼끌하게 느껴지는 부분이다. 이들의 기능은 열매의 구조를 강하게 만드는 것이다. 돌세포(사진 속 응집한 빨간색)는 세포 대부분을 차지하는 나무 같은 두꺼운 벽을 가지고 있으며, 이와 반대로 돌세포를 둘러싼 성기고 열려있는 세포(파란색)는 배 과육의 부드러운 부분을 만들어 준다.
(배율: 10cm 높이에서 37배)

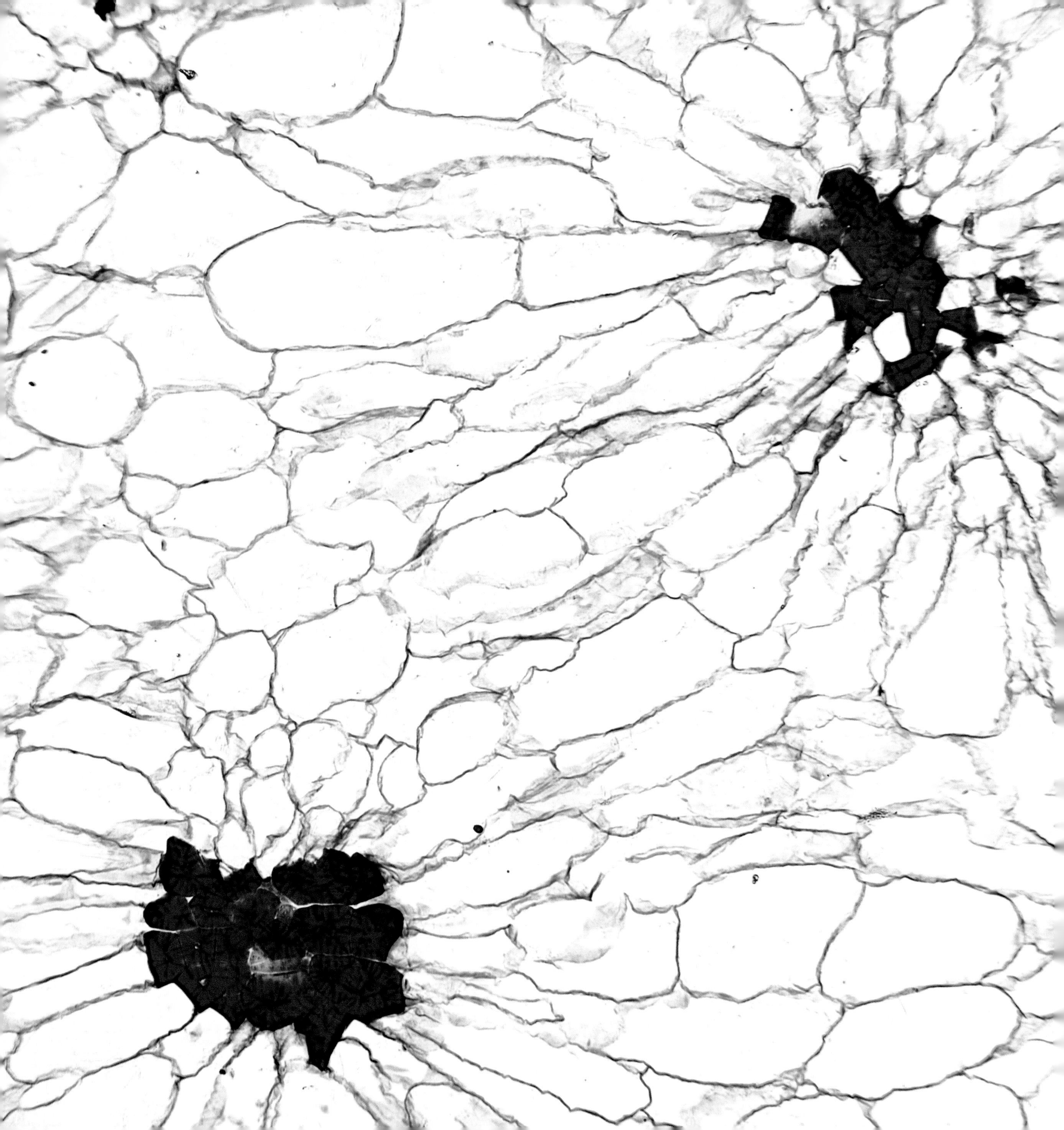

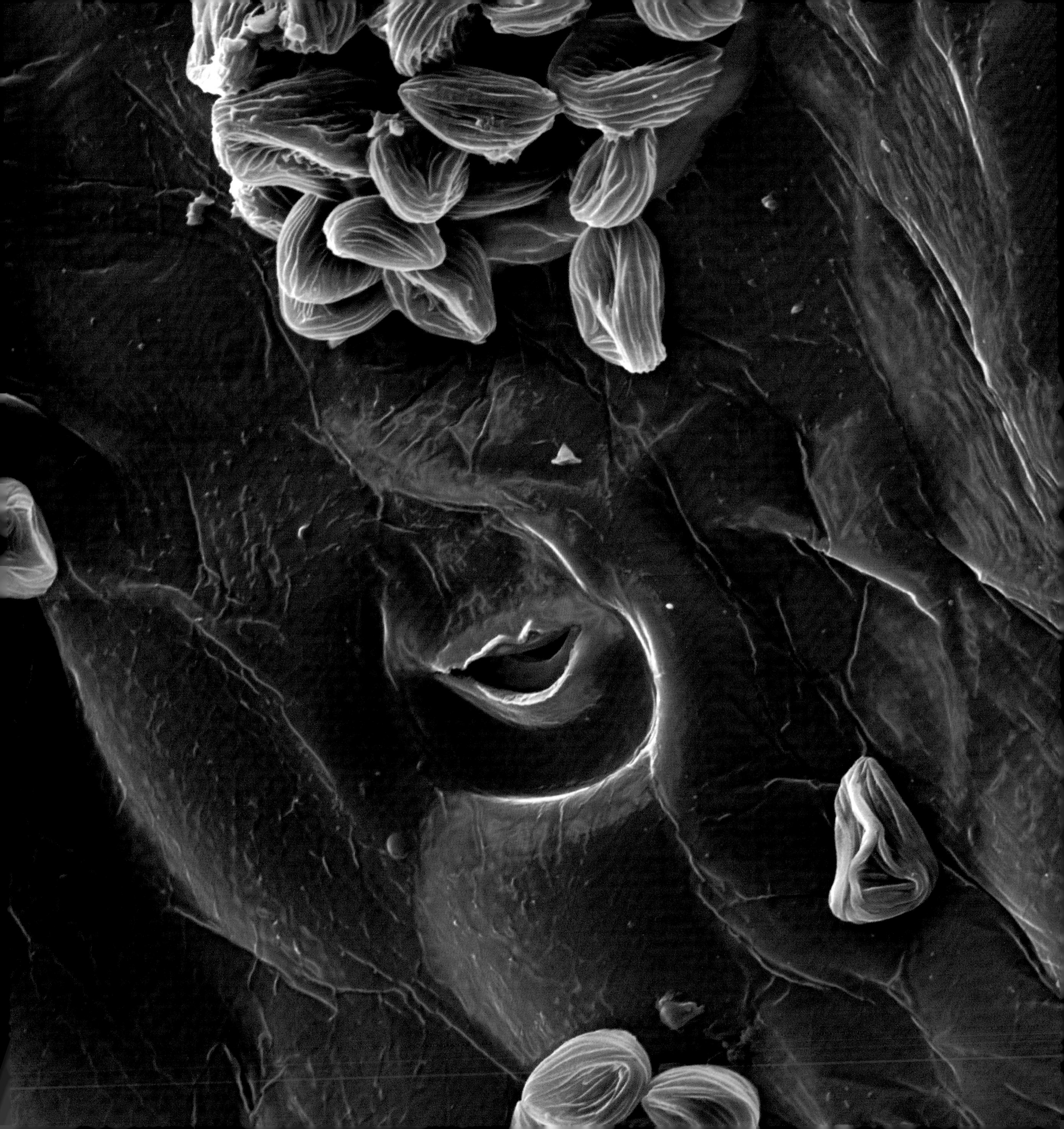

왼쪽: 딸기Strawberry (주사전자현미경 사진)

사진 속에 딸기처럼 보이는 부분은 어디도 없다. 딸기의 시작은 엄밀히 말해서 산딸기류 열매berry가 아니었다. 왜냐하면, 딸기는 씨방이 아니라 씨방을 붙들고 있는 꽃의 일부인 화탁receptacle에서 자라기 때문이다. 그리고 딸기의 표면에 있는 작은 씨(사진 속 노란색)처럼 보이는 것은 사실 씨가 아니라 씨를 감싸고 있는 씨방이다. 딸기는 프랑스에서 처음 교배되었지만, 오늘날 재배되는 딸기는 프랑스가 아니라 북아메리카와 칠레의 야생종 사이에서 교배된 종이다.
(배율: 알 수 없음)

오른쪽: 토마토Tomato (주사전자현미경 사진))

딸기와 대조적으로 토마토는 산딸기류 열매berry에 속한다. 16세기에 남아메리카를 정복한 스페인 사람들이 구세계에 소개한 많은 새 식물 중 하나이다. 아즈텍 사람들은 더 작은 토종 식물을 키우기 시작해 더 큰 토마토 열매를 생산해 냈다. 노란색 꽃 안에 있는 씨방에서부터 발달한 토마토의 벽은 수많은 씨의 방들을 둘러싸고 있는데, 이 부분은 토마토를 수평으로 자르면 쉽게 확인할 수 있다.
(배율: 알 수 없음)

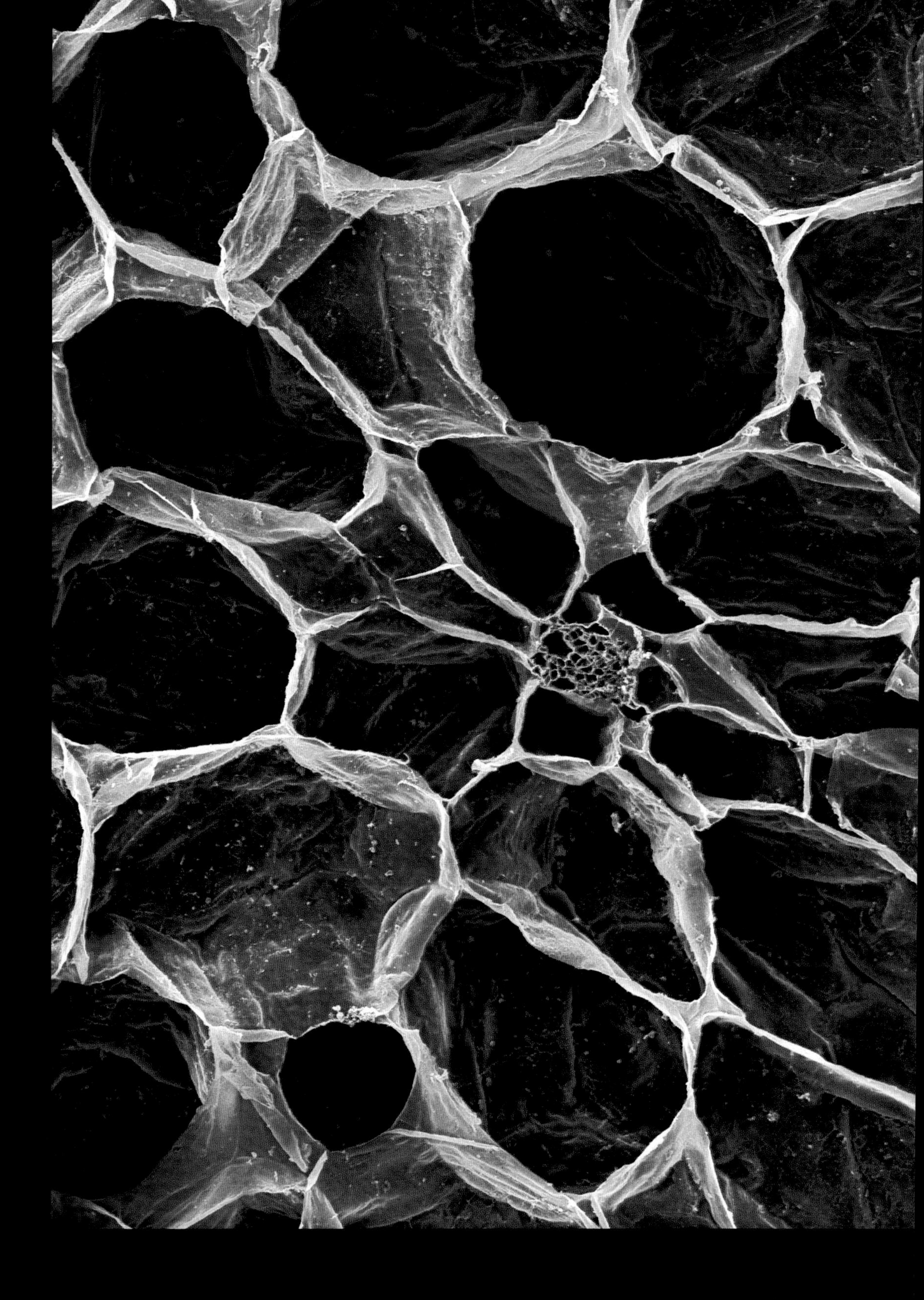

사과Apple 줄기 (광학현미경 사진)

사과 줄기stalk는 그 열매의 무게에 비해 매우 가늘다. 줄기 힘의 비밀은 사진 왼쪽 아래의 줄기 중심을 들여다보면 확인할 수 있다. 사진 중앙에 있는 세포의 연노란색 띠band는 후막조직sclerenchyma이라는 것인데, 촘촘하게 모인 세포의 두꺼운 벽은 나무가 튼튼하고 강하게 자라게 해 주는 성분인 셀룰로오스cellulose와 리그닌lignin으로 이루어져 있다. 또한, 강하고 유연한 폴리에스테르 세포polyester cells(보라색)의 단층으로 된 표피cuticle 덕분에 줄기는 더 강해진다.
(배율: 10cm 너비에서 100배)

찾아보기 ㄱㄴㄷ 순